中央高校教育教学改革专项基金
中国地质大学(武汉)本科教学工程项目 资助

安全工程生产实习指导书

ANQUAN GONGCHENG SHENGCHAN SHIXI ZHIDAOSHU

倪晓阳　郭海林　周克清
陈卫明　陆凯华　丁彦铭　编

中国地质大学出版社
ZHONGGUO DIZHI DAXUE CHUBANSHE

图书在版编目(CIP)数据

安全工程生产实习指导书/倪晓阳等编.—武汉:中国地质大学出版社,2019.10
ISBN 978-7-5625-4628-3

Ⅰ.①安…
Ⅱ.①倪…
Ⅲ.①安全工程-生产实习-教材
Ⅳ.①X93

中国版本图书馆 CIP 数据核字(2019)第 219727 号

安全工程生产实习指导书	倪晓阳 郭海林 周克清 陈卫明 陆凯华 丁彦铭	编

责任编辑:张燕霞	选题策划:谌福兴	责任校对:张玉洁

出版发行:中国地质大学出版社(武汉市洪山区鲁磨路 388 号)	邮政编码:430074
电　　话:(027)67883511　　传　　真:(027)67883580	E-mail:cbb @ cug.edu.cn
经　　销:全国新华书店	http://cugp.cug.edu.cn
开本:787 毫米×1 092 毫米 1/16	字数:448 千字　　印张:17.5
版次:2019 年 10 月第 1 版	印次:2019 年 10 月第 1 次印刷
印刷:武汉市珞南印务有限公司	印数:1—500 册
ISBN 978-7-5625-4628-3	定价:28.00 元

如有印装质量问题请与印刷厂联系调换

目 录

第一章 绪 论 (1)

第一节 实习目的 (1)

第二节 实习要求 (2)

第三节 实习内容 (3)

第四节 实习过程 (4)

第五节 实习考核方式及成绩评定 (4)

第六节 实习日志内容 (5)

第七节 实习报告内容及格式 (5)

第八节 实习反馈 (6)

第九节 实习安全 (7)

第二章 工艺及设备设施介绍 (9)

第一节 矿山开采类企业 (9)

一、矿山有关工艺介绍 (9)

二、矿山开采的机械设备 (11)

第二节 地铁建设施工与运营类企业 (13)

一、地铁建设有关施工工艺介绍 (13)

二、地铁工作系统的组成 (17)

第三节 石油化工类企业 (19)

一、石油化工类企业有关工艺介绍 (19)

二、石油化工企业基础设施设备 (26)

第四节 道路桥梁施工类企业 (29)

一、道路桥梁施工有关工艺介绍 (29)

二、道路桥梁施工设备 (34)

第五节 工民建筑施工类企业 (37)

一、工民建筑施工有关工艺介绍 (37)

二、工民建筑施工过程设备设施 …………………………………………… (38)

　第六节　机械加工类企业 …………………………………………………………… (41)

　　一、机械加工工艺介绍 …………………………………………………… (41)

　　二、机械加工设备 ………………………………………………………… (45)

　第七节　各行业中的安全设备设施 ………………………………………………… (49)

第三章　危险有害因素辨识 …………………………………………………… (51)

　第一节　矿山开采类企业 …………………………………………………………… (53)

　　一、危险有害因素分析 …………………………………………………… (53)

　　二、矿山企业常见安全事故 ……………………………………………… (55)

　第二节　地铁建设施工与运营类企业 ……………………………………………… (58)

　　一、危险有害因素分析 …………………………………………………… (58)

　　二、地铁常见安全事故 …………………………………………………… (59)

　第三节　石油化工类企业 …………………………………………………………… (60)

　　一、危险有害因素分析 …………………………………………………… (60)

　　二、石油化工企业常见安全事故 ………………………………………… (61)

　第四节　道路桥梁施工类企业 ……………………………………………………… (62)

　　一、危险有害因素分析 …………………………………………………… (62)

　　二、道路桥梁企业常见安全事故 ………………………………………… (64)

　第五节　工民建筑施工类企业 ……………………………………………………… (65)

　　一、危险有害因素分析 …………………………………………………… (65)

　　二、工民建筑施工常见安全事故 ………………………………………… (67)

　第六节　机械加工类企业 …………………………………………………………… (68)

　　一、危险有害因素分析 …………………………………………………… (68)

　　二、机械加工行业常见安全事故 ………………………………………… (70)

第四章　安全管理 …………………………………………………………………… (71)

　第一节　矿山开采类企业 …………………………………………………………… (71)

　　一、安全管理概述 ………………………………………………………… (71)

　　二、事故处理与控制 ……………………………………………………… (74)

　　三、安全组织保障 ………………………………………………………… (77)

　　四、安全教育培训 ………………………………………………………… (78)

　　五、矿山安全避险六大系统介绍 ………………………………………… (78)

第二节　地铁建设施工与运营类企业 …………………………………………………… (81)
　　一、安全管理概述 …………………………………………………………………… (81)
　　二、事故处理与控制 ………………………………………………………………… (85)
　　三、安全组织保障 …………………………………………………………………… (87)
　　四、安全教育培训 …………………………………………………………………… (88)

第三节　石油化工类企业 ……………………………………………………………… (90)
　　一、安全管理概述 …………………………………………………………………… (90)
　　二、事故处理与控制 ………………………………………………………………… (92)
　　三、安全组织保障 …………………………………………………………………… (92)
　　四、安全教育培训 …………………………………………………………………… (93)

第四节　道路桥梁施工类企业 ………………………………………………………… (94)
　　一、安全管理概述 …………………………………………………………………… (94)
　　二、易发事故处理与控制 …………………………………………………………… (97)
　　三、安全组织保障 …………………………………………………………………… (98)
　　四、安全教育培训 …………………………………………………………………… (100)

第五节　工民建筑施工类企业 ………………………………………………………… (101)
　　一、安全管理概述 …………………………………………………………………… (101)
　　二、易发事故管理与控制 …………………………………………………………… (103)
　　三、安全组织保障 …………………………………………………………………… (106)
　　四、安全教育培训 …………………………………………………………………… (108)

第六节　机械加工类企业 ……………………………………………………………… (109)
　　一、安全管理概述 …………………………………………………………………… (109)
　　二、事故管理与控制 ………………………………………………………………… (112)
　　三、安全组织保障 …………………………………………………………………… (115)
　　四、安全教育培训 …………………………………………………………………… (116)

第五章　安全检测及监测技术 ………………………………………………………… (117)

第一节　矿山安全生产检测监控系统 ………………………………………………… (117)
第二节　城市地铁的安全监测技术 …………………………………………………… (118)
　　一、地铁隧道施工安全监测 ………………………………………………………… (119)
　　二、地铁综合监控系统 ……………………………………………………………… (119)
第三节　石油化工厂区中的安全监测技术 …………………………………………… (122)
　　一、石油化工企业的监测预警系统 ………………………………………………… (122)

二、安全监察技术 ··· (124)

　第四节　道路桥梁工程施工中的安全监测技术 ································· (126)

　第五节　工民建筑施工中的安全监测技术 ·· (126)

　第六节　机械加工中的安全监测技术 ·· (127)

第六章　安全技术措施 ··· (129)

　第一节　矿山开采安全技术措施 ··· (129)

　　一、矿井瓦斯防治技术 ··· (129)

　　二、矿尘防治技术 ··· (134)

　　三、矿井水害防治技术 ··· (140)

　　四、顶板事故及冲击地压防治技术 ·· (143)

　　五、矿井热害防治技术 ··· (146)

　第二节　地铁建设施工与运营安全技术措施 ······································ (148)

　　一、明（盖）挖施工安全技术措施 ·· (148)

　　二、暗挖施工安全技术措施 ·· (151)

　　三、盾构施工安全技术措施 ·· (155)

　第三节　石油化工安全技术措施 ·· (166)

　　一、压力容器与管道安全技术 ··· (166)

　　二、锅炉安全技术 ·· (167)

　　三、储运安全技术 ·· (170)

　第四节　工民建筑与道路桥梁施工安全技术措施 ································ (175)

　　一、安全帽、安全带、安全网 ··· (175)

　　二、基坑开挖安全技术 ·· (177)

　　三、基坑支护工程安全技术 ·· (177)

　　四、钢筋、混凝土工程安全技术 ·· (179)

　　五、模板工程安全技术 ·· (180)

　　六、吊装施工安全技术 ·· (181)

　　七、临时用电安全技术 ·· (182)

　　八、脚手架施工安全技术 ··· (184)

　　九、路基施工安全技术 ·· (184)

　第五节　机械加工安全技术措施 ·· (185)

　　一、金属切削加工安全技术 ·· (185)

　　二、冲压作业安全技术 ·· (187)

三、木工机械安全技术 ··· (190)

　　四、热加工安全技术 ··· (191)

第七章　消防安全 ·· (196)

第一节　矿山开采类企业 ··· (196)

　　一、矿山火灾危险性及特点 ·· (196)

　　二、矿山火灾分类 ··· (197)

　　三、矿山火灾原因 ··· (198)

　　四、矿山火灾预防 ··· (200)

　　五、矿山火灾救援 ··· (204)

第二节　地铁建设施工与运营类企业 ··· (205)

　　一、地铁火灾危险性及特点 ·· (205)

　　二、地铁火灾原因 ··· (206)

　　三、地铁火灾预防 ··· (207)

　　四、地铁火灾救援 ··· (208)

第三节　石油化工类企业 ··· (209)

　　一、石油化工企业火灾危险性及特点 ··· (209)

　　二、石油化工企业火灾原因 ·· (211)

　　三、石油化工企业火灾预防 ·· (212)

　　四、石油化工企业火灾救援 ·· (215)

第四节　工民建筑与道路桥梁施工类企业 ·· (217)

　　一、工民建筑与道路桥梁施工现场火灾危险性及特点 ·························· (217)

　　二、工民建筑与道路桥梁施工现场火灾原因 ······································· (219)

　　三、工民建筑与道路桥梁施工现场火灾预防 ······································· (220)

　　四、工民建筑与道路桥梁施工现场火灾救援 ······································· (222)

第五节　机械加工类企业 ··· (224)

　　一、机械加工企业火灾危险性及特点 ··· (224)

　　二、机械加工企业火灾原因 ·· (224)

　　三、机械加工企业火灾预防 ·· (225)

　　四、机械加工企业火灾救援 ·· (230)

第八章　应急救援 ·· (232)

第一节　矿山开采类企业 ··· (232)

一、应急救援组织及管理 …………………………………………………………（232）
　　二、应急救援保障系统 ……………………………………………………………（234）
　　三、应急救援的人力资源需求 ……………………………………………………（235）
第二节　地铁建设施工与运营类企业 …………………………………………………（238）
　　一、应急救援组织及管理 …………………………………………………………（238）
　　二、应急救援保障系统 ……………………………………………………………（240）
　　三、应急救援的人力资源需求 ……………………………………………………（241）
第三节　石油化工类企业 ………………………………………………………………（242）
　　一、应急救援组织及管理 …………………………………………………………（242）
　　二、应急救援保障系统 ……………………………………………………………（243）
　　三、应急救援的人力资源需求 ……………………………………………………（244）
第四节　工民建筑与道路桥梁施工类企业 ……………………………………………（246）
　　一、应急救援组织及管理 …………………………………………………………（246）
　　二、应急救援保障系统 ……………………………………………………………（248）
　　三、应急救援的人力资源需求 ……………………………………………………（248）
第五节　机械加工类企业 ………………………………………………………………（251）
　　一、应急救援组织及管理 …………………………………………………………（251）
　　二、应急救援保障系统 ……………………………………………………………（253）
　　三、应急救援人力资源需求 ………………………………………………………（255）

主要参考文献 ……………………………………………………………………………（257）

附　录 ……………………………………………………………………………………（259）

附录一　相关法律、法规、部门规章及规范性文件 ……………………………………（259）
附录二　实习日志表 ……………………………………………………………………（262）
附录三　生产实习报告封面 ……………………………………………………………（263）
附录四　生产实习报告格式要求 ………………………………………………………（265）
附录五　学生实习情况反馈表 …………………………………………………………（267）
附录六　企业对学生实习情况反馈表 …………………………………………………（268）
附录七　请假表 …………………………………………………………………………（269）
附录八　安全责任书 ……………………………………………………………………（270）
附录九　危险有害因素辨识中应用的系统安全分析方法表 …………………………（271）

第一章 绪 论

安全工程专业生产实习是在完成专业教学认识实习和修完专业技术基础课与大部分主干专业课的基础上,安排在第三学年进行的。它是安全工程专业教学计划的主要组成部分,是理论与实际相结合,巩固、加深学生所学理论知识,提高学生生产技能和管理能力的重要环节。

第一节 实习目的

生产实习是高等学校的学生,在生产现场以实习生的身份,参与到生产过程中,使专业知识与生产实践相结合的教学形式。工科各专业以及理科的农林、财经等多数专业,在教学计划中,都要进行一次或数次生产现场实习。生产实习是培养和提高学生专业技能的重要手段,是培养应用型和高技能型人才的重要教学活动之一。生产实习的目的主要在于以下几个方面:

(1)通过参加生产实习,学生将所学理论知识运用到生产实践中,进一步巩固、加深对所学理论知识的理解,同时也扩大专业知识面。在生产实习中,学生以实际工作者的身份参与到生产过程,既可运用已有的知识技能完成一定的生产任务,又可以学习生产技术知识或管理知识,掌握生产技能,培养管理能力,并且通过实习巩固和丰富理论知识。

(2)通过参加生产实习,培养学生的职业道德。社会实践是指导学生发展、成才的基础,是实现知行合一的主要途径。在生产实习中有意识地进行体验,可以使学生了解社会、了解职业、了解自我、陶冶职业情感,进而培养学生的职业道德。

(3)通过参加生产实习,提高学生对本专业的了解和认识,了解本专业未来所从事工作的基本内容,同时增加学生的学习兴趣以及增强学生对专业的自豪感。

(4)通过参加生产实习,进一步培养和提高学生的动手能力以及分析解决问题的能力,为后续专业课程及毕业设计打下良好的基础。

第二节　实习要求

1. 对学生的要求

参加实习的学生,应在校外实习指导教师的帮助下,参加有关的技术工作和生产工作,全面地完成生产实习工作。实习期间要求做到：

(1)着装符合工作规范,仪表整洁,举止端庄,语言文明。

(2)在生产实习期间,有严格的时间观念,不迟到、不早退,严格遵守实习单位的规章制度。

(3)每天都认真总结当天在实习工作中所遇到的问题和收获体会,做好工作反思；对实习单位组织的专业参观、专业报告都要详细记录并加以整理,完成实习日志,记录施工情况、心得体会、革新建议等。

(4)在实习过程中,服从校外实习指导教师的安排,认真按时完成校外实习指导教师和校内实习指导教师布置的实习和调研工作。

(5)实习结束后两周内完成实习报告,对政治思想和业务收获进行全面总结。

2. 对老师的要求

校内实习指导教师队伍由富有现场经验的、有一定组织协调能力的、对生产现场较熟悉的教师组成。校内实习指导教师必须符合工作满两年、具有一定的生产现场工作经验等条件。学校应建立稳定的、专业素质和管理水平较高的校内实习指导教师队伍。校内实习指导教师在学生生产实习过程中需做到以下几点：

(1)校内实习指导教师在学生实习期间要经常与学生联系,关注学生身体健康、安全情况,保证学生在实习过程中的安全。

(2)校内实习指导教师必须重视实习教学,重视对学生能力的培养,注重培养学生良好的职业素质等。

(3)校内实习指导教师在实习期间条件允许下应定期前往学生实习现场指导,其他形式的指导应保证每周一次以上,检查实习进度和质量。同时,校内指导教师应与校外实习指导教师经常沟通交流,帮助学生解决实习中存在的问题。

(4)校内实习指导教师负责批阅学生实习日志,对学生实习报告进行检查、批改、评价。生产实习结束后,对学生的生产实习成绩进行总评。

3. 对实习单位的要求

本专业的生产实习涉及到矿山、机械、石油化工等多个领域,行业覆盖面广。实习单位有大型国有企业、中外合资企业以及事业单位等可供选择。实习地点辐射全国,以华中、华南、华北、华东地区为主。应优先选择实习培训部门有一定的接纳能力和培训经验的有关公司,学生亦可根据自身兴趣及未来职业规划自行选择生产实习单位与地点。

学校聘请实习单位的工程技术人员担任校外实习指导教师。校外实习指导教师需具备3年及以上的工作经验,并具有中级及以上职称。

实习单位需培养学生综合运用基础理论与专业知识初步解决专业实际问题的能力,通过收集资料、深入生产实践等环节,培养学生独立发现问题、分析问题和解决问题的能力,使学生接受到科研、技术开发或解决某一生产实际问题能力的基本训练,培养学生严谨的科学态度、敏捷的思维能力以及实事求是的工作作风。

第三节 实习内容

生产实习主要是在我们学习了一定的专业知识之后,到生产现场运用所学知识参加实际工作,初步学会解决一些简单的技术问题。生产实习以跟班生产实践、安全科(处)室实践为主,定期轮换岗位,以便学生全面、深入掌握生产单位的生产、事故和安全情况,培养学生安全管理技能和处理安全事故的能力,同时组织一定的参观、技术报告和专题讲座。以下为主要实习内容:

(1)学生在生产实习过程中通过对某些典型生产线的全面实习,初步了解生产工作的全过程;对生产过程中的各项工艺流程、生产设备设施有大体的了解并掌握其基本操作;通过所学理论知识对所在公司单位存在的危险有害因素进行辨识,并深入了解常见安全事故。

(2)学生在生产实习过程中应熟悉企业的安全生产管理、安全教育、安全科日常安全管理工作的内容等,并且对与企业工程项目有关的安全监测技术有所了解。

(3)学生根据指导教师的具体要求,选择典型的生产工艺过程进行跟班实习,熟悉各行业中典型施工工艺流程中的安全技术,并了解系统运行中可能出现的事故(包括设备和人身)及采取的安全技术措施,安全装置及其类型、性能、运行状况,常见故障及排除方法,安全技术方面的先进经验及革新技术等。

(4)掌握消防安全中的防火系统组成、火源的原因类型及其控制措施与装置;控制火灾、爆炸扩散危害的措施、设备;各企业单位对火灾、爆炸的预防措施等。熟悉电气事故的原因类型及其控制措施,在生产、施工及运行中预防用电引起事故的措施;了解防静电技术、防雷技术等。

具体参考各章节详细内容。

第四节　实习过程

生产实习一般安排在第 6 个学期末,在暑假进行,实习时间共 8 周。

由于之前生产实习分数主要是以实习学生在校外指导教师心目中的印象和实习报告撰写的认真规范程度进行评定,具有很大的主观性和不确定性,故重新制定实习制度并结合以下内容进行:

(1)集中实习与分散实习相结合。由于人数过多,若不进行分组,学生到了科队会严重影响该科队的正常工作,也是一个很大的安全隐患。例如近年来国家对煤矿企业安全方面的要求越来越高,加上各企业生产任务的压力,实习单位对学生下井实习均表现出一定的抵触情绪和谨慎态度。为了分解安全压力并让实习学生能够真正达到生产实习的目的,采取集中实习与分散实习相结合的方法,实习动员、安全教育、现场实训采用集中实习的方式,而具有危险性的实习部分采用分小组分散实习的方式。

(2)实习日志制度。采用实习日志的形式,让每个实习生将自己一天的所学、所感和所悟记录下来,对保障实习效果具有重要的作用。撰写实习日志是生产实习的一部分。

(3)实习报告制度。实习报告制度是考察实习生的实习效果和评定实习成绩的重要手段。教师阅读学生写的实习报告并打分。

(4)评定实习成绩。实习成绩对实习生来说是重要的,也是他们将来升学、就业、评先评优中重要的考核指标之一。评定实习成绩必须本着"公平、公正、公开"的原则,起到全面提高学生综合素质的导向作用。

第五节　实习考核方式及成绩评定

校内实习指导教师根据学生生产实习中的表现、任务完成情况、实习报告的质量,以及生产单位校外实习指导教师对该生的反映情况综合评定实习成绩。实习成绩评定分优、良、合格、不合格 4 级。

对学生,实习成绩主要由 4 部分构成:①实习表现(考核学生的实习工作态度,是否迟到、早退和实习的认真程度);②反映在实习日志中的成绩(考核学生是否认真做好实习记录);③反映在实习报告中的成绩(考核学生对实习任务的完成情况、在生产实习中的收获以及语言文字表达能力);④扣分项(迟到、早退与旷工者在总评成绩中扣除分数等)。

实习考核方式权重如表 1-1 所示,综合所有考核项,实习的最终成绩结合以下实习成绩评定表进行打分评定。

表 1-1　实习成绩评定表

项目	分数	权重(%)	评价标准	备注
实习表现（平时成绩）	100	40	安全知识、安全意识、操作技能、处事能力、综合素质、实习纪律（请假不得超过 2 天，每迟到、早退 1 小时在总评成绩中扣 5 分；旷工者一次扣 10 分，实习过程中出现"三违"情况 3 次及以上者，平时成绩算 0 分）等指标	由校外实习指导教师评定
实习日志	100	20	实习内容描述、个人所获经验心得等	由校内实习指导教师评定
实习报告	100	40	依据实习时实证性案例，论述收获和体会，最好有创新方案设计（想法）或者分析企业安全技术和管理上的优缺点等	由校内实习指导教师评定

注：86～100 为优，71～85 为良，60～70 为合格，60 以下为不合格。

第六节　实习日志内容

实习日志需包括时间、天气、当天实习内容等，详见附录二。

第七节　实习报告内容及格式

1. 内容要求

生产实习报告的撰写是生产实习的重要部分，正文部分字数不宜少于 1 万字。实习报告的编写内容与顺序可参考下列提纲进行，一般包括以下几个方面：

(1) 前言。

(2) 实习目的及意义：言简意赅，点明主题。

(3) 实习时间、地点、单位及岗位介绍：要求详略得当、重点突出，重点应放在实习岗位的介绍方面。

(4) 实习安排：简单介绍整个实习过程的总体安排。

(5) 实习过程及实习内容：这是实习报告的重点，要求内容详实、层次清楚；侧重实际动手能力和技能的培养、锻炼及提高，但切忌日记式或记账式的简单罗列。

(6)实习总结及展望:这是精华,要求条理清楚、逻辑性强;注重写出对实习内容的总结、体会和感受,特别是自己所学的专业理论与实践的差距以及今后应努力的方向。

(7)对生产实习的建议、意见等。

具体内容可按实习的实际情况进行调整、修改。

2. 格式要求

完整的生产实习报告一般由以下几个部分组成,依次为:

(1)中文封面;

(2)目录;

(3)正文;

(4)致谢;

(5)参考文献;

(6)附录;

(7)评审页。

生产实习报告封面见附录三,生产实习报告格式具体要求见附录四。

第八节 实习反馈

1. 学生对教师和企业的反馈

为了更好地培养学生,同时保证学生生产实习的质量,对生产实习进行持续改进,需要学生对在实习中的教师和实习单位的指导情况进行反馈,发现其中的不足之处以便在日后进行改进。

校内实习指导教师及企业的实习工作成效由 5 部分组成。学生应根据实际实习情况,对指导教师及企业进行实习反馈,参考以下标准:

(1)教学、辅导态度(校内实习指导教师、校外实习指导教师是否重视实习教学,与学生的联系情况及对学生能力培养的重视程度)。

(2)实习指导情况(教师及企业在实习前、实习中、实习后各环节对学生的指导情况)。

(3)实习效果(学生的知识运用情况和能力提高程度)。

(4)学生满意程度(学生对实习教师、实习单位的意见和建议)。

2. 实习单位对学生的反馈

为了客观反映学生在生产实习过程中的表现,同时让实习成绩的评定更加公平、公正,需要企业对学生的实习情况进行反馈。

企业对于学生在生产实习过程中的表现给予反馈,主要参照以下标准进行:

(1)实习态度(学生对于生产实习所持态度、日常表现等)。

(2)学生的实习成果。

根据以上准则,学生对教师及企业指导实习的情况给予反馈,反馈表见附录五;企业对学生在实习期间的表现情况给予反馈,反馈表见附录六。

第九节　实习安全

1. 请假制度

学生在实习过程中不可避免会出现一些影响正常实习的情况,若因故需请假一段时间,必须严格按以下请假制度进行:

(1)实习生必须遵守学校有关实习的规定以及实习单位的一切规章制度。

(2)凡属法定假日,均按实习单位休假规定要求执行,休假期间,原则上不得离开实习单位(地区),若确需离开,需向实习单位实习主管部门说明原因,并写出书面请假申请,若无此手续,所出现的一切后果由实习生本人承担。

(3)请假规定如下。

①实习生一般不准请事假。因病或因特殊原因必须请假者,应事先履行请假手续。除特殊原因外,不得请人或利用通信工具间接请假,更不允许未经准假而擅自离开实习单位。

②请假手续:(a)急病请假,可由实习队长(组长)代呈请假申请。(b)慢性疾病、因事请假,须经校内指导教师准假后始得离开实习岗位。(c)请假一天以上应有书面请假申请,病假应有县级以上医院疾病证明书。

③病事假审批权限:实习期间请假一天者,由校外指导教师批准;一天以上三天以内者,经校外指导教师签注意见后,由科室或岗位负责人批准;三天以上一周以内者,经校外指导教师和科室或岗位负责人同意后,由实习单位实习主管部门批准;请假一周以上者,由实习单位实习主管部门签注意见后,报学校实习生所在系同意后由教务处审批。

请假审批表见附录七。

2. 保险制度

根据国家有关中央部委直属高等院校学生实习安全和权益保障问题的制度,坚持让保险公司承担社会责任,学生实习责任保险产品不得以营利为目标。生产实习从建立教育人才培养模式的高度,完善学校学生实习安全和风险管理制度;从健全学校学生实习法律法规的高度,推行学校学生实习责任保险保障制度,使学生得到更好的安全保障和保险服务,做到学校满意、企业满意、学生满意、社会满意。参加实习的学生应做到人人参保,应保尽保。协调好学校与保险公司、实习单位之间的关系,落实好承保与后续服务工作。有效化解学校和实习单位的实习责任风险,解决因人身伤害造成的纠纷,这对维护学校的正常教学秩序具有重要意义。

为保障师生在生产实习过程中的安全,在实习期间,学校统一为师生购买人身意外险。该保险具有保障范围广、保险费率低、服务标准统一等特点。学校应至少为学生购买2个月的保险,费用从学生的实习经费中扣除。由于老师需提前与实习单位接洽,故至少应为老师购买3个月的保险,费用由学院承担。保险保障项目有:

(1)死亡给付。被保险人遭受意外伤害造成死亡时,保险人给付死亡保险金。

(2)残疾给付。被保险人因遭受意外伤害造成残疾时,保险人给付残疾保险金。

(3)医疗给付。被保险人因遭受意外伤害支出医疗费时,保险人给付医疗保险金。意外伤害医疗保险一般不单独承保,而是作为意外伤害死亡残废的附加险承保。

(4)停工给付。被保险人因遭受意外伤害暂时丧失劳动能力不能工作时,保险人给付停工保险金。

3. 安全责任书

为加强实习过程的安全管理,进一步帮助学生明确实习期间注意安全的要求,加强学生的自律、自治、自救意识,防患于未然,确保实习学生在实习期间的人身安全,保证实习工作的顺利进行,特要求签订安全责任书(附录八)。

第二章　工艺及设备设施介绍

在生产实习过程中,对企业中有关生产工艺流程及相应设备设施的学习是一大重点,学生在实践过程中要深入了解生产工艺流程、主要组成设备、设备常见故障,掌握设备和人身安全保护装置等,这对于扩大专业知识面及提高动手能力有显著影响。本章对生产实习中可能涉及实习单位的有关工艺及设备进行介绍。

第一节　矿山开采类企业

一、矿山有关工艺介绍

矿山指有一定开采境界的采掘矿石的独立生产经营单位。矿山主要包括一个或多个采矿车间(或称坑口、矿井、露天采场等)和一些辅助车间,大部分矿山还包括选矿场(洗煤厂)。矿山包括煤矿、金属矿、非金属矿、建材矿和化学矿等。矿山规模(也称生产能力)通常用年产量或日产量表示。年产量即矿山每年生产的矿石数量。按产量的大小分为大型、中型、小型3种类型。矿山规模的大小,要与矿山经济合理的服务年限相适应,只有这样,才能节省基建费用,降低成本。在矿山生产过程中,采掘作业既是消耗人力、物力最多,占用资金最多的生产环节,又是降低采矿成本潜力最大的生产环节。降低采掘成本的主要途径是提高劳动生产率及产品质量,降低物资消耗。以下为矿山开采的有关工艺介绍。

1. 中、小型露天矿的扒矿机连续开采工艺

该工艺以扒矿机作为采掘设备。扒矿机具有适用范围广、行动灵活、采掘成本低、能提高开采经济效益等优点。连续开采工艺的流程:爆破—扒矿机—工作面自移式转载机—工作面塔式转载机—工作面移置式带式输送机—端帮带式输送机—排土机。扒矿机连续开采工艺首先对工作面进行密集式爆破,将物料爆破至要求的粒度,然后用多台扒矿机并列,扒矿机前端取料装置将爆破后的物料装入扒矿机输送装置,并将物料转载至工作面自移式转载机上,工作面自移式转载机将物料转载至工作面塔式转载机上,工作面塔式转载机受料后经过工作面移置式带式输送机、端帮带式输送机、排土机排至排土场,实现物料全程连续化。

2. 金属固体矿山露天开采的主要工艺

该工艺的工艺流程：开拓—矿岩松碎—采装—运输—排卸。露天矿床的开拓是指建立地面与露天矿场内各工作水平以及各工作水平之间的矿岩运输通道，以保证露天矿场的生产运输，及时准备出新的工作水平。矿岩松碎是通过爆破作业将整体矿岩进行破碎和松动，形成一定形状的爆堆，为后续的采装作业提供工作条件。采装与运输作业是露天矿山开采的两个密不可分的工序。采装作业是利用装载机械将松碎后的矿岩装入运输工具内或直接卸至卸载点，是露天矿整个生产过程中的中心环节。排卸是指露天矿的排岩工程，就是将剥离下的废石或表土运输到废石场或排土场进行排卸。

3. 洞采矿山工艺

洞采矿山工艺是从山坡露天或凹陷露天石材、矿山转变而成。这时的基建工作包括至洞口的道路修建，洞口处车辆回转场地，洞内通风换气、给排水和照明系统，矿体安全和生产安全监控系统，洞内加固、防护和逃生通道等。其余设施可借助原矿山现有系统。洞采大理石矿山的工艺流程如图 2-1 所示。

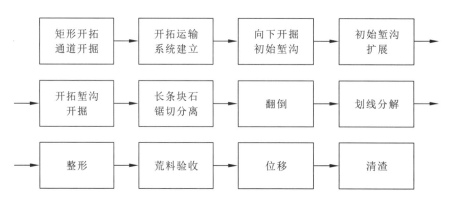

图 2-1 洞采大理石矿山基本开采工艺流程图

4. 露天矿组合开采工艺

为了建立露天矿组合开采工艺优选模型，根据各种工艺的开采特征，按照开采工艺的功能将开采工艺分为表土剥离工艺、岩石剥离工艺、夹层剥离工艺和采煤工艺。

(1) 常用的表土剥离工艺有：①单斗挖掘机（电铲）-汽车开采工艺系统；②液压挖掘机-汽车开采工艺系统；③前装机-汽车开采工艺系统；④轮斗挖掘机-胶带输送机开采工艺系统。

(2) 常用的岩石剥离工艺有：①单斗挖掘机（电铲）-汽车开采工艺系统；②液压挖掘机-汽车开采工艺系统；③前装机-汽车开采工艺系统；④拉铲剥离倒堆-抛掷爆破开采工艺系统；⑤机械挖掘机剥离倒堆-抛掷爆破开采工艺系统；⑥单斗挖掘机-工作面移动式破碎机-

胶带输送机开采工艺系统；⑦单斗挖掘机-工作面汽车-半固定破碎筛分站-胶带输送机开采工艺系统。

(3)常用的夹层剥离工艺：①单斗挖掘机(电铲)-汽车开采工艺系统；②液压挖掘机-汽车开采工艺系统；③推土机-前装机-汽车开采工艺系统；④露天采矿机-卡车开采工艺系统；⑤露天采矿机-胶带输送机开采工艺系统；⑥单斗挖掘机-工作面移动式破碎机-胶带输送机开采工艺系统；⑦单斗挖掘机-工作面汽车-半固定破碎筛分站-胶带输送机开采工艺系统。

(4)常用的采煤工艺：①单斗挖掘机(电铲)-汽车开采工艺系统；②液压挖掘机-汽车开采工艺系统；③推土机-前装机-汽车开采工艺系统；④露天采矿机-卡车开采工艺系统；⑤露天采矿机-胶带输送机开采工艺系统；⑥单斗挖掘机-工作面移动式破碎机-胶带输送机开采工艺系统；⑦单斗挖掘机-工作面汽车-半固定破碎筛分站-胶带输送机开采工艺系统；⑧单斗挖掘机-工作面汽车-破碎筛分站-巷道胶带输送机开采工艺系统。

机械化方法开采是当前我国矿产资源开采中应用最为广泛的方法。机械化的开采方法可分为两大类，分别是露天开采和地下开采。露天开采的原理是将矿体表层覆盖的岩土层崩落或剥离，而后按照从上到下的顺序进行开采。

二、矿山开采的机械设备

1. 破碎机

惯性圆锥破碎机图片如图2-2所示，破碎机的机体和底座之间有隔振元件，动锥和定锥共同构成了工作机构，锥体上均有耐磨衬板附着，而破碎腔就是衬板之间的空间。将动锥轴插入轴套，传动机构将电动机的螺旋运动传递给了激振器，不断旋转的激振器带来了惯性力，动锥绕球面瓦的球心在这种惯性力的作用下开始悬摆。动锥在一个垂直的平面内靠近定锥的时候，冲击和挤压作用就会使物料破碎。而当动锥和定锥分离开的时候，破碎产品在重力的影响下从排料口掉出来，在动锥和传动机构之间没有刚性的联接。

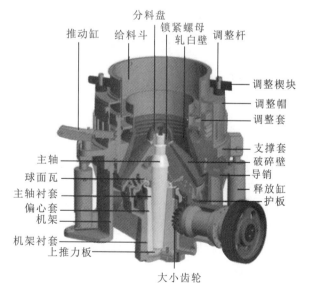

图2-2 破碎机

2. 桥式起重机

桥式起重机是横架于车间、仓库和料场上空进行物料吊运的起重设备。它的两端坐落在高大的水泥柱或者金属支架上,形状似桥。桥式起重机的桥架沿铺设在两侧高架上的轨道纵向运行,可以充分利用桥架下面的空间吊运物料,不受地面设备的阻碍。它是使用范围最广、数量最多的一种起重机械。

3. 输送机

皮带输送机是最重要的散状物料输送与装卸设备。我们一般会根据带式输送机(图2-3)的使用场所、工作环境、技术性能及输送物料种类等多方面的不同,选用不同类型的输送机以满足多种作业工况的形式。除较多采用通用皮带输送机外,还可采用多种新型结构的特种胶带输送机,其中具有代表性的主要有大倾角带式机、深槽带式机、压带式机,以及管状带式、气垫带式、平面转弯带式、线摩擦式、波状挡边输送带式运输机械等。

4. 通风机

通风机是依靠输入的机械能,提高气体压力并排送气体的机械,是一种从动的流体机械。通风机(图2-4)广泛用于工厂、矿井、隧道、冷却塔、车辆、船舶和建筑物的通风、排尘及冷却,以及锅炉和工业炉窑的通风和引风等。

图2-3 输送机　　　　　　　　图2-4 通风机

5. 滚筒采煤机

滚筒采煤机主要由电动机、牵引部、截割部和附属装置等部分组成。按机械化程度的不同,机械化采煤工作面可分为普通机械化采煤工作面和综合机械化采煤工作面,简称普采工作面和综采工作面。

6. 刨煤机

刨煤机是一种用于0.8~2.0m薄煤层开采的综合机械化采煤设备,集"采、装、运"功能于一身,配备自动化控制系统实现无人工作面全自动化采煤。由于刨煤机对电机马达的高品质需求,刨煤机价格一般是采煤机的1~2倍,例如三一重装的刨煤机在良好状态下可日产煤5000t,生产效率大大高于采煤机,并且可将采煤机不宜开采的薄煤层开采出来,避免造成资源的浪费。

7. 粉磨机械

粉磨机械是指排料中粒度小于3.00mm的排料占总排料量50%以上的粉碎机械。这类机械通常按排料粒度的大小来分类：排料粒度为0.10~3.00mm者称为粗粉磨机械；排料粒度在0.02~0.10mm之间者称为细粉磨机械；排料粒度小于0.02mm者称为微粉磨机械或超微粉磨机械。粉磨机械的操作方法有干法和湿法两种。干法操作时物料在空气或其他气体中粉碎；湿法操作时物料则在水或其他液体中粉碎。

8. 离心选矿机

离心选矿机是用于回收微细矿泥中的金属矿粒的机械，主要由主机与控制机构两部分组成。在主机锥形转鼓高速旋转所产生的离心力场中，重矿粒沉积到转鼓壁上成为精矿，轻矿粒附在精矿表面，受到流膜（矿浆流）作用，排出转鼓，成为尾矿。

第二节 地铁建设施工与运营类企业

一、地铁建设有关施工工艺介绍

根据开挖方式的不同，地铁工程有不同的施工工艺。开挖方法主要根据施工范围内的环境及交通等情况进行技术、经济综合比较后确定。目前，我国地铁工程采用的施工工艺方法主要包括以下几种。

1. 明（盖）挖法

明（盖）挖法是指在地面开挖的基坑中修筑车站或隧道的方法。主要施工工序为拆除和恢复道路，土石方开挖和运输，降水，钢筋混凝土结构制作，结构防水，地基加固和检测等。

1）明（盖）挖法的种类

明（盖）挖法包括敞口开挖法（明挖顺作法）、盖挖法（盖挖顺作法、盖挖逆作法、盖挖半逆作法）。围护结构采用的手段包括地下连续墙、人工挖孔桩、钻孔灌注桩、SMW工法桩、工字钢桩等。由于敞口开挖法存在占用场地大、较长时间隔断地面交通，以及填挖方量大等不利因素，在受到条件限制的情况下可采用半明挖方式，即盖挖法。

（1）明挖顺作法。明挖顺作法是先从地表面向下开挖基坑至基底设计标高，然后在基坑内的预定位置由下而上地建造主体结构及其防水措施，最后回填土并恢复路面。

明挖施工一般可以分为4个步骤：围护结构施工→内部土石方开挖→工程结构施工→管线恢复及覆土。明挖区间隧道和明挖车站的施工步骤基本相似，但区间隧道的主体结构较为简单。施工方法应根据地质条件、围护结构的形式确定。对地下水较高的区域,为避免土方开挖中因水土流失引起的基坑坍塌和对周围环境的不利影响,在施工过程中可以采取坑外降水或坑内降水。内部土石方开挖时根据土质情况采取纵向分段、竖向分层、横向分块的开挖方式;同时考虑一定的空间及时间效应,应减少基底土体暴露时间,尽快施作主体结构。主体结构一般采用现浇整体式钢筋混凝土框架结构。

明(盖)挖区间隧道及车站多采用矩形框架结构,部分采用拱形结构。根据功能要求及周围环境影响,可以采用单层单跨、单层多跨、多层单跨、多层多跨等不同的结构形式。侧式车站一般采用双跨结构;岛式车站多采用三跨结构;在道路狭窄和场地受限的地段修建地铁车站,也可采用上下行重叠的结构。

(2)盖挖顺作法。盖挖顺作法是在地表作业完成挡土结构后,以定型的预制标准覆盖结构(包括纵梁、横梁和路面板)置于挡土结构上维持交通,往下进行开挖和加设横撑,直至设计标高。依序由下而上施工主体结构和防水措施,回填土并恢复管线或埋设新的管线。最后,视需要拆除挡土结构外露部分并恢复道路。

(3)盖挖逆作法。如遇开挖面较大、顶板覆土较浅、沿线建筑物过近等情况,为防止施工过程中地表沉陷对邻近建筑物产生影响,可采用盖挖逆作法施工。盖挖逆作法的施工步骤:先在地表面向下做基坑的围护结构和中间桩柱,基坑围护结构多采用地下连续墙、钻孔灌注桩或人工挖孔桩,中间桩柱则多利用主体结构本身的中间立柱以降低工程造价;随后开挖表层土至主体结构顶板底面标高处,利用未开挖的土体作为土模浇筑顶板,待回填土后将道路复原,恢复交通;最后在顶板覆盖下,自上而下逐层开挖并施工主体结构和防水措施直至底板。

(4)盖挖半逆作法。盖挖半逆作法与盖挖逆作法的区别仅在于顶板完成及恢复路面后,向下挖土至设计标高后先浇筑底板,再依次向上逐层浇筑侧墙、楼板。在盖挖半逆作法施工中,一般都必须设置横撑并施加预应力。

2)明(盖)挖法的特点

明(盖)挖法具有施工作业面多、速度快、工期短、易于保证工程质量和工程造价低等优点。具备明(盖)挖法施工场地条件的车站,宜采用明挖顺作法施工。处于地下水位线以下的隧道采用盖挖法时,需附加施工降水措施。地面交通需要尽快恢复时,宜采用盖挖顺作法、盖挖逆作法或盖挖半逆作法施工。盖挖法的缺点是盖板上不允许留过多的竖井,故后继开挖的土方需要采取水平运输,工期较长,作业空间小,与基坑开挖、支挡开挖相比,费用较高。

2. 暗挖法

暗挖法是指在地下先开挖出相应的空间,然后在其中修筑衬砌,从而形成隧道或车站。地铁暗挖法施工是不挖开地面,全部在地下进行开挖和修筑衬砌结构的隧道施工方法。区间隧道施工常用的开挖方法有台阶法、CD工法、CRD工法、双侧壁导坑法(又称眼镜工法)等。车站等多跨隧道多采用桩洞法(PBA工法)、中洞法或侧洞法等。应根据工程特点、围岩情况、环境要求以及施工单位的自身条件等,选择合适的开挖方法及支护方式。

由于地铁多在城市区域内施工,对地表沉降的控制要求比较严格,因此要加强地层的预支护和预加固。采用的施工措施主要有超前小导管预注浆、开挖面深孔注浆、大管棚超前支护等。

暗挖法适用在埋深较浅、松散不稳定的土层和软弱破碎岩层内施工。暗挖法是按照新奥法原理进行设计和施工,以加固、处理软弱地层为前提,采用足够刚度的复合衬砌(由初期支护、二次衬砌及中间防水层组成)为基本支护结构的一种隧道施工方法。它通过施工监测来指导设计与施工,保证施工安全,控制地表沉降。暗挖法的施工控制要点可以概括为"管超前、严注浆、短开挖、强支护、快封闭、勤量测",主要工序包括挖土(钻眼)、爆破、通风、装土(岩)、运输(含提升)、初支与二衬或管片安装。暗挖法施工场地占地较少。当受地面交通、地下管线等条件限制不允许使用明挖法施工,或线路埋深较大采用明挖法施工工程费用较高时,可采用暗挖法施工。

但暗挖法施工有下列缺点:①施工风险较高,开挖截面大小受围岩稳定性限制;②工作面狭窄,工作条件差;③线路埋置较浅时可能导致地面沉陷;④一般工期较长,造价较高。

3. 盾构法

盾构施工法简称盾构法,是地下隧道暗挖施工的一种工法。它使用盾构机在地下掘进,利用盾构外壳防止开挖面崩塌并保持开挖面稳定,在机内进行隧道开挖作业和衬砌作业,从而构筑成隧道。

盾构法施工的三大关键要素为稳定开挖面、盾构挖掘和衬砌,其主要控制目标是尽可能不扰动围岩,从而最大限度地减少对地面建(构)筑物及地层内埋设物的影响。目前地铁隧道施工中使用最多的是泥水平衡盾构机和土压平衡盾构机,这两种机型由于将开挖和稳定开挖面结合在一起,因此无需其他辅助施工措施就能适应地质情况变化较大的地层。其中"盾构掘进及管片安装"为最主要工序,重点包括掘进、碴土排运和管片衬砌安装。在掘进过程中还要对盾构机参数、掘进线线形、注浆、地表沉降等进行设定和控制。盾构掘进施工以每环为单位,循环进行。盾构法施工工艺流程如图2-5所示。

盾构法是一种全机械化施工方法,主要用于区间隧道的开挖。它是将盾构机械在地下推进,通过盾构外壳和管片支撑四周围岩防止发生隧道内坍塌,同时在开挖面前方用切削装置进行土体开挖,通过出土机械运出洞外,靠千斤顶在后部加压顶进,并拼装预制混凝土管片,形成隧道结构的一种机械化施工方法。盾构法施工的内容包括盾构的始发和到达,盾构的掘进、衬砌、压浆和防水等。

盾构法的优点:①开挖和衬砌安全度较高,掘进速度快;②盾构的推进、出土、拼装衬砌等全过程可实现自动化作业,施工劳动强度低;③对地面交通、河道航运与设施,以及地下管线、建(构)筑物、既有地铁线路等工程周边环境影响较小且较易控制;④在松软含水地层中修建埋深较大的长隧道往往具有技术和经济方面的优越性;⑤洞体结构比较稳定。

盾构法的缺点:①断面尺寸多变的区段适应能力差;②新型盾构购置费昂贵;③转运和始发、到达端头井施工费用较高,对施工区段短的工程不太经济;④对盾构机始发和接受的条件较高;⑤当岩石强度在130MPa以上或推进中遇到不明的较大孤石时处理难度大。

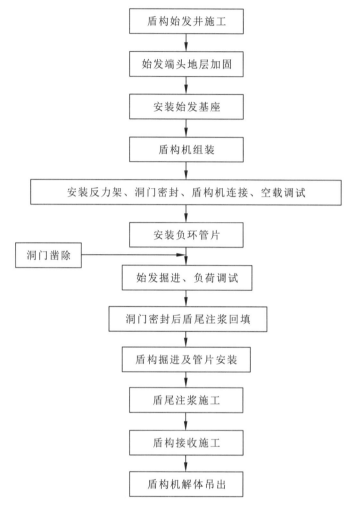

图 2-5 盾构法施工工艺流程

4. 降水和回灌

降水技术是确保地下工程在无水或少水情况下施工所采取的技术措施。实施降水施工,可能对工程周边环境造成影响,需要根据有关技术规程要求严格控制实施。降水方法有井管降水、真空降水、电渗降水等。北方地区多采用基坑外地面深井降水和回灌,也有采用洞内轻型井点降水;南方地区则多采用基坑内井管降水,也有采用真空降水和电渗降水。

5. 注浆

注浆加固是避免地铁工程塌方或周边建(构)筑物过大沉降、倾斜等现象发生所采取的有效技术措施,既可止水,又可加固地层。在暗挖隧道施工中,土体超前注浆预加固在隧道拱部形成一道连续的拱墙,达到加固围岩、截断残余水、减小作业面坍塌的效果,为施工创造良好的作业环境。较常用的超前注浆预加固措施主要有锚杆、超前小导管、超前大管棚等。

在基坑开挖中,采用注浆加固是提高支护结构安全度、减小基坑开挖对工程周边环境影响的一项重要措施。

在暗挖法施工中,当围岩的自稳能力在12h以内,甚至没有自稳能力时,为了稳定工作面,确保安全施工,需要进行注浆加固地层,以防止塌陷沉降,或进行结构止水。注浆方式主要有软土分层注浆、小导管注浆、TSS管注浆等;注浆材料分为普通水泥、超细水泥、水泥水玻璃、改性水玻璃、化学浆等。

6. 高压旋喷或搅拌加固

高压旋喷注浆法将带有特殊喷嘴的注浆管插入土层的预定深度后,以20MPa左右的高压喷射流强力冲击,破坏土体,使浆液与土搅拌混合,经过凝结固化后,使土中形成固结体。

高压旋喷主要用于地层加固,适用于有水软弱地层,以及砂类土、流速黏性土、黄土和淤泥等常规注浆难以堵水加固的地层等。盾构法隧道的始发和到达端头常用高压旋喷或搅拌加固,联络通道也常用此法加固地层。近年来也开发了隧道内施作的水平旋喷或搅拌加固技术。

二、地铁工作系统的组成

地铁是城市公共交通运输的一种形式,指在地下运行为主的城市轨道交通系统。地铁是沿着地面铁路系统的形式逐步发展形成的一种用电力牵引的快速大运量城市轨道交通模式,其线路通常敷设在地下隧道内,有的在城市中心以外,从地下转到地面或高架桥上敷设。

地铁系统是由多个相互影响的子系统设备组成的,主要有车辆系统、线路及轨道系统、机电系统、供电系统、通信系统、区间隧道系统、车站系统、火灾自动报警系统、环境与设备监控系统、自动售检票系统等。以下较详细地介绍有关工作系统。

1. 供电系统

供电系统能够提供地铁的运营动力,是地铁的主要组成部分。地铁供电系统主要由10kV电源、750V直流牵引供电系统、400V低压配电系统、直流控制电源系统、综合监控系统、杂散电流防护系统及电能计量管理系统等构成。通过近几年供电故障统计分析,综合监控系统造成的供电事故最大,其次为750V直流牵引供电系统。虽然综合监控系统故障发生次数较多,但对地铁安全影响较小,因此供电系统对地铁安全的影响是供电系统其他组成部分造成的。

(1) 10kV电源。10kV电源系统设备包括10kV断路器、10kV开关柜、变压器、隔离柜、电缆等。当10kV电源发生故障时,将造成站点失去电源,750V、400V设备及其他设备因此停止工作,列车通风空调、照明灯停止工作,严重影响城市交通地铁的正常运行。

(2) 750V直流牵引供电系统。750V直流牵引供电系统包括直流开关柜、脉波整流柜、隔离开关、断路器、电缆等。当750V断电事故发生后,将造成三轨失压、车辆无法运行、大量乘客滞留车厢内和地铁站内,严重影响城市轨道交通。

(3)400V 低压配电系统。400V 低压配电系统包括抽屉式开关、开关柜和电缆。当 400V 低压配电系统发生事故后,造成通风空调停止,照明关闭,AFC 关闭,信号设备无法运转。而当照明关闭后,会引起乘客恐慌,严重时可能引起踩踏事件。

2. 机电系统

城市轨道交通的机电系统主要由电梯系统、控制系统、消防系统、照明系统和售检票系统组成,是城市轨道交通正常运行的基础保障。地铁已经是人们日常出行的主要交通工具,地铁的安全性是其发展的头等大事,而地铁机电设备与地铁的安全息息相关。通过对广州 2014 年地铁运行发生的 1022 起机电故障统计分析,统计出了各部分发生故障的比例,具体如图 2-6 所示。

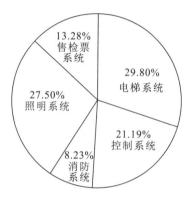

图 2-6 广州地铁 2014 年机电系统各部分发生故障概率图

电梯系统、控制系统和照明系统故障较多,消防系统和售检票系统相对较少,而且这些问题基本都属于日常使用中的磨损或者损坏方面的因素,机电设备故障率不高,故障修复时间短,没有对城市轨道交通的运行构成大的威胁。经过综合考察北京、上海等地的城市轨道交通机电系统故障,发现机电系统各部分的危险因素主要集中在以下几个方面。

(1)电梯系统:电梯骤停、电梯超速或欠速、驱动链断裂、扶手带磨损或跑偏、链条磨损、电路引起的故障。

(2)控制系统:屏蔽门故障、BAS 系统故障、传感器故障、电源故障。

(3)消防系统:管道破损、电动机故障、水泵故障、消火栓故障、报警装置故障。

(4)照明系统:电线破损或老化、灯泡损坏、电源故障。

(5)售检票系统:售票机故障、检票机故障、辅助设备故障。

3. 通信系统

通信系统是城市轨道交通系统的核心部分,它担负着指挥城市轨道交通运行和保证车辆运行安全的任务。城市轨道交通通信系统包括控制和指挥系统、列车自动防护系统和自动运行系统。随着通信技术的发展和城市轨道交通的快速发展,地铁通信要用新型、可靠经济的通信技术,从而实现地铁通信业务的需求,保障地铁安全运行。以广州 2014 年地铁故障为例进行分析,广州地铁 2014 年共发生通信故障 982 起,其中监控故障占到近 60%,图 2-7 反映了通信系统各部分故障的统计分析。

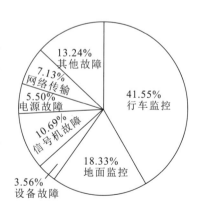

图 2-7 广州地铁 2014 年通信系统各部分发生故障概率图

经过实地调查广州及我国其他一些城市的轨道交通系

统的故障类型,发现目前通信系统的安全影响因素主要表现在以下两个方面。

(1)控制和指挥系统:监控设备掉码、监控系统紧急制动、监控系统失效、监控系统受外界干扰、车站控制器失效、通道故障、中心无法显示、软件死机、与服务器连接中断、保修无法连接等。

(2)自动系统:列车车门无法自动打开、列车自动防护系统无法正常启动、处理器模块故障、处理器单元模块不启动、信号机故障、电机空转、连锁设备无法联机、列车自动监控系统故障、设备显示器黑屏等。

4. 轨道系统

轨道是城市轨道交通的基础设施,由道床、轨枕、钢轨、道岔及其附属设施组成。由于钢轨要承受列车的重量和运行带来的压力,因此往往会产生变形,给城市轨道交通运行带来安全隐患。

5. 区间隧道系统

区间隧道作为两个地下车站的连接建筑物,包括主体建筑物和附属设备。区间隧道根据工程地质和水文环境而采取不同的施工方法和结构。区间隧道的安全影响因素主要有主体结构因素、服务设施因素、疏散设施因素和管理因素,具体包括结构沉降、意外损坏、渗漏水、疏散标志、安全组织等。

6. 车站系统

车站作为城市轨道交通的中转站,主要为旅客提供换乘和候车的场所,其设施包括站台、通道和售票设备等。由于地铁车站系统结构规模大,环境复杂,因此属于危险因素较多的工程。车站危险因素主要有土建结构变形、顶部渗漏、地砖翘起、防水层屋面渗漏、变电站屋面漏水、顶板脱落等,这些均会对车站的功能造成不同程度的损害,因此,做好日常维护对保障城市轨道安全运行具有积极作用。

第三节 石油化工类企业

一、石油化工类企业有关工艺介绍

石油化学工业简称石油化工,是基础性产业,为农业、能源、交通、机械、电子、纺织、轻工、建筑、建材等工农业和人民日常生活提供配套及服务,在国民经济中占有举足轻重的地位。石油化工指以石油和天然气为原料,生产石油产品和石油化工产品的加工工业。石油产品又称油品,主要包括各种燃料油(汽油、煤油、柴油等)和润滑油以及液化石油气、石油焦炭、石蜡、沥青等。以下对石油化工类企业有关工艺进行介绍。

1. 裂解工艺流程

裂解工艺流程包括原料油供给和预热系统、裂解和高压水蒸气系统、急冷油和燃料油系统、急冷水和稀释水蒸气系统,不包括压缩、深冷分离系统。以轻柴油裂解装置工艺流程(图2-8)为例说明如下。

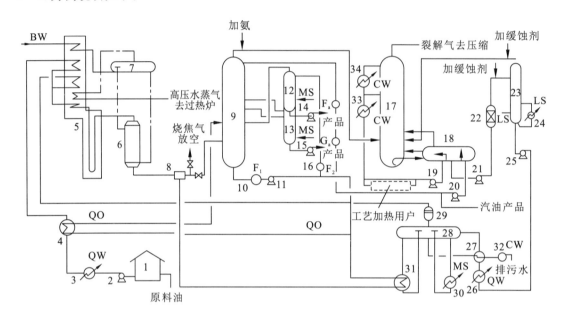

图2-8 轻柴油裂解装置工艺流程图

1)原料油供给和预热系统

原料油从贮罐1经预热器3和4与过热的急冷水和急冷油热交换后进入裂解炉的预热段。原料油供给必须保持连续、稳定,否则直接影响裂解操作的稳定性,甚至会导致毁炉管存在危险。因此,原料油泵需有备用泵及自动切换装置。

2)裂解和高压水蒸气系统

预热过的原料油入对流段初步预热后与稀释水蒸气混合,再进入裂解炉的预热段预热到一定温度,然后进入裂解炉的辐射室进行裂解。炉管出口的高温裂解气迅速进入急冷换热器6,使裂解反应很快终止,再去油急冷器,用急冷油进一步冷却,然后进入油洗塔(汽油初分馏塔)9。

急冷换热器的给水先在对流段预热并局部汽化后送入高压汽包7,靠自然对流流入急冷换热器6中,产生11MPa的高压水蒸气,从汽包送出的高压水蒸气进入裂解炉预热段过热,再送入水蒸气过热炉,过热至447℃后并入管网,供蒸汽透平使用。

3)急冷油和燃料油系统

裂解气在油急冷器8中用急冷油直接喷淋冷却,然后与急冷油一起进入油洗塔9,塔顶出来的裂解气为氢气、气态烃、裂解汽油以及稀释水蒸气和酸性气体。

裂解轻柴油从油洗塔 9 的侧线采出,经汽提塔 13 汽提其中的轻组分后,作为裂解轻柴油产品。裂解轻柴油含有大量烷基萘,是制萘的好原料,常称为制萘馏分。塔釜采出重质燃烧油。

自洗油塔塔釜采出的重质燃烧油,一部分经汽提塔 12 汽提出其中的轻组分后,作为重质燃料油产品送出,大部分则作为循环急冷油使用。循环使用的急冷油分两股进行冷却,一股用来预热原料轻柴油之后,返回油洗塔作为塔的中段回流,另一股用来发生低压稀释蒸汽,急冷油本身被冷却后则送至急冷器作为急冷介质,对裂解气进行冷却。

急冷油与裂解气接触后,超过 300℃ 时性质不稳定,会逐步缩聚成易于结焦的聚合物,以及不可避免地由裂解管、急冷换热器带来的焦粒。这些聚合物和焦粒都会造成结焦,因此在急冷油系统设置有 6mm 滤网的过滤器 10,并在急冷器油喷嘴前设较大孔径的滤网和燃烧油过滤器 16。

4) 急冷水和稀释水蒸气系统

裂解气在油洗塔 9 中脱除重质燃料油和裂解轻柴油后,由塔顶采出进入水洗塔 17。经脱除绝大部分水蒸气和少部分汽油的裂解气,温度约为 313K(即 40.85℃),送至压缩系统。

2. 造气工艺流程

国内中型氮肥厂大多数工艺流程是以煤焦为原料的间歇式汽化法流程,主要设备有煤气炉、燃烧室、废热锅炉、洗气箱等。间歇式煤气炉造气,每 3min(或 2.5min)一个工作循环,每个循环分 5 个阶段,分别为吹风、上吹制气、下吹制气、二次上吹和空气吹净,具体工艺流程如图 2-9 所示。

3. 加压变换工艺流程

半水煤气由合成压缩机三段送出,进入油水分离器,将气体中夹带的油分和水分分离出来,从导淋排至地沟;气体进入炭过滤器,再次过滤掉气体中剩余的油分后,赶往 1#混合罐中与补充蒸汽混合,该混合气依次流经煤气换热器管内和中间换热器管间,提高混合气温度后进入变换炉,在一段一层和二层进行反应。一段变换气出来后,进入中间换热器(管内),换热后进入 2#混合罐与补充蒸汽混合,进入变换炉二段进行反应,使变换气中一氧化碳达到生产的要求。出二段的变换气进入煤气换热器(管间)换热后,送向脱碳工段。

4. 甲烷化工艺流程

脱碳气经气液分离器将气体中夹带的液沫分离后,进入甲烷化换热器管间与管内从甲烷化炉来的甲烷化气体进行换热后温度升高;然后再用第二热源(如中温变换气余热)通过换热器,进一步预热到 280~300℃ 进入甲烷化炉。反应器生成的高温甲烷化气经甲烷化换热器冷却后进精制气体水冷器。被降温至 40℃ 左右,经精制气液分离器分离掉水后,送压缩工序进压缩机四段。

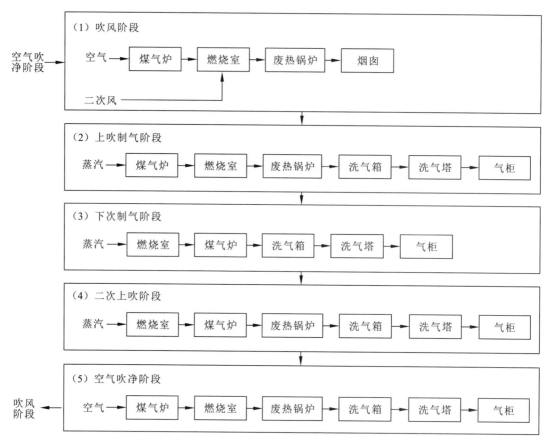

图 2-9 造气工艺流程图

5. 合成氨的工艺流程

由氢氮气压缩机压缩的 31.4Pa 的新鲜气与循环气混合,经滤油器除去油水以及碳酸氢铵结晶等杂物,经冷凝塔上部预冷后去氨冷器进一步冷却,出氨冷器进冷凝塔下部分离出液氨。分离后的气体再经冷凝塔上部热水器交换器加热后入合成塔。按塔内件不同类型,入塔气流向有所不同,轴向内件一般分两路入合成塔,一路经主阀由塔顶进入,另一路经副阀从塔底进入,作调节催化剂床层温度之用。轴向、径向内件的催化剂床层温度可由设备的冷激气或热交换器等进行调节。反应后含氨 13%～17% 的高温气体,通过塔下部的换热器与进塔气换热后出塔入水冷器冷却、液化。在塔下部换热时,按不同情况设置废热回收器(废热锅炉)副产蒸汽。从水冷器出来带有液氨的循环气进入氨分离器以分离液氨气体,进入循环加压后再与氢氮气、压缩机来的新鲜气混合进行连续生产。由冷凝塔下部和氨分离器底部放出的液氨减压后由输氨管道送至氨库贮存。

氨合成工序使用的设备有合成塔、分离器、冷凝器、氨蒸发器、预热器、循环压缩机等。可燃气体和氨蒸气与空气混合时有爆炸危险;氨有毒害作用,液氨能烧伤皮肤;生产还采用高温、高压工艺技术条件,所有这些都使装置运行过程具有很大危险性。严格遵守工艺规程,尤其是控制温度条件是安全操作的最重要因素。设备和管道内温度剧烈波动时,个别部件会变形,破坏设备。

6. 催化裂化工艺流程

催化裂化过程中,预热的原料油和热的催化剂在进料弯管及反应器接触后即发生裂解,除生成气体由反应器顶部进入分馏塔加工成汽油、柴油、石油气及渣油外,还生成一部分焦炭沉积在催化剂表面上,一般积炭量为8%左右,在很短的时间内(几分钟到十几分钟),催化剂的活性就由于表面积炭量增加而大大下降,可用空气烧去积炭以恢复催化剂的活性,再返回反应器参加反应。烧去焦炭的过程称为催化剂的"再生"。催化裂化反应是吸热反应,反应时需供给热量;催化剂再生反应是强放热过程,再生时必须取走巨大的热量,否则会引起温度过高而烧坏催化剂及设备。一方面催化剂必须周期性地进行反应与再生,另一方面又需周期性地由吸热转为放热。

反应和再生分别在反应器和再生器中完成。热的催化剂和原料一起进入反应器,原料在催化剂的作用下吸收催化剂的热量而裂化;积炭后的催化剂送再生器,通入空气烧掉表面积炭成为再生催化剂,既恢复了催化剂的活性,又被加热到反应所需要的温度,再返回反应器,构成了反应-再生系统的循环。

催化裂化装置的形式很多,基本原理是相同的,可分为原料预热、反应-再生、产品分馏及汽油和裂化气体的稳定吸收4部分。反应-再生系统按其反应-再生器中催化剂所处状态的不同,可分为固定床、移动床和流化床3种。流化催化裂化所产汽油辛烷值高,操作控制容易,处理量大。Ⅳ型流化催化裂化是目前应用比较广泛的一种形式。Ⅳ型流化催化裂化采用了U形管式的催化剂输送系统(密相输送),在两器中线速度为0.8~1.2m/s,用增压风调节催化剂循环量,而不用滑阀节流,简化了设备结构,降低了装置高度,增加了操作弹性,具有很突出的优点。

反应器是催化裂化装置的关键设备,主要作用是提供原料油与催化剂充分接触所需要的空间,以保证原料充分裂化;控制反应温度与接触时间以得到所需要的产品;将离开反应器的油气中所携带的催化剂回收下来,以减少轻分馏塔底部塔盘的堵塞和油浆泵的磨损;待活化催化剂在去再生器前先在汽提段内汽提,以除去被催化剂吸附的油气,既可回收油气,又可减轻再生器的烧焦负荷。

再生器的主要作用是使反应过程中由于积炭而失去活性的催化剂恢复活性。催化剂的活性是靠用空气在再生器内烧掉催化剂上的积炭和被汽提掉的油气来恢复。烧炭时放出大量的热量被催化剂吸收,催化剂的温度上升到600℃左右,这部分热量被催化剂带入反应器,作为供给原料裂化反应所需要的热量。再生器是一个圆筒形焊制设备,由密相段、稀相段及辅助燃烧室组成。

7. 原油集输工艺流程

原油集输系统是从油井开始,经计量站到转油站,再到油库,由不同尺寸的管道和各种专用设备所组成。

原油集输的一般工艺流程是：油井产出的油、气、水混合物经出油管线进入计量站,经初级的油、气、水三相分离后,分别计量出油井的油、气、水日产量;然后再经集油管线合并混输进入集油站(联合站),再次经过油、气、水三相分离和原油脱水净化后,再经加热和加压输向油库。

油井产出的油气产物经过上述集输处理过程后,原油即成为商品外销或储存,天然气则加压输往气体处理厂进行再加工处理后,成为商品气外输。原油净化脱出的含油污水送往污水处理站进行处理,处理合格后加压回注到油气田地层或作为其他工业用水。油气集输系统工艺流程如图 2-10 所示。

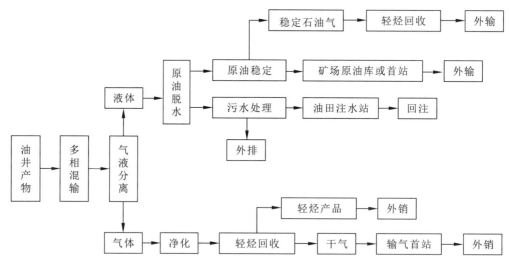

图 2-10 油气集输系统工艺流程示意图

8. 天然气集输生产工艺流程

天然气集输是从井口开始,将天然气通过管网收集起来输送至集输站场,依次经过预处理和气体净化工艺,使其成为合格产品,最后外输至用户的整个生产过程。天然气集输的生产工艺如图 2-11 所示。

气田的大多数气井在高压下生产,为控制其流动需要安设节流阀。当气体流经节流阀后,气体压力降低,体积膨胀,温度降低。由于气田气井初始产物中含水等介质,如果温度变低至冰点,将形成水化物(一种固体结晶状的冰雪物质),这就会导致管道和设备堵塞。因此,从气井中出来的天然气,从节流阀到高压分离器之间通常必须加热。常采用水蒸气加热装置或间接明火式加热器来加热,以防止气流形成水化物而造成堵塞。另外,有些气藏比较深,气体的温度非常高,此时需要对气体进行冷却。

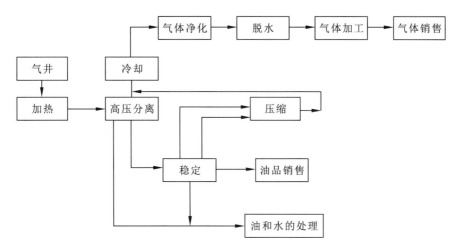

图 2-11 天然气集输生产过程图

9. 采油工程工艺流程

在油气开发过程中,需要采取一系列可作用于油气藏的工程技术措施来提高地层能量从而改善地层流体的流动特性,使油、气畅流入井,并高效率地将其举升到地面,再集输处理,从而实现油气采掘,这个工艺过程称为采油工程,或称采油生产,其原理如图 2-12 所示。从工程角度来讲,采油工程是在油气田开采过程中,通过生产井、采气井和注水井对油藏采取的各项工程技术措施的总称。

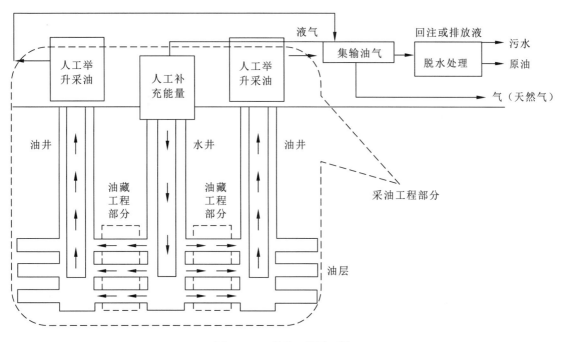

图 2-12 采油工程原理图

二、石油化工企业基础设施设备

1. 压力容器

压力容器主要为圆柱形,少数为球形或其他形状。圆柱形压力容器(图2-13)通常由筒体、封头、接管、法兰等零件和部件以及安全附件组成。压力容器是化工生产中危险性较大的设备,压力容器发生事故一般都是特大事故。

2. 反应设备

反应设备是进行化学反应过程和生成化工中间品与产品的设备。反应设备在化工、石油化工中应用极为广泛。反应设备与工艺过程密切相关,其

图2-13 压力容器

结构形式繁多,大型化肥、化工、炼油厂使用较多的反应设备有3种,即反应锅(图2-14)、固定床催化反应设备和流化(或沸腾)床催化反应设备。其中,由于流化床中的反应介质绝大多数是易燃易爆的气体或粉末状固体物料,因检修中未进行彻底置换、违章动火、物料性能不清楚、开车程序不严格、操作中超压和泄漏而造成的爆炸事故极多,因泄漏严重、违章进入反应器内作业造成的中毒事故颇多,触媒中毒、冷管失效也是常见事故。

换热器的管束、管子胀口泄漏,管子、封头失效,管板腐蚀及因换热器材料的热冷疲劳引起的泄漏、腐蚀、燃烧爆炸事故,以及物料和介质互相污染会给生产造成损失,严重的给企业和人民造成经济损失,更为严重的会危及企业员工的人身安全。

3. 换热器

换热器(图2-15)是实现化工生产过程中热量交换与传递不可缺少的设备。在热量交换中常有一些腐蚀性、氧化性很强的物料,因此,要求制造换热器的材料具有抗强腐蚀性能。换热器是将热流体的部分热量传递给冷流体的设备,又称热交换器。换热器是石油、化工、动力、食品及其他许多工业部门的通用设备,在生产中占有重要地位。在化工生产中换热器可作为加热器、冷却器、冷凝器、蒸发器和再沸器等,应用更加广泛。

4. 塔类设备和储罐

塔类设备是化工生产过程的关键设备,如反应塔(一般具有完成化学变化和化学反应的作用)、吸收塔、解析塔、精馏塔、萃取塔、洗涤塔等都属于塔类设备。塔的设计一般比较成熟,故障率、事故率相对不高。但是,由于塔类设备在运行过程中其内主要是易燃、易爆、有毒、有害的物质,如果在检修前没有做合理的检修置换处理、置换处理不彻底、置换方法不正

图 2-14 不饱和树脂反应锅

图 2-15 换热器

确或塔类设备内部结构复杂,有物质积聚在塔内置换不出来以及检修中违章动火等,在很大程度上会引起火灾、爆炸等恶性事故。

5. 废热锅炉

废热锅炉(图2-16)主要是利用废热发电产热的设备,所以该设备也叫余热锅炉,主要用于热量的收集利用和传递。废热锅炉的炉管爆破(即加热部件管子的破裂)、炉体损坏、管束失效事故是大量发生的,包括从国外引进的废热锅炉,也曾多次发生类似事故,直接影响生产和安全,必须引起足够的重视。

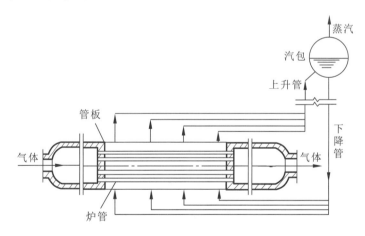
图 2-16 火管废热锅炉

6. 工业炉

工业炉是利用燃料放热燃烧作用将生产中的工艺介质加热到所需要的工艺温度的设备。在石油、化工等行业中,工业炉(图2-17)的使用相当广泛,其结构形式一般由燃烧装置、燃烧室(或炉膛)、余热回收装置和通风单元组成。由于种种原因,工业炉的常见事故主要有加热炉炉管严重损坏泄漏、炉嘴环隙堵塞和整个炉体爆炸等。

图 2-17 工业炉

7. 干燥设备

干燥设备是减少化工生产中物质水分的设备,主要是对物料进行干燥处理。干燥设备主要发生的设备事故有物料黏在设备内、结块物料黏壁或结块堵塞,高温使得物料发生变化,此类设备一般不会发生严重的事故。

8. 压缩机

压缩机是一种用于压缩气体、提高气体压力和输送气体的机械。按照压缩气体的原理、能量转换方式的不同,压缩机可分为容积式和离心式(或称透平式)两种类型。目前,压缩机(图 2-18)在化工企业中承担着较大的生产任务,一台压缩机发生事故造成的非计划停车会给生产带来巨大的经济损失。压缩机的工作要求较高,维修起来也比较麻烦,压缩机要是发生事故一般都是比较大的事故。

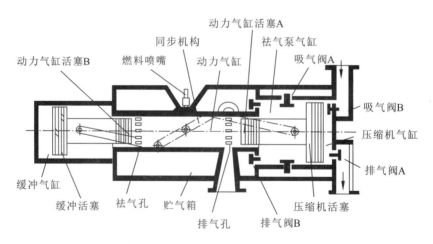

图 2-18 带缓冲气缸的不对称式自由活塞压缩机

9. 离心机

离心机是利用离心力来分离液-固相(悬浮液)、液-液相(乳浊液)非均一系混合物的一种典型的化工设备。离心机(图2-19)的结构形式很多,分类的方法也多种多样。按照分离原理不同,可分为过滤式和沉降式两类。目前在化肥、化工、炼油企业中使用最多的是刮刀卸料式离心机和活塞推料式离心机,用以处理硫铵、碳铵、硫酸铜、尿素、聚氯乙烯、硝酸盐和焦油副产品等物料。转鼓振动、机身振动和分离易燃易爆液体时发生的燃烧爆炸事故是离心机常见的事故。

10. 泵

泵是把原动机的机械能转变成被抽送液体的压力能和动能的机械。泵(图2-20)的种类极多,分类方法也多种多样。按泵的作用原理不同可分为3种类型:动力式泵、容积式泵和其他类型泵。化肥、化工、炼油厂中大量使用的是离心泵(为常见的一种动力式泵)、容积式泵。它主要由包括叶轮与轴在内的运转部件(即转子)和由壳体、填料函、机械密封及轴承等组成的静止部件两大部分构成。泵轴烧坏断裂,轴承、轴瓦严重磨损,轴封严重泄漏及其他零部件损坏,泵电机烧坏而停产及由此而引起的燃烧爆炸、灼伤事故等是离心泵常见的事故。

图2-19 管式离心机

图2-20 泵

第四节 道路桥梁施工类企业

一、道路桥梁施工有关工艺介绍

1. 道路桥梁的组成

道路桥梁一般由路基、路面、桥梁、隧道工程和交通工程设施等几大部分组成。

路基工程：路基是用土或石料修筑而成的线形结构物。它承受着本身的岩土自重和路面重力，以及由路面传递而来的行车荷载，是整个公路构造的重要组成部分。公路路基主要包括路基体、边坡、边沟及其他附属设施等几个部分。

路面工程：路面是用各种筑路材料或混合料分层铺筑在公路路基上供汽车行驶的层状构造物，其作用是保证汽车在道路上能全天候、稳定、高速、舒适、安全和经济地运行。路面通常由路面体、路肩、路缘石及中央分隔带等组成。其中路面体在横向上又可分为行车道、人行道及路缘带。路面体按结构层次自上而下可分为面层、基层、垫层或联结层等。

桥隧工程：桥隧工程是高等级公路中的重要组成部分，它包括桥梁、涵洞、通道和隧道等。

公路隧道工程：公路隧道工程是山地高速公路的明智选择。经过不断改进的隧道施工设施，使隧道工程的施工进度快，克服不良地质现象能力强，若与明挖路堑工程或绕线傍山的切方工程比较，隧道工程有利于景观开发，环境污染少，绝对工程数量少，施工进度受自然气候干扰少，建成通车后养护工程费用少等，可取得工程费省和社会效益好的效果。

2. 工艺流程

1）路基土方施工工艺

路基土方施工工艺流程见图 2-21。

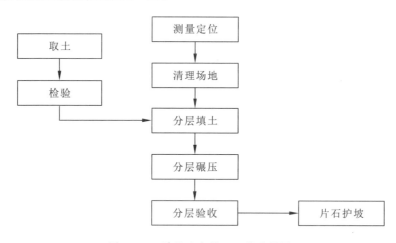

图 2-21 路基土方施工工艺流程图

2）先张法预应力板梁施工工艺

先张法预应力板梁施工工艺流程见图 2-22。

3）桥面附属设施施工工艺

桥面附属设施施工工艺流程为：桥面铺装层→防撞墙支模绑筋→防撞墙混凝土→栏杆、伸缩缝。

4）桥梁立柱施工工艺

桥梁立柱施工工艺流程为：载桩头→放线→绑筋→支模→浇筑混凝土→拆模养护。

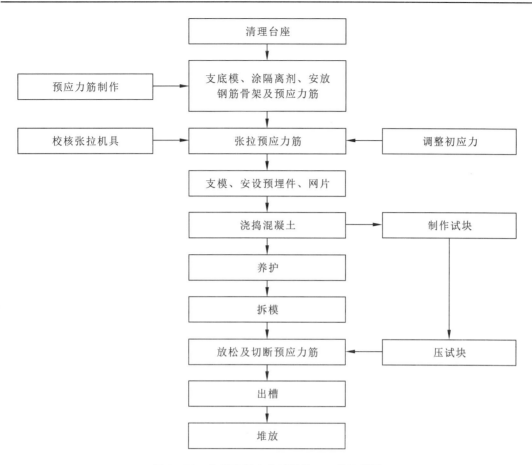

图 2-22 先张法预应力板梁施工工艺流程图

5) 钻孔灌注桩施工工艺

钻孔灌注桩施工工艺流程见图 2-23。

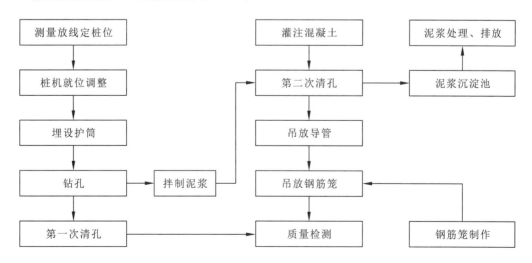

图 2-23 钻孔灌注桩施工工艺流程图

6）盖梁施工工艺

盖梁施工工艺流程见图 2-24。

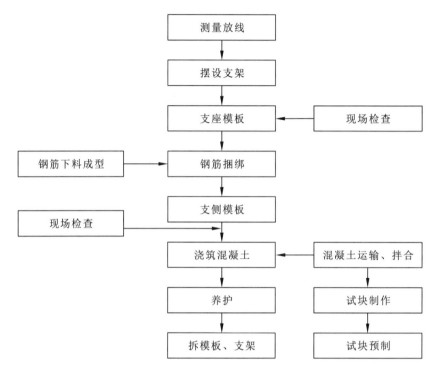

图 2-24　盖梁施工工艺流程图

7）墩台身施工工艺

墩台身施工工艺流程见图 2-25。

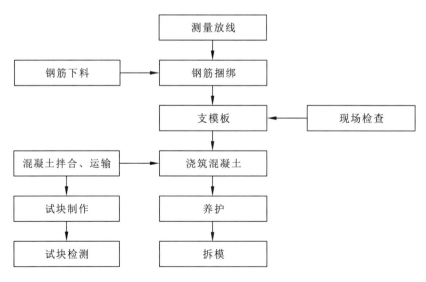

图 2-25　墩台身施工工艺流程图

8)空心板梁施工工艺

空心板梁施工工艺流程见图 2-26。

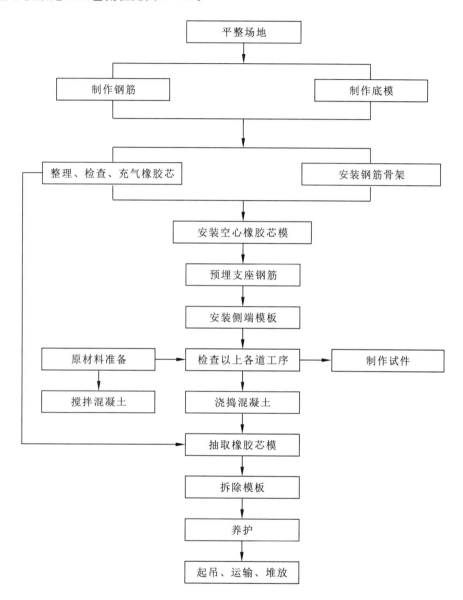

图 2-26 空心板梁施工工艺流程图

9)路基施工工艺

路基施工工艺流程见图 2-27。

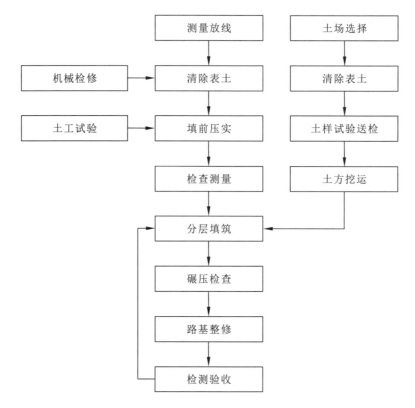

图 2-27 路基施工工艺流程图

二、道路桥梁施工设备

1. 起重设备

双梁桥式起重机的三大主要部件如下：

(1) 起重挠性构件及其卷绕装置。钢丝绳是行车的重要零件之一，用于提升机构、变幅机构、牵引机构，有时也用于旋转机构。行车系扎物品也采用钢丝绳。此外，钢丝绳还用作桅杆起重机的桅杆张紧绳和缆索起重机与架空索道的支承绳。

(2) 取物装置。行车通过取物装置将起吊物品与提升机构联系起来，从而进行这些物品的装卸吊运以及安装等作业。取物装置种类繁多，如吊钩（单钩和双钩）、吊环、扎具、夹钳、托爪、承梁、电磁吸盘、真空吸盘、抓斗、集装箱吊具等。

(3) 制动装置。行车是一种间歇动作的机构，它的工作特点是经常启动和制动，因此制动器在行车中既是工作装置又是安全装置。制动器的作用为支持、停止、落重。

2. 混凝土施工设备

混凝土搅拌运输车由汽车底盘和混凝土搅拌运输专用装置组成，其专用机构主要包括取力器、搅拌筒前后支架、减速机、液压系统、搅拌筒、操纵机构、清洗系统等。工作原理是通过取力装置将汽车底盘的动力取出，并驱动液压系统的变量泵，把机械能转化为液压能传给定量马达，马达再驱动减速机，由减速机驱动搅拌装置，对混凝土进行搅拌。

混凝土泵车（图2-28）是利用压力将混凝土沿管道连续输送的机械，由泵体和输送管组成，按结构形式分为活塞式、挤压式、水压隔膜式。泵体装在汽车底盘上，再装备可伸缩或屈折的布料杆，就组成泵车。混凝土泵车的动力通过动力分动箱将发动机的动力传送给液压泵组或者后桥，液压泵推动活塞带动混凝土泵工作，然后利用泵车上的布料杆和输送管，将混凝土输送到一定的高度和距离。混凝土泵车由臂架、泵送、液压、支撑、电控5部分组成。

图2-28 混凝土泵车

3. 预应力张拉设备

预应力张拉设备就是施加预应力值所用的设备，通过设备工作张拉产生预应力相关的数值。预应力张拉设备（图2-29）主要有张拉所用的千斤顶（张拉千斤顶）和张拉所用的电动油泵（张拉油泵）配合使用，通过工作把锚固件中的钢绞线或钢筋力量增加来赋予预应力数值。设备分为：①初始预应力值所用的张拉设备，如前卡式穿心千斤顶QYC270、张拉电动油泵ZB2*2/50；②施加预应力值所用的张拉设备，如穿心式千斤顶YDC650—YDC6000、顶推式千斤顶YDD1500—YDD4000、电动油泵ZB2*2/50；③灌浆封锚所用的张拉设备，如真空泵MV80、压浆泵HB3、灰浆搅拌机JB180。

图2-29 预应力张拉设备

4. 道路工程常用的施工机械设备

（1）推土机（图2-30）是一种工程车辆。前方装有大型的金属推土刀，使用时放下推土刀，向前铲削并推送泥、沙及石块等，推土刀位置和角度可以调整，能单独完成挖土、运土和卸土工作。推土机具有操作灵活、转动方便、所需工作面小、行驶速度快等特点。推土机主要适用于一类土至三类土的浅挖短运，如场地清理或平整，开挖深度不大的基坑以及回填，推筑高度不大的路基等。

（2）挖掘机，又称挖掘机械，或称挖土机，是用铲斗挖掘高于或低于承机面的物料，并装入运输车辆或卸至堆料场的土方机械。挖掘机(图 2-31)挖掘的物料主要是土壤、煤、泥沙以及经过预松后的土壤和岩石。从近几年工程机械的发展来看,挖掘机的发展相对较快,挖掘机已经成为工程建设中最主要的工程机械之一。挖掘机最重要的 3 个参数为操作重量(质量)、发动机功率和铲斗斗容。

图 2-30　推土机

图 2-31　挖掘机

(3)装载机(图 2-32)是一种广泛用于公路、铁路、建筑、水电、港口、矿山等建设工程的土石方施工机械,主要用于铲装土壤、砂石、石灰、煤炭等散状物料,也可对矿石、硬土等作轻度铲挖作业。换装不同的辅助工作装置还可进行推土、起重和其他物料如木材的装卸作业。在道路,特别是在高等级公路施工中,装载机用于路基工程的填挖、沥青混合料和水泥混凝土料场的集料与装料等作业,此外还可进行推运土壤、刮平地面和牵引其他机械等作业。由于装载机具有作业速度快、效率高、机动性好、操作轻便等优点,因此它成为工程建设中土石方施工的主要机种之一。

(4)蛙式打夯机(图 2-33)是利用冲击和冲击振动作用分层夯实回填土的压实机械,由夯锤、夯架、偏心块、皮带轮和电动机等组成。电动机及传动部分装在橇座上,夯架后端与传动轴铰接,在偏心块离心力作用下,夯架可绕此轴上下摆动。夯架前端装有夯锤,当夯架向下方摆动时就夯击土壤,向上方摆动时使橇座前移。因此,蛙式夯锤每冲击一次,机身即向前移动一步。

图 2-32　装载机

图 2-33　蛙式打夯机

(5)压路机(图 2-34)又称压土机,是一种修路的设备。压路机在工程机械中属于道路设备的范畴,广泛用于高等级公路、铁路、机场跑道、大坝、体育场等大型工程项目的填方压实作业,可以碾压沙性、半黏性及黏性土壤,路基稳定土及沥青混凝土路面层。压路机以机械本身的重力作用,适用于各种压实作业,使被碾压层产生永久变形而密实。压路机又分钢轮式和轮胎式两类。

(6)冲击钻机是一种以垂直往复运动依靠冲击力进行钻孔的工程钻机设备,其工作原理类似于凿岩的锤子,都是靠冲击力进行钻孔作业。

(7)自卸汽车(图2-35)是车厢配有自动倾卸装置的汽车,又称为翻斗车、工程车,由汽车底盘、液压举升机构、取力装置和货厢组成。在土木工程中,自卸汽车常同挖掘机、装载机、带式输送机等联合作业,构成装、运、卸生产线,进行土方、砂石、松散物料的装卸运输。由于装载车厢能自动倾翻一定角度卸料,大大节省卸料时间和劳动力,缩短运输周期,提高生产效率,降低运输成本,并标明装载容积,所以它是常用的运输机械。

图2-34　压路机

图2-35　自卸汽车

第五节　工民建筑施工类企业

一、工民建筑施工有关工艺介绍

1. 桩基工程施工工艺

1)桩基工程施工中的预制桩施工桩基的具体施工工艺

在进行预制桩桩体施工的过程中,对预制桩的施工制作过程以及质量要高度重视,要根据一定的顺序进行施工作业,通常情况下是由桩基桩顶进行浇筑到桩尖的位置停止,桩基保护层的设计高度控制在25m左右为宜。在沉桩施工的过程中主要采用桩体击打、桩体振动、水射及静压等方式进行桩体沉桩施工。每一种沉桩方式的应用场地并不完全相同,因此在实际的桩基施工过程中要根据施工的实际情况进行沉桩的施工方式的选择,这样能够有效地保障沉桩的施工质量,才能够保障桩基的施工质量。

2)桩基工程施工中的灌注桩施工桩基的具体施工工艺

灌注桩属于桩基施工工艺的一种,灌注桩桩基施工工艺主要分为以下几种成孔方式:一是泥浆护壁成孔;二是冲击成孔;三是沉管成孔;四是干作业成孔。当工程所在地属于淤泥或淤泥土质和普通黏性土、砂性土、粉土土质时,应采用泥浆护壁成孔方式,但需要注意护壁的防护工作,避免护壁倒塌。当工程所在地属于黏性土、碎石土、淤泥土、粉土以及砂土土质时,应采用冲击成孔方式。沉管成孔由于需要采用锤击、振动或者振动冲击等进行成孔,所以在施工过程中会产生噪声以及挤土现象,需要注意环境保护。干作业成孔分为机械钻孔和人工挖孔两类,机械钻孔法适用于黏性土、粉土以及砂土。

2. 双层楼板施工工艺

双层楼板施工工艺流程为:边梁及下层楼板底模支设墙体、边梁及下层楼板钢筋安装→下层楼板混凝土浇筑边梁、墙体及上层楼板模架支设上层楼板钢筋安装→墙体、边梁及上层楼板混凝土浇筑。

3. 土方工程施工工艺

工程施工中,土在中国的区域性差别大,各地区的土方施工难度大不相同。土方开挖施工一般要综合考虑基坑支护、基坑降排水和止水。

土方施工的基本流程如图2-36所示。

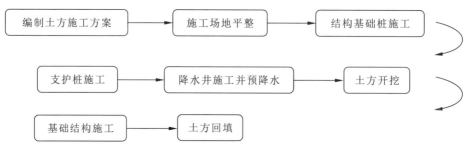

图2-36 土方工程施工工艺流程图

基础工程施工工艺流程:定位放线→复核(包括轴线、方向)→桩机就位→打桩→测桩→基槽开挖→锯桩→浇筑混凝土垫层→轴线引设→承台模板及梁底板安装→钢筋制安→承台模板及基础梁侧板安装→基础模板、钢筋验收→浇筑基础混凝土→养护→基础砖砌筑→回填土。

二、工民建筑施工过程设备设施

1. 电焊机

电焊机是利用正负两极在瞬间短路时产生的高温电弧来熔化电焊条上的焊料和被焊材料,使被接触物相结合。电焊机(图2-37)结构十分简单,就是一个大功率的变压器。电焊机一般按输出电源种类可分为两种,一种是交流电电焊机,另一种是直流电电焊机。

2. 钢筋弯曲机

钢筋弯曲机(图2-38)是钢筋加工机械之一。工作机构是一个在垂直轴上旋转的水平工作圆盘,将钢筋需弯的一头插在转盘固定备有的间隙内,另一端紧靠机身固定并用手压紧,支承销轴固定在机床上,中心销轴和压弯销轴装在工作圆盘上,圆盘回转时便将钢筋弯曲。为了弯曲各种直径的钢筋,在工作盘上有几个孔,用以插压弯销轴,也可相应地更换不同直径的中心销轴。

图2-37 电焊机

图2-38 钢筋弯曲机

3. 钢筋切断机

钢筋切断机(图2-39)是一种剪切钢筋所使用的工具。一般有全自动钢筋切断机和半自动钢筋切断机之分。全自动钢筋切断机也叫电动钢筋切断机,是电能通过马达转化为动能控制切刀切口,来达到剪切钢筋的效果。而半自动钢筋切断机是人工控制切口,从而进行剪切钢筋操作。应用比较多的应该属于液压钢筋切断机,液压钢筋切断机又分为充电式和便携式两大类。

4. 砂浆搅拌机

砂浆搅拌机(图2-40)是把水泥、砂石骨料和水混合并拌制成砂浆混合料的机械,主要由拌筒、加料与卸料机构、供水系统、原动机、传动机构、机架和支承装置等组成。

图2-39 钢筋切断机

图2-40 砂浆搅拌机

5. 振动棒

振动棒(图 2-41)是工程建设中使用的一种机具,能够使混凝土密实结合,消除混凝土的蜂窝麻面等现象,提高强度,保证混凝土构件的质量。振动棒按照传递振动的方法、动力来源、振动频率进行划分。用混凝土拌合机拌合好的混凝土浇筑构件时,必须排除其中气泡。

图 2-41 振动棒

6. 电渣压力焊

电渣压力焊(图 2-42)是将两钢筋安放成竖向或斜向(倾斜度在 4∶1 的范围内)对接形式,利用焊接电流通过两钢筋间隙,在焊剂层下形成电弧过程和电渣过程,产生电弧热和电阻热,熔化钢筋,加压完成的一种压焊方法。与电弧焊相比,它工效高、成本低,在我国一些高层建筑施工中已取得很好的效果。

7. 冲击夯

冲击夯(图 2-43)是指利用冲击和冲击振动作用分层夯实回填土的压实机械,分电动冲击夯、汽油冲击夯和振动冲击夯等。

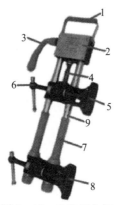

图 2-42 电渣压力焊　　　　　　　　图 2-43 冲击夯
1. 提梁;2. 机器铭牌;3. 摇柄;4. 升降丝杠;5. 上夹钳;
6. 压紧丝杠;7. 导套;8. 下夹钳;9. 导柱

8. 翻斗车

翻斗车是一种特殊的料斗可倾翻的短途输送物料的车辆。车身上安装有一个斗状容器,可以翻转以方便卸货,适用于砂石、土方、煤炭、矿石等各种散装物料的短途运输,动力强劲,通常有机械回斗功能。翻斗车由料斗和行走底架组成。料斗装在轮胎行走底架前部,借助斗内物料的重力或液压缸推力倾翻卸料。卸料按方位不同,分前翻卸料、回转卸料、侧翻卸料、高支点卸料(卸料高度一定)和举升倾翻卸料(卸料高度可任意改变)等方式。

9. 塔式起重机

塔式起重机是一种塔身直立,起重臂铰接在塔帽下部,能够作360°回转的起重机,通常用于房屋建筑和设备安装的场所,具有适用范围广、起升高度高、回转半径大、工作效率高、操作简便、运转可靠等特点。由于塔式起重机机身较高,其稳定性就较差,并且拆、装转移较频繁以及技术要求较高,也给施工安全带来一定困难,操作不当或违章拆、装极有可能发生塔机倾覆,造成巨大的经济损失和严重的人身伤亡恶性事故。

10. 施工升降机

施工升降机是高层建筑施工中运送施工人员、建筑材料和工具设备的重要的垂直运输设施。施工升降机又称为施工电梯,是一种使工作笼(吊笼)沿导轨做垂直(或倾斜)运动的机械,如图2-44所示。施工升降机按其传动形式可分为齿轮齿条式、钢丝绳式和混合式3种。

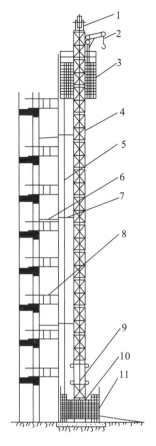

图2-44 建筑施工升降机构造
1.天轮架;2.小起重机;3.吊笼;4.导轨架;5.电缆;6.后附着架;7.前附着架;8.护栏;9.配重;10.底笼;11.基础

第六节 机械加工类企业

一、机械加工工艺介绍

1. 车削

车削是指车床加工,是机械加工的一部分,就是在车床上利用工件的旋转运动和刀具的直线运动或曲线运动来改变毛坯的形状和尺寸,把它加工至符合图纸的要求。

车削加工是在车床上利用工件相对于刀具旋转对工件进行切削加工的方法。车削加工的切削能主要由工件而不是刀具提供。车削是最基本、最常见的切削加工方法,在生产中占有十分重要的地位。车削适于加工回转表面,大部分具有回转表面的工件都可以用车削方法加工,如内外圆柱面、内外圆锥面、端面、沟槽、螺纹和回转成形面等,所用刀具主要是车刀。

在各类金属切削机床中,车床是应用最广泛的一类,约占机床总数的50%。车床既可用车刀对工件进行车削加工,又可用钻头、铰刀、丝锥和滚花刀进行钻孔、铰孔、攻螺纹和滚花等操作。按工艺特点、布局形式和结构特性等的不同,车床可以分为卧式车床、落地车床、立式车床、转塔车床以及仿形车床等,其中大部分为卧式车床。

车削加工流程见图2-45所示。

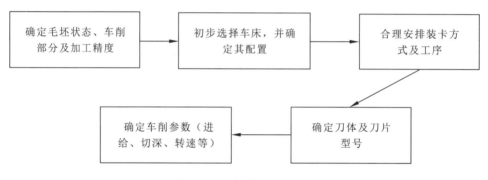

图2-45 车削加工流程图

2. 铣削

铣削是指使用旋转的多刃刀具切削工件,是高效率的加工方法。工作时刀具旋转(做主运动),工件移动(做进给运动),工件也可以固定,但此时旋转的刀具还必须移动(同时完成主运动和进给运动)。铣削用的机床有卧式铣床和立式铣床,也有大型的龙门铣床。这些机床可以是普通机床,也可以是数控机床。用旋转的铣刀作为刀具的切削加工。铣削一般在铣床或镗床上进行,适于加工平面、沟槽、各种成形面(如花键、齿轮和螺纹)和模具的特殊形面等。

铣削是一种常见的金属冷加工方式,和车削不同之处在于铣削加工中刀具在主轴驱动下高速旋转,而被加工工件处于相对静止状态。车削用来加工回转体零件,把零件通过三抓卡盘夹在机床主轴上,并高速旋转,然后用车刀按照回转体的母线走刀,切出产品外型来。车床上还可进行内孔、螺纹、咬花等的加工,后两者为低速加工。

3. 磨削

磨削加工,在机械加工中隶属于精加工(机械加工分粗加工、精加工、热处理等加工方式),加工量少,精度高。在机械制造行业中应用比较广泛,经热处理淬火的碳素工具钢和渗碳淬火钢零件,在磨削时与磨削方向基本垂直的表面常常出现大量的较规则排列的裂纹——磨削裂纹,它不但影响零件的外观,更严重的还会直接影响零件质量。

磨削加工是利用高速旋转的砂轮等磨具加工工件表面的切削加工方式。磨削用于加工各种工件的内外圆柱面、圆锥面和平面，以及螺纹、齿轮和花键等特殊、复杂的成形表面。由于磨粒的硬度很高，磨具具有自锐性，磨削可以用于加工各种材料，包括淬硬钢、高强度合金钢、硬质合金、玻璃、陶瓷和大理石等高硬度金属、非金属材料。磨削速度是指砂轮线速度，一般为 30～35m/s，超过 45m/s 时称为高速磨削。磨削通常用于半精加工和精加工，精度可达 IT5～8 甚至更高，表面粗糙度一般磨削为 $R_a 0.16～1.25\mu m$，精密磨削为 $R_a 0.04～0.16\mu m$，超精密磨削为 $R_a 0.01～0.04\mu m$，镜面磨削可达 $R_a 0.01\mu m$ 以下。磨削的比功率（或称比能耗，即切除单位体积工件材料所消耗的能量）比一般切削大，金属切除率比一般切削小，故在磨削之前工件通常都先经过其他切削方法去除大部分加工余量，仅留 0.1～1.0mm 或更小的磨削余量。随着缓进给磨削、高速磨削等高效率磨削的发展，已能从毛坯直接把零件磨削成形。也有用磨削作为荒加工的，如磨除铸件的浇冒口、锻件的飞边和钢锭的外皮等。

4. 钻削

用钻头在实体材料上加工孔的工艺方法称为钻削加工。钻削是孔加工的基本方法之一，钻削通常在钻床或车床上进行，也可在镗床或铣床上进行。

钻床是孔加工的主要机床。在钻床上主要用钻头（麻花钻）进行钻孔。在车床上钻孔时，工件旋转，刀具做进给运动。而在钻床上加工时，工件不动，刀具做旋转主运动，同时沿轴向移动做进给运动。故钻床适用于加工没有对称回转轴线的工件上的孔，尤其是多孔加工，如加工箱体、机架等零件上的孔。除钻孔外，在钻床上还可完成扩孔、铰孔、锪平面、攻螺纹等工作。

5. 镗削

镗削是一种用刀具扩大孔或其他圆形轮廓的内径切削工艺，其应用范围一般从半粗加工到精加工，所用刀具通常为单刃镗刀（称为镗杆）。镗孔是镗削的一种。

用反镗刀对反镗孔进行加工的方法叫反镗加工。在数控机床上，我们往往使用非标准刀具（偏心镗刀、转动刀片、专用的反镗刀）利用数控加工程式进行反镗加工。

用旋转的单刃镗刀把工件上的预制孔扩大到一定尺寸，使之达到要求的精度和表面粗糙度。镗削一般在镗床、加工中心和组合机床上进行，主要用于加工箱体、支架和机座等工件上的圆柱孔、螺纹孔、孔内沟槽和端面；当采用特殊附件时，也可加工内外球面、锥孔等。对钢铁材料的镗孔精度一般可达 IT7～9，表面粗糙度为 $R_a 0.16～2.50\mu m$。

镗削时，工件安装在机床工作台或机床夹具上，镗刀装夹在镗杆上（也可与镗杆制成整体），由主轴驱动旋转。当采用镗模时，镗杆与主轴浮动联接，加工精度取决于镗模的精度；不采用镗模时，镗杆与主轴刚性联接，加工精度取决于机床的精度。由于镗杆的悬伸距离较大，容易产生振动，选用的切削用量不宜很大。镗削加工分粗镗、半精镗和精镗。采用高速钢刀头镗削普通钢材时的切削速度，一般为 20～50m/min；采用硬质合金刀头时的切削速度,粗镗可达 40~60m/min,精镗可达 150m/min 以上。

对精度和表面粗糙度要求很高的精密镗削,一般用金刚镗床,并采用硬质合金、金刚石和立方氮化硼等超硬材料的刀具,选用很小的进给量(0.02~0.08mm/r)和切削深度(0.05~0.1mm),高于普通镗削的切削速度。精密镗削的加工精度能达到 IT6~7,表面粗糙度为 R_a 0.08~0.63μm。精密镗孔以前,预制孔要经过粗镗、半精镗和精镗工序,为精密镗孔留下很薄而均匀的加工余量。

6. 冲压

冲压是靠压力机和模具对板材、带材、管材和型材等施加外力,使之产生塑性变形或分离,从而获得所需形状和尺寸的工件(冲压件)的成形加工方法。冲压和锻造同属塑性加工(或称压力加工),合称锻压。冲压的坯料主要是热轧和冷轧的钢板及钢带。全世界的钢材中,有 60%~70% 是板材,其中大部分经过冲压制成成品。汽车的车身、底盘、油箱、散热器片,锅炉的汽包,容器的壳体,电机、电器的铁芯硅钢片等都是冲压加工的。仪器仪表、家用电器、自行车、办公机械、生活器皿等产品中,也有大量冲压件。

冲压加工是借助于常规或专用冲压设备的动力,使板料在模具里直接受到变形力并进行变形,从而获得一定形状、尺寸和性能的产品零件的生产技术。板料、模具和设备是冲压加工的三要素。按冲压加工温度分为热冲压和冷冲压。前者适合变形抗力高、塑性较差的板料加工;后者则在室温下进行,是薄板常用的冲压方法。它是金属塑性加工(或压力加工)的主要方法之一,也隶属于材料成型工程技术。

冲压所使用的模具称为冲压模具,简称冲模。冲模是将材料(金属或非金属)批量加工成所需冲件的专用工具。冲模在冲压中至关重要,没有符合要求的冲模,批量冲压生产就难以进行;没有先进的冲模,先进的冲压工艺就无法实现。

7. 锻造

锻造是一种利用锻压机械对金属坯料施加压力,使其产生塑性变形以获得具有一定机械性能、一定形状和尺寸锻件的加工方法,为锻压(锻造与冲压)的两大组成部分之一。通过锻造能消除金属在冶炼过程中产生的铸态疏松等缺陷,优化微观组织结构,同时由于保存了完整的金属流线,锻件的机械性能一般优于同样材料的铸件。相关机械中负载高、工作条件严峻的重要零件,除形状较简单的可用轧制的板材、型材或焊接件外,一般多采用锻件。

8. 铸造

铸造是将金属熔炼成符合一定要求的液体并浇进铸型里,经冷却凝固、清整处理后得到有预定形状、尺寸和性能的铸件的工艺过程。铸造毛坯因近乎成形,而达到免机械加工或少量加工的目的,降低了成本并在一定程度上减少了制作时间。铸造是现代装置制造工业的基础工艺之一。

随着科技的进步与铸造业的蓬勃发展,不同的铸造方法有不同的铸型准备内容。以应用最广泛的砂型铸造为例,铸型准备包括造型材料准备和造型、造芯两大项工作。砂型铸造中用来造型、造芯的各种原材料,如铸造原砂、型砂黏结剂和其他辅料,以及由它们配制成的型砂、芯砂、涂料等统称为造型材料。造型材料准备的任务是按照铸件的要求、金属的性质,选择合适的原砂、黏结剂和辅料,然后按一定的比例把它们混合成具有一定性能的型砂和芯砂。常用的混砂设备有碾轮式混砂机、逆流式混砂机和连续式混砂机。连续式混砂机是专为混合化学自硬砂设计的,连续混合,混砂速度快。

二、机械加工设备

1. 车床

车床(图2-46)是主要用车刀对旋转的工件进行车削加工的机床。在车床上还可用钻头、扩孔钻、铰刀、丝锥、板牙和滚花工具等进行相应的加工。车床主要由主轴箱、进给箱、丝杠与光杠、溜板箱、刀架、尾架、床身以及冷却装置(图中未示出)等组成。

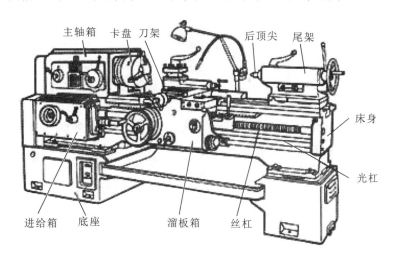

图2-46 普通车床

主轴箱:又称床头箱,它的主要任务是将主电机传来的旋转运动经过一系列的变速机构使主轴得到所需的正反两种转向的不同转速,同时主轴箱分出部分动力将运动传给进给箱。主轴箱中的主轴是车床的关键零件。主轴在轴承上运转的平稳性直接影响工件的加工质量,一旦主轴的旋转精度降低,则机床的使用价值就会降低。

进给箱:又称走刀箱,进给箱中装有进给运动的变速机构,调整其变速机构,可得到所需的进给量或螺距,通过光杠或丝杠将运动传至刀架以进行切削。

丝杠与光杠:用以联接进给箱与溜板箱,并把进给箱的运动和动力传给溜板箱,使溜板箱获得纵向直线运动。丝杠是专门用来车削各种螺纹而设置的,在进行工件的其他表面车削时,只用光杠,不用丝杠。要结合溜板箱的内容区分光杠与丝杠。

溜板箱：是车床进给运动的操纵箱，内装有将光杠和丝杠的旋转运动变成刀架直线运动的机构。通过光杠传动实现刀架的纵向进给运动、横向进给运动和快速移动；通过丝杠带动刀架做纵向直线运动，以便车削螺纹。

刀架：由两层滑板（中、小滑板）、床鞍与刀架体共同组成。用于安装车刀并带动车刀做纵向、横向或斜向运动。

尾架：安装在床身导轨上，并沿此导轨纵向移动，以调整其工作位置。尾架主要用来安装后顶尖，以支撑较长工件，也可安装钻头、铰刀等进行孔加工。

床身：是车床带有精度要求很高的导轨（山形导轨和平导轨）的一个大型基础部件，用于支撑和连接车床的各个部件，并保证各部件在工作时有准确的相对位置。

冷却装置：冷却装置主要通过冷却水泵将水箱中的切削液加压后喷射到切削区域，降低切削温度，冲走切屑，润滑加工表面，以延长刀具使用寿命，提高工件的表面加工质量。

2. 铣床

铣床（图 2-47）主要指用铣刀对工件多种表面进行加工的机床。通常铣刀以旋转运动为主运动，工件和铣刀的移动为进给运动。

由于铣床使用旋转的多齿刀具加工工件，同时有数个刀齿参加切削，所以生产率较高。但是由于铣刀每个刀齿的切削过程是断续的，且每个刀齿的切削厚度又是变化的，这就使切削力相应地发生变化，容易引起机床振动，因此铣床在结构上要求有较高的刚度和抗振性。铣削加工多用于粗加工或半精加工。

铣床的类型很多，主要类型有卧式升降台铣床、立式升降台铣床、龙门铣床、工具铣床、圆台铣床、仿形铣床和各种专门化铣床等。

3. 磨床

磨床（图 2-48）是利用磨具对工件表面进行磨削加工的机床。大多数的磨床是使用高速旋转的砂轮进行磨削加工，少数的是使用油石、砂带等其他磨具和游离磨料进行加工，如珩磨机、超精加工机床、砂带磨床、研磨机和抛光机等。

图 2-47 铣床

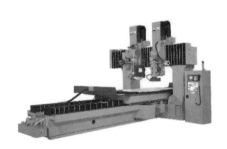

图 2-48 磨床

随着高精度、高硬度机械零件数量的增加,以及精密铸造和精密锻造工艺的发展,磨床的性能、品种和产量都在不断地提高和增长,主要有以下分类。

(1)外圆磨床:是普通型的基型系列,主要用于磨削圆柱形和圆锥形外表面的磨床。

(2)内圆磨床:是普通型的基型系列,主要用于磨削圆柱形和圆锥形内表面的磨床。此外,还有兼具内外圆磨的磨床。

(3)坐标磨床:具有精密坐标定位装置的内圆磨床。

(4)无心磨床:工件采用无心夹持,一般支承在导轮和托架之间,由导轮驱动工件旋转,主要用于磨削圆柱形表面的磨床,例如轴承、轴支等。

(5)平面磨床:主要用于磨削工件平面的磨床。

(6)砂带磨床:用快速运动的砂带进行磨削的磨床。

(7)珩磨机:主要用于加工各种圆柱形孔(包括光孔、轴向或径向间断表面孔、通孔、盲孔和多台阶孔),还能加工圆锥孔、椭圆形孔、余摆线孔。

(8)研磨机:用于研磨工件平面或圆柱形内、外表面的磨床。

(9)导轨磨床:主要用于磨削机床导轨面的磨床。

(10)工具磨床:用于磨削工具的磨床。

4. 钻床

钻床(图2-49)是用钻头在工件上加工孔(如钻孔、扩孔、铰孔、攻丝、锪孔等)的机床,是机械制造和各种修配工厂必不可少的设备。通常钻头旋转为主运动,钻头轴向移动为进给运动。钻床结构简单,加工精度相对较低,可钻通孔、盲孔,更换特殊刀具后可扩孔、锪孔、铰孔或进行攻丝等加工。加工过程中工件不动,将刀具中心对正孔中心,并使刀具转动(主运动)。

根据用途和结构将钻床主要分为以下几类。

(1)立式钻床:工作台和主轴箱可以在立柱上垂直移动,用于加工中小型工件。

(2)台式钻床,简称台钻:一种小型立式钻床,最大钻孔直径为12~15mm,安装在钳工台上使用,多为手动进钻,常用来加工小型工件的小孔等。

图2-49 钻床

(3)摇臂式钻床:主轴箱能在摇臂上移动,摇臂能回转和升降,工件固定不动,适用于加工大而重和多孔的工件,广泛应用于机械制造中。

(4)深孔钻床:用深孔钻钻削深度比直径大得多的孔(如枪管、炮筒和机床主轴等零件的深孔)的专门化机床,为便于除切屑及避免机床过于高大,一般为卧式布局,常备有冷却液输送装置(由刀具内部输入冷却液至切削部位)及周期退刀排屑装置等。

(5)中心孔钻床:用于加工轴类零件两端的中心孔。

(6)铣钻床:工作台可纵横向移动,钻轴垂直布置,能进行铣削的钻床。

(7)卧式钻床：主轴水平布置,主轴箱可垂直移动的钻床。一般比立式钻床加工效率高,可多面同时加工。

5. 镗床

主要用镗刀对工件已有的预制孔进行镗削的机床,一般分为卧式镗床、落地镗铣床、金刚镗床和坐标镗床等类型。

(1)卧式镗床：应用最多、性能最广的一种镗床,适用于单件小批生产和修理车间。

(2)落地镗床和落地镗铣床：特点是工件固定在落地平台上,适宜加工尺寸和质量较大的工件,用于重型机械制造厂。

(3)金刚镗床：使用金刚石或硬质合金刀具,以很小的进给量和很高的切削速度镗削精度较高、表面粗糙度较小的孔,主要用于大批量生产中。

(4)坐标镗床(图2-50)：具有精密的坐标定位装置,适于加工形状、尺寸和孔距精度要求都很高的孔,还可用于进行划线、坐标测量和刻度等工作,用于工具车间和中小批量生产中。

其他类型的镗床还有立式转塔镗铣床、深孔镗床和汽车、拖拉机修理用镗床等。

6. 锻压设备

锻压设备(图2-51)是指在锻压加工中用于成形和分离的机械设备。锻压设备包括成形用的锻锤、机械压力机、液压机、螺旋压力机和平锻机,以及开卷机、矫正机、剪切机、锻造操作机等辅助设备。

图2-50 坐标镗床　　　　　　　　图2-51 锻压设备

(1)锻锤：锻锤是由重锤落下或强迫高速运动产生的动能,对坯料做功,使之塑性变形的机械。锻锤是最常见、历史最悠久的锻压机械。它结构简单,工作灵活,使用面广,易于维修,适用于自由锻和模锻,但震动较大,较难实现自动化生产。

(2)机械压力机：机械压力机是用曲柄连杆或肘杆机构、凸轮机构、螺杆机构传动,工作平稳,工作精度高,操作条件好,生产效率高,易于实现机械化、自动化,适于在自动线上工作。机械压力机在数量上居各类锻压机械之首。

(3)冷锻机:冷锻机包括各种线材成形自动机、平锻机、螺旋压力机、径向锻造机、大多数弯曲机、矫正机和剪切机等,也具有与机械压力机相似的传动结构,可以说是机械压力机的派生系列。

(4)旋转锻压机:旋转锻压机是锻造与轧制相结合的锻压机械。在旋转锻压机上,变形过程是由局部变形逐渐扩展而完成的,所以变形抗力小,机械质量小,工作平稳,无震动,易实现自动化生产。辊锻机、成型轧制机、卷板机、多辊矫正机、辗扩机、旋压机等都属于旋转锻压机。

(5)液压机:液压机是以高压液体(油、乳化液、水等)传送工作压力的锻压机械。液压机的行程是可变的,能够在任意位置发出最大的工作力。液压机工作平稳,没有震动,容易达到较大的锻造深度,最适合于大锻件的锻造和大规格板材的拉伸、打包和压块等工作。液压机主要包括水压机和油压机。某些弯曲机、矫正机、剪切机也属于液压机一类。

第七节 各行业中的安全设备设施

1. 预防事故安全设施

(1)检测、报警设施:压力、温度、液位、流量、组分等报警设施,可燃气体、有毒有害气体、氧气等检测和报警设施,用于安全检查和安全数据分析等检验检测设备、仪器。

具体有压力表、温度计、液位计、流量表、可燃气体、有毒有害气体等检测和报警器等。

(2)设备安全防护设施:防护罩、防护屏、负荷限制器、行程限制器、制动、限速、防雷、防潮、防晒、防冻、防腐、防渗漏等设施,传动设备安全锁闭设施,电器过载保护设施,静电接地设施。

具体有各安全防护罩、行车行程限制器、避雷计(带)、遮阳棚、造粒塔等设施的防腐、夏季四防、冬季四防购买的物资(手电筒、探照灯、应急灯、防汛水泵等)及防雷检测费等。

(3)防爆设施:各种电气、仪表的防爆设施,抑制助燃物品混入(如氮封)、易燃易爆气体和粉尘形成等设施,阻隔防爆器材,防爆工器具。

具体有轴流电机、防爆灯等。

(4)作业场所防护设施:作业场所的防辐射、防静电、防噪声、通风(除尘、排毒)、防护栏(网)、防滑、防灼烫等设施。

具体有防辐射衣、帽、手套、防静电衣、手套、鞋、耳塞、排气扇、防护栏杆等。

(5)安全警示标志:包括各种指示、警示作业安全和逃生避难及风向等警示标志。

具体有各安全警示牌、指示牌等。

2. 控制事故安全设施

(1)泄压和止逆设施:用于泄压的阀门、爆破片、放空管等设施,用于止逆的阀门等设施,真空系统的密封设施。

具体有安全阀、止逆阀。

(2)紧急处理设施：紧急备用电源，紧急切断、分流、排放(火炬)、吸收、中和、冷却等设施，通入或者加入惰性气体、反应抑制剂等设施，紧急停车、仪表联锁等设施。

具体有压缩机水压联锁等。

3. 减少与消除事故影响安全设施

(1)防止火灾蔓延设施：阻火器、安全水封、回火防止器、防油(火)堤、防爆墙、防爆门等隔爆设施，防火墙、防火门、蒸汽幕、水幕等设施，防火材料涂层。

具体有保卫处的阻火器、气柜、洗气塔的安全水封，各罐区的防火堤等。

(2)灭火设施：水喷淋、惰性气体、蒸汽、泡沫释放的灭火设施，消火栓、高压水枪、消防车、消防水管网、消防站等。

具体有氨罐、甲醇罐的水喷淋设施，消防泡沫罐，消火栓、高压水枪，灭火器等。

(3)紧急个体处置装置：洗眼器、喷淋器、逃生器、应急照明等设施。

具体有各岗位的洗眼器、甲醇的喷淋器、各岗位的应急照明灯等。

(4)逃生避难设施：逃生和避难的安全通道(梯)、安全避难所(带空气呼吸系统)、避难信号等。

具体有各岗位的安全通道等。

(5)劳动防护用品和装备：包括头部，面部，视觉、呼吸、听觉器官，四肢，躯干的防火、防毒、防灼烫、防腐蚀、防噪声、防光射、防高处坠落、防砸击、防刺伤等免受作业场所物理、化学因素伤害的劳动防护用品和装备。

具体有安全帽、防护面罩、防护眼镜、滤毒罐、长管式呼吸器、空气呼吸器、防化服、隔热服、安全带、绝缘手套等各种劳保用品。

第三章　危险有害因素辨识

尽管现代企业千差万别,但如果能够通过事先对危险、有害因素的识别,找出可能存在的危险、危害,就能够对所存在的危险、危害采取相应的措施(如修改设计、增加安全设施等),从而大大提高系统的安全性。在进行危险、有害因素的识别时,要全面、有序地进行,防止出现漏项,宜从厂址、总平面布置、道路运输、建(构)筑物、生产工艺过程、物流、生产设备装置、作业环境、安全管理措施等方面进行。在生产实习过程中,学生需要培养能够发现事故隐患、辨识危险有害因素的能力。本章对生产实习过程中可能涉及企业的危险有害因素及常见安全事故予以介绍。危险有害因素辨识中可能应用到的系统安全分析方法见附录九。

危险有害因素辨识的主要内容如下:

1. 厂址

从厂址的工程地质、地形地貌、水文、气象条件、周围环境、交通运输条件、自然灾害、消防设施等方面进行分析、识别。

2. 总平面布置

从功能分区、防火间距和安全间距、风向、建筑物朝向、危险有害物质设施、动力设施(氧气站、乙炔气站、压缩空气站、锅炉房、液化石油气站等)、道路、贮运设施等方面进行分析、识别。

3. 道路运输

从运输、装卸、消防、疏散、人流、物流、平面交叉运输和竖向交叉运输等方面进行分析、识别。

4. 建(构)筑物

从厂房和库房储存物品的生产火灾危险性分类、耐火等级、结构、层数、占地面积、防火间距、安全疏散等方面进行分析、识别。

5. 生产工艺过程

1)对新建、改建、扩建项目设计阶段进行危险、有害因素的识别

(1)对设计阶段是否通过合理的设计进行考查,尽可能从根本上消除危险、有害因素。

(2)当消除危险、有害因素有困难时,对是否采取了预防性技术措施进行考查。

(3)在无法消除危险或危险难以预防的情况下,对是否采取了减少危险、危害的措施进行考查。

(4)在无法消除、预防、减弱危险、危害的情况下,对是否将人员与危险、有害因素隔离等进行考查。

(5)当操作者失误或设备运行一旦达到危险状态时,对是否能通过联锁装置来终止危险、危害的发生进行考查。

(6)在易发生故障和危险性较大的地方,对是否设置了醒目的安全色、安全标志和声、光警示装置等进行考查。

2)对安全现状综合评价进行分析与识别

针对行业和专业的特点,可利用各行业和专业制定的安全标准及规程进行分析、识别。例如,原劳动部曾会同有关部委制定了冶金、电子、化学、机械、石油化工、轻工、塑料、纺织、建筑、水泥、制浆造纸、平板玻璃、电力、石棉、核电站等一系列安全规程、规定,评价人员应根据这些规程、规定,要求对被评价对象可能存在的危险、有害因素进行分析和识别。

3)根据典型的单元过程(单元操作)进行危险、有害因素的识别

典型的单元过程是各行业中具有典型特点的基本过程或基本单元。这些单元过程的危险、有害因素已经归纳总结在许多手册、规范、规程和规定中,通过查阅均能得到。这类方法可以使危险、有害因素的识别比较系统,避免遗漏。

6. 生产设备装置

对于工艺设备,可从高温、低温、高压、腐蚀、振动、关键部位的备用设备和控制、操作、检修和故障、失误时的紧急异常情况等方面进行识别。对于机械设备,可从运动零部件和工件、操作条件、检修作业、误运转和误操作等方面进行识别。对于电气设备,可从触电、断电、火灾、爆炸、误运转和误操作、静电、雷电等方面进行识别。

另外,还应注意识别高处作业设备、特殊单体设备(如锅炉房、乙炔站、氧气站)等的危险、有害因素。

7. 作业环境

注意识别存在毒物、噪声、振动、高温、低温、辐射、粉尘及其他有害因素的作业部位。

8. 安全管理措施

可以从安全生产管理组织机构、安全生产管理制度、事故应急救援预案、特种作业人员培训、日常安全管理等方面进行识别。

第一节 矿山开采类企业

一、危险有害因素分析

依据《危险化学品重大危险源辨识》对生产系统中是否存在申报范围内的重大危险源进行识别;参照《企业职工伤亡事故分类》对生产系统生产过程中存在的危险因素进行识别;参照中华人民共和国卫生部和中华人民共和国劳动和社会保障部发布的《生产系统职业病危害分类管理办法》和《职业病危害因素分类目录》对生产系统生产过程中存在的有害因素进行识别。学生应学会辨识危险有害因素,熟悉岗位的操作规程,了解作业过程中可能发生的事故,从而采取相应的防护措施,解决安全隐患。以下对矿山开采类企业有关危险有害因素作简单介绍。

1. 物体打击

因安全管理不善、安全教育不足、思想麻痹、作业人员精力不集中、违章作业,或排土排渣方式不当,作业场所内存在"伞檐、浮石",或其他物体落下打击下部人员,会造成人身伤亡事故。物体打击属主要危险因素,应认真加以防范。

2. 车辆伤害

排土排渣作业时,尾矿都是通过车辆来运输。运输过程中,如果路况不好,如坡度太陡、转弯太急、宽度不够、防护设施不全等;车况不好,如刹车不灵,方向盘失灵等;司机技术不熟练或违章,如酒后驾驶、疲劳驾驶、超速、超高、超载等原因,均有可能造成翻车、撞车、撞人、车载物体坠落等伤害。车辆伤害是排土排渣生产过程中必须重点加以注意防范的主要危险因素。

造成车辆伤害的主要原因是:道路参数设计不合理,主要是纵坡太大、路面过窄、转弯半径小等;未按设计要求选择运输设备;未按设计要求作业,安全管理与技术措施不到位,雾天或夜间工作,司机视距受影响;运输设备存在缺陷,带病运行;雨天工作,路面太滑;路面质量太差;司机与设备操作人员未持证上岗,技术不熟练或违规操作,特别是超速和酒后违章驾驶;装载过满,矿岩超过车箱上缘;缺少安全标志。

在生产过程中应加强车辆及设备的维护与保养,做好人员的安全教育与职业培训,改善车辆工作外部条件及环境,采用安全性能好的先进运输设备,以防止车辆伤害事故发生。

3. 机械伤害

排土场产生机械伤害的操作程序主要有铲装、运输、维修等。产生机械伤害的主要机械设备有钻机、装载机、空压机、挖掘机、推土机等。

可能产生机械伤害的主要原因有:违章操作或疲劳操作;与机械过于靠近;在斜坡上作业,坡度超过车辆性能允许的安全范围;设备安全性能缺陷;设备陈旧或维修、保养不及时;作业环境差,如大雾、炮烟、尘雾等影响视距和能见度;维修人员作业水平差或不按章维护;安全培训不够或缺乏;机械转动、传动部位未设防护栏(罩);设备运转时,擦拭设备;未配备或不使用劳动护品。

4. 触电(包括雷击伤亡事故)

触电伤害是由电能的意外释放造成的,会引起压迫感、打击感、痉挛、疼痛、呼吸困难、血压异常、昏迷、心律不齐等,严重时会引起窒息、心室颤动而导致死亡。

矿区野外作业设备较多,多为金属构造,且多处于地势较高、位置空旷地带,有遭受雷击的可能,因此,触电(含雷击)属主要危险因素,应对其危害予以足够重视,做好日常防范工作。

排土场照明、报警等低压电力设施,存在触电危险因素,主要原因有:人身触及已经破皮漏电的导线或由于漏电而带电的设备金属外壳,造成触电伤亡;工作面移动照明电路,可能造成触电事故;电气设备触电保护装置不符合要求,可能造成触电事故;误送电造成触电伤亡。

人员在雷雨时仍需要进行巡查示警等工作,由于地势较高,有可能遭遇雷击事故,导致人员伤亡。

5. 容器爆炸

空压机储气罐因质量缺陷、罐体受损、安全附件缺少或失灵等有发生容器爆炸的可能,企业应按特种设备的有关规定进行特殊管理。

6. 火灾

排土场有油料、可燃电缆、木材及其他可燃物质,存在着发生火灾的可能性。火灾事故的一般原因有:生活和生产用火不慎、设备或材料安全或阻燃性能不良、因电气引起的设备火灾、职工缺乏消防意识和知识、相关场所未配备灭火器材或器材失效。火灾首先是财产损失,也有可能造成人员伤亡。生产系统对用油场所、生活办公场所及维修房等场所应加强防范火灾管理。

7. 坍塌

边坡破坏是露天矿的常见灾害,其破坏类型有散落破坏、垮塌(坍塌、崩落)破坏、滑动(滑坡)破坏、流动破坏、倾倒破坏以及地面塌陷等,矿区主要存在滑坡与坍塌危害。

造成露天矿产生滑坡或坍塌的主要因素有:地质条件(包括岩土类型、地质构造、水文地质条件等)、边坡管理等。

导致排土场滑坡或坍塌的主要原因有:边坡工程地质条件与岩土性质差,特别是有弱面存在;进行掏底开采;边坡参数设计不合理;未按设计要求施工;推进方向不合理,形成弱面倾向采场的不良交切状态;边坡维护和管理不到位,特别当地质情况发生变化或出现边坡失稳征兆时,未及时采取防范措施;在开采土质或松弱岩性矿体时,未采取防排水措施;未进行除险作业,存在浮石、险石;气候条件等影响,包括降雨、积雪、地表水等。

8. 高处坠落

尾矿堆积(排土场)作业面较高,因安全管理不善、安全教育不足、思想麻痹、作业人员精力不集中、违章作业,或排土排渣方式不当可能会造成高处坠落事故。

9. 火药爆炸

火药爆炸是指火药、炸药及其制品在生产、加工、运输、储存中发生的爆炸事故。矿区在生产或开采时可能会存在运输、储存火药、炸药的情况,因管理不当、未按照安全操作规程操作或因其他原因产生误操作或不安全行为,有可能引发火药爆炸事故构成重大危险源。

二、矿山企业常见安全事故

坍塌事故、爆破事故、坠落事故等为矿山常见重大事故。按矿山常见重大事故类型对危险源(点)的分布进行分析。

1. 坍塌事故

在开采过程中,由于岩层松脱、掏采、放炮等原因均易造成山石脱落,甚至坍塌,导致人员伤亡。

主要危险源有:存在浮石的采剥工作面;形成了伞檐、根底和空洞的采剥工作面;有裂隙的采剥工作面;可能产生塌滑的边帮;超过规定高度和坡度的台阶等。

2. 爆破事故

在爆破开采过程中若爆破操作及瞎炮处理不当、爆破器材管理不当,可能引发爆破伤亡事件,直接导致人员伤亡,并可能引发山石迸溅打击等二次事故。

主要危险源有:爆破的警戒区域;存有瞎炮的区域;爆破后规定的等待时间内的爆破地点;超过规定用药量的爆破地点;结构、位置和方向不能防止飞石危害的避炮洞(棚);爆破器材储存的专用仓库和储存室;未及时清点回库的爆破器材存放地。

3. 坠落事故

凿岩穿孔等高处作业中,由于管理指挥不当、防护措施不力,挖掘机、推土机等机械设备在工作台面运行,岩层剥落会引发大面积人员坠落、伤亡。

主要危险源有：距离地面高度 2m 以上的作业；坡度超过 30°的坡面上的作业；安全绳没有拴在牢固地点的作业；多人同时使用一条安全绳的作业；矿场内有坠入危险的钻孔、溶洞、废弃井巷、陷坑等区域内的作业；挖掘机等重型设备距平台边缘小于 2m 的地段内行驶、停留和工作等。

4. 顶板事故

顶板事故是指在地下采煤过程中，因为顶板意外冒落造成的人员伤亡、设备损害、生产中止等事故。在实行综采以前，顶板事故在煤矿事故中占有很高的比例，高达 75%。随着液压支架的使用及对顶板事故的研究和预防技术的逐步完善，顶板事故所占的比例有所下降，但仍然是煤矿生产的主要灾害之一。随着采深增加和巷道断面加大，工作面与巷道的顶板事故预防更加重要。

顶板事故，按冒顶范围的不同可分为局部冒顶和大型冒顶两类；按发生冒顶事故的力学原理的不同可分为压垮型冒顶、漏垮型冒顶和推垮型冒顶 3 类。

基本顶来压时压垮型冒顶事故的致因：①垮落带基本顶岩块压坏采煤工作面支架导致冒顶；②垮落带基本顶岩块冲击压坏采煤工作面支架导致冒顶。综采工作面如遇基本顶冲击来压，可能将支架压死、压坏（立柱油缸炸裂、平衡千斤顶拉坏等）或压人，发生顶板事故。

5. 突水事故

矿井突水（透水）是指煤矿在正常生产中突然发生的具有一定数量、来势凶猛的涌水现象。突水可来自底板、顶板、老采区、老窑、地表等。由于来势猛、水量大，一旦防范不力或排水能力不足时，往往造成严重经济损失甚至人身伤亡事故。煤矿生产中的四大灾害之一的水害即指突水。矿井的突水量大小差异很大，对矿井的危害程度也不相同。根据我国矿井突水情况，2009 年 12 月 1 日起施行《煤矿防治水规定》，根据突水点每小时突水量的大小，将突水点划分为小突水点、中等突水点、大突水点、特大突水点等 4 个等级。造成矿井突水灾害的原因归纳起来有以下几方面：

（1）地面防洪、防水措施不当，或因对防洪设施管理不善，暴雨山洪冲毁防洪工程，使地面水涌入井下，造成灾害。

（2）水文地质条件不清，井巷接近老窑区、充水断层、强含水层、陷落柱时，不事先探放水，盲目施工，或探放水，但措施不当而造成淹井或伤亡事故。

（3）井巷位置不合理。如布置在不良地质条件中或接近强含水层，施工后在矿山压力与水压力共同作用下，发生顶板或底板突水。

（4）乱采、乱掘，破坏了防水煤柱、岩柱造成突水。

（5）工程质量低劣，井巷严重塌落冒顶，造成顶板塌落，沟通强含水层突水。

（6）管理不善，井下无防水闸门或虽有闸门但未及时关闭，矿井突水时不能起堵截水作用。

（7）矿井排水能力不足或排水设备平时维护不当，水仓不按时清挖，突水时排水设备失效而淹井。

（8）测量错误，导致巷道揭露积水区或含水断层突水而淹井。

（9）忽视安全生产方针，思想麻痹大意，丧失警惕，没有严格执行探放水制度，违章作业等。

6. 机械事故

机械伤害主要是由于人体或人体一部分接触机械的危险部分，或进入机械运转的危险区域造成的，其伤害类型包括碰伤、压伤、轧伤和卷缠勒伤等。矿山机械的危险部分和危险区域主要有如下几种：

（1）旋转部分。机械的旋转部件，如转轴、转轮等可能使人员的服饰、头发缠绕其上而造成伤害。旋转部件上的突出物可能击伤人体，或挂住人员的服饰、头发而造成伤害。

（2）啮合点。机械的两个相互紧密接触且相对运动的部分形成啮合点。当人员的手、肢体或服饰接触机械运动部件时，可能被卷入啮合点而发生挤压伤害。

（3）飞出物。机械运转时抛射出固体颗粒或碎屑，伤害人员眼睛或皮肤；工件或机械碎片意外抛出可能击伤人体；装载机械卸载时矿岩被高速抛出，人员进入卸载范围则可能受到伤害。

（4）往复运动部分。往复运动的设备或机械的往复运动部件的往复运动区域是危险区域，一旦人员或人体的一部分进入则可能受到伤害。

7. 触电事故

电气伤害是电能作用于人体造成的伤害，有触电伤害、电磁场伤害及间接伤害3种类型。矿山电气伤害事故以触电伤害最为常见；间接伤害不是电能作用的直接结果，而是由于触电导致人员跌倒或坠落等二次事故所造成的伤害。触电伤害有电击和电伤两种形式，前者是指电流通过人体内部组织器官，破坏人体功能及引起组织损害；后者是电流的热效应等对人体外部造成的伤害。矿山事故经验表明，绝大部分触电伤害都属于电击伤害。

根据人员接触带电体的情况，触电分为单相触电、两相触电及跨步电压触电3种形式。如果人员处在跨步电压较高的区域内，则可能因跨步电压而触电。跨步电压与跨步大小有关，工程上按跨步距离 0.8m 考虑。跨步电压还与距离接地体的远近有关。距离接地体越近则跨步电压越高，当人员站在距接地体 20m 以外就可以不考虑跨步电压了。

8. 自然灾害事故

矿山企业自然灾害主要是由地震、暴雨等导致的滑坡、泥石流以及水流冲刷地表引起的各类自然灾害。自然灾害事故主要发生于采场宕面、堆土场以及矿山办公、生活区域。

第二节 地铁建设施工与运营类企业

一、危险有害因素分析

1. 物体打击

主要是汽车吊、履带吊进行起重吊装作业时,因机械意外故障或违规操作、违章指挥可能造成物体打击伤害或起重伤害。

2. 坍塌

主要是基坑土方开挖及联络通道暗挖施工时,因开挖违章作业或其他原因而发生土体塌落造成人员伤亡或财产损失。建筑物开裂、失稳等易引起坍塌。

3. 涌水、涌砂

土方开挖中,地下水降水不到位,围护结构存在缺陷,地下水、溶洞未有效处理,导致边坡滑塌,可造成人身伤害或地面沉陷。各种施工隧道内施工不当等操作容易发生涌水、涌砂;雨水(污水)管开裂等引起涌水、涌砂。

4. 高处坠落

高处坠落是建筑行业发生频率最高、危险性很大的事故,主要由高处作业引起。凡在坠落高度基准面 2m 及以上有可能坠落的高处进行作业均为高处作业。

5. 车辆伤害

主要是道路水平运输以及盾构区间内电瓶车管片、渣土等运输,配备相应的应急物资运输时可能出现人员车辆伤害。

6. 中毒

车站部分盖挖法、盾构区间掘进时可能存在有毒有害气体,引起作业人员中毒、窒息等伤害。

7. 火灾

未按规定执行动火审批制度,易燃易爆品存放不符合规定,未配置消防器材,作业人员违规操作,可能导致火灾。

8. 触电

在用电设备使用中，未进行接零或接地保护，保护设备性能失效，作业人员违规使用和操作电气设备，可能导致人身伤害或设备损坏。

9. 自然灾害

汛期或雨季未按专项方案或应急预案设置拦水坝，未落实地面排水措施，未配备相应的应急救援物资设备等，可能导致洪涝。

二、地铁常见安全事故

1. 地铁火灾事故

人员违章携带易燃、易爆危险品，烟蒂等带火星物品处置不当，车站、车辆系统、供电系统、机电设备等附属的电气设备发生故障，车站、列车内的建筑装饰材料、广告牌等采用可燃材料，火灾自动报警器失效，恐怖袭击、人为纵火等都可能引起火灾事故。

2. 塌方事故

施工单位违规施工、冒险作业，施工过程中基坑超挖，支撑体系存在严重缺陷且钢管支撑架设不及时，垫层未及时浇筑，基坑监测失效，未采取有效补救措施等都可能导致基坑周边地面塌陷，引起塌方事故。

3. 地铁列车脱轨事故

该事故主要由地铁交通系统自身的设备系统和人员操作问题造成。地铁交通运营是由相互独立而又紧密联系的多个子系统集合而成，轨道、通信、信号、设备机械、电力等任何一个子系统出现故障，都会影响到地铁交通的正常运营。驾驶员人为失误，驾驶员操作技术不当，设备维修人员维修不及时，调度指挥失误，轨道铺设不合格，车辆缺陷，信号系统故障，车辆、线路存在老化现象，地铁运营组织规划不当等都可能导致列车脱轨。

4. 地铁拥挤踩踏事故

乘客密度过大，不遵守乘客守则，工作人员应对能力差，站台、疏散通道或楼梯设置不合理，极端天气导致人员滞留，行车组织不合理等会引起踩踏事故。

5. 地铁自动扶梯事故

客流密度过大导致电梯、自动扶梯超载，乘客不遵守使用规则，设备设计、配置不符合要求，人为破坏，使用标志、警示标志缺乏或不明显，站务人员管理不到位等会造成地铁自动扶梯事故。

第三节 石油化工类企业

一、危险有害因素分析

1. 火灾

很多危化品都是易燃、易爆的物质,管理稍有不当,便极其容易引发火灾。

2. 中毒窒息(主要通过皮肤、呼吸道、消化道)

(1)H_2S有毒,为有臭鸡蛋气味的气体。H_2S浓度越高,气味反而变淡,达到400×10^{-6},几乎无味。高浓度的H_2S,只要吸收少量就能使人瞬间死亡。我们不能仅仅通过闻气味来判断H_2S浓度的高低。

(2)丙烯腈(杏仁味),丙烯腈和氢氰酸的毒性比H_2S还要强,对神经中枢有抑制性。

(3)氨(刺激性,易溶于水)对呼吸道的水分吸收放出大量的热引起水肿,造成死亡、窒息。

(4)CO有毒无味,危害很大,因为CO无味,难发现它的泄漏。

(5)N_2为窒息性气体。

3. 机械伤害

机械伤害主要是垂直运输机械设备、吊装设备、各类桩机等,钢筋加工机械和拉直机、弯曲机等、电焊机、搅拌机、各种气瓶及手持电动工具等在使用中,因缺少防护和保险装置对操作者造成的伤害。

1)旋转运动机件的机械伤害

转动设备在动力驱动下,其旋转运动机件导致的机械伤害形式主要有卷带、绞碾、钩挂、挤压和飞出物打击等。

(1)卷带、绞碾和钩挂。当作业人员在诸如压缩机、汽轮机、离心机等旋转机械附件或设备内作业时,稍不注意,工人的长发、衣袖、裤腿或携带物等就会被卷入、带入或钩挂入设备内,从而引发人身伤亡事故。

(2)挤压。对于许多旋转化工设备来说,如果作业人员操作失误,其身体相关部位就会被卷入旋转运动部件,从而引发挤压伤害事故。

(3)飞出物打击。做旋转运动的部件在运动过程中会产生离心力,且旋转运动速度越快,产生的离心力越大。在化工生产中,由于化工设备某些零部件的缺陷发生断裂、设备零部件长时间使用造成松动、零部件紧固不牢靠脱落、因应力产生的弹性形变等,不能承受巨大的离心力,容易造成部件破裂并高速飞出对人体或周围物体造成损害。

2)直线运动机件的机械伤害

化工生产中,通常存在诸如冲压机、往复泵、往复压缩机、天车、厂内运输车(电瓶车、叉车)、电梯等做直线运动的机械设备。这些设备在运行中,都存有剪切、挤压和冲撞等机械伤害的危险。例如,相对运动的两部件之间,由于运动部件与静止部件之间的安全距离不够而产生夹挤。

4. 高处坠落

所谓高处作业,是指操作者在坠落高度基准面 2m 以上(含 2m)有可能坠落的高处进行的作业。在施工中涉及到高处作业的范围很广,高处坠落事故最易在安装登高架设作业过程中与脚手架、吊篮处使用梯子登高作业时以及悬空高处作业时发生,其次在"四口五临边"("四口"指楼梯口、电梯口、预留洞口、通道口;"五临边"指沟、坑、槽和深基础周边,楼层周边,楼梯侧边,平台或阳台边,屋面周边)处,轻型屋面处坠落,还有些坠落事故是在拆除工程时和其他作业时发生。

5. 物体打击

施工现场在施工过程中经常会有很多物体从上面落下来,击中下面或旁边的作业人员即产生物体打击事故。凡在施工现场作业的人,都有被击中的可能,特别是在一个垂直平面下的上下交叉作业,最容易发生物体打击事故。

6. 触电事故

电是施工现场各种作业的主要动力来源,各种机械、工具、照明等主要依靠电来驱动。触电事故主要是由设备、机械、工具等漏电、电线老化破皮、违章使用电气用具,对在施工现场周围的外电线路不采取防护措施等造成的。建筑施工工地条件比较恶劣,例如风吹、雨淋、日晒、水溅、沙土等均是不利条件,加之工地上机动车辆的运行和机械设备的应用,极易发生对电气设备的撞击和振动,凡此种均易导致电气故障的发生。

7. 中毒

石油化工企业部分岗位工作中会接触到很多对人体有害的物品,它们对人体的毒害程度和途径各不相同。有些毒物可由多种途径侵入人体,迅速显现症状;有些毒物对人体的毒害症状虽不明显,但在人体内具有积累性,随着时间的推移摄入量增多,才会引起病变;同时,许多有害物质不是单独存在的,而是以几种物质混合物的形式存在,所以必须引起大家的足够重视。

二、石油化工企业常见安全事故

石油化工企业易发事故有危险品、有毒气体泄漏和危化品的火灾爆炸事故。事故发生频率和事故伤亡人数均位于前列的危险化学物品主要有液氯、液氨、液化石油气、氯乙烯、苯、一甲胺、一氧化碳、硫化氢等。主要火灾爆炸事故如下：

(1)设备外危险品燃烧爆炸。设备外危险品燃烧爆炸是指储存有可燃性物质的化工设备由于某种原因破裂导致可燃性物质泄漏到地面或大气中，当泄漏的可燃物质遇到引火源时而发生的火灾爆炸事故。

(2)设备内危险品燃烧爆炸。设备内危险品燃烧爆炸是指由于某种原因使设备内的可燃性物质形成了爆炸性混合物，遇到引火源时从而发生的燃烧爆炸事故。

(3)压力平衡破坏燃烧爆炸。压力平衡破坏燃烧爆炸是指由于某种原因使设备内的正常操作压力状态失去平衡，形成超压或负压状态而发生的燃烧爆炸事故。

(4)热平衡破坏燃烧爆炸。热平衡破坏燃烧爆炸是指由于某种原因导致设备内蒸汽压力剧增、热量积聚，从而破坏设备内的正常热平衡状态而引起的火灾爆炸事故。

(5)混合接触燃烧爆炸。混合接触燃烧爆炸是指两种或多种性质相抵触的危险化学物品由于某种原因相互混合或接触，发生化学反应后引起的燃烧爆炸事故。

(6)热分解燃烧爆炸。热分解燃烧爆炸是指设备内的一种或多种危险化学物品在一定条件下(如加热)发生化学分解，引起设备内压力剧增而发生的燃烧爆炸事故。

(7)蒸汽爆炸。蒸汽爆炸是指设备内的化学危险品由液相急剧向气相转变而引起压力急剧升高时发生的蒸汽爆炸事故。

(8)喷雾爆炸。喷雾爆炸是指当设备内的可燃性雾状液滴由于某种原因与空气或氧气混合并达到爆炸浓度时，遇到引火源后急剧燃烧而发生的燃烧爆炸事故。

(9)粉尘爆炸。粉尘爆炸是指当设备内的可燃性粉尘由于某种原因与空气或氧气混合并达到爆炸浓度时，遇到引火源后急剧燃烧而发生的燃烧爆炸事故。

(10)设备材料燃烧爆炸。设备材料燃烧爆炸是指某些化工设备自身的材料与其包容物中的氧或氯等发生放热反应，从而引起化工设备材料急剧燃烧，损坏设备并高压喷出内容物而发生的燃烧爆炸事故。

第四节　道路桥梁施工类企业

一、危险有害因素分析

1. 物体打击

支架模板失稳垮塌，起吊重物的绳索具不合安全要求；设备、设施自身的刚度、强度不够；工作人员不戴安全帽等易受到物体打击伤害。

2. 高处坠落

高处坠落是指在高处作业中发生坠落造成的伤亡事故，不包括触电坠落事故。涉及高空作业,如果安全技术措施不健全或安全防护设施不当,作业场地扬尘、烟雾弥漫使视物不清,指挥失误、违章操作等可能会引起高处坠落事故的发生。

3. 坍塌伤害

在桥梁施工过程中,《公路水运工程安全生产监督管理办法》规定的危险作业中的不良地质条件下的潜在危险性土方、石方开挖,滑坡和高边坡处理,桩基础、挡墙基础、深水基础及围堰工程,桥梁工程中的梁、拱、柱等构件施工,大型临时工程中的大型支架、模板、便桥架设与拆除,起重吊装工程等,都容易引起坍塌事故。

4. 物体打击

物体打击是指物体在重力或其他外力的作用下产生运动,打击人体造成人身伤亡事故,不包括因机械设备、车辆、起重机械、坍塌等引发的物体打击。施工现场物料堆放区如果堆码不整齐或堆垛不牢固,可能会引起堆垛倒塌,导致物体打击事故的发生。脚手架施工和高空作业、吊装作业都会引起此类事故发生。

5. 车辆伤害

车辆伤害是指企业机动车辆在行驶中引起的人体坠落和物体倒塌、飞落、挤压伤亡事故,不包括起重设备提升、牵引车辆和车辆停驶时发生的事故。施工车辆在运行过程中可能会引起车辆伤害事故的发生。

6. 机械伤害

机械伤害是指机械设备运动(静止)部件、工具、加工件直接与人体接触引起的夹击、碰撞、剪切、卷入、绞、碾、割、刺等伤害,不包括车辆、起重机械引起的机械伤害。施工现场安全防护设置损坏或失去效果的机械设备在运行及检修中可能会引起机械伤害事故的发生。

7. 起重伤害

起重伤害是指各种起重作业(包括起重机安装、检修、试验)中发生的挤压、坠落、(吊具、吊重)物体打击和触电。如果操作不当或设备受不良环境的影响,可能会引起起重伤害事故的发生。

8. 触电

触电事故即电流通过人体引起人体内部器官的创伤甚至造成死亡,或引起人体外部器官的创伤。配电线路架设、电气设备安装和起重机械运行不符合安全技术要求以及乱拉乱接电线等现象,都可能会引起触电事故的发生。

9. 淹溺

淹溺包括高处坠落淹溺。道路桥梁施工涉及水上作业及水面作业,如果安全技术措施不健全或安全防护设施不当,可能会引起淹溺事故的发生。特别是桩基开挖、围堰、水面高空作业。

10. 其他伤害

由于工期有时跨越雨季,可能会因洪水对桥梁施工场地和施工人员造成伤害。桥梁破坏及损毁的主要原因之一是基础薄弱和桥位存在不良地质问题。如果在桥位勘测设计中地质勘探工作不细,桥位规定范围内的不良地质问题如断层、塌陷、流沙、岩溶没有查清楚,基础设计又未采取相应的有效措施,则桥梁建成后会出现基础下沉、滑动、倾覆等,使桥跨结构失效破坏,影响通车,严重的导致桥梁倒塌,造成人员伤害和财产损失。

二、道路桥梁企业常见安全事故

1. 物体打击事故

空中落物、崩块和滚动物体的砸伤,触及固定或运动中的硬物、反弹物的碰伤、撞伤,器具、硬物的击伤,碎屑、破片的飞溅伤害等都会造成事故。

2. 坠落事故

从脚手架或垂直运输设施上坠落,从洞口、楼梯口、电梯口、天井口和坑口坠落,从楼面、屋顶、高台边缘坠落,从施工安装中的工程结构上坠落,从机械设备上坠落,其他因滑跌、踩空、拖带、碰撞、翘翻、失衡等引起的坠落等都会造成坠落事故。

3. 起重伤害事故

起重机械设备的折臂、断绳、失稳、倾翻,吊物失衡、脱钩、倾翻、变形和折断,起重伤害操作失控、违章操作和载人,加固、翻身、支撑、临时固定等措施不当,其他起重作业中出现的砸、碰、撞、挤、压、拖作用等都会造成起重伤害事故。

4. 坍塌事故

坍塌事故包括建(构)筑物的坍塌,施工中的建(构)筑物的坍塌,施工临时设施的坍塌,脚手架、井架、支撑架的倾倒和坍塌,强力自然因素引起的坍塌,支撑物不牢引起其上物体的坍塌等。

5. 火灾

火灾事故包括电器和电线着火引起的火灾,违章用火和乱扔烟头引起的火灾,电焊、气焊作业时引燃易燃物的火灾,爆炸引起的火灾,雷击引起的火灾,自燃和其他因素引起的火灾等。

6. 爆炸事故

爆炸事故包括工程爆破措施不当引起的爆破伤害,雷管、火药和其他易燃爆炸物资保管不当引起的爆炸事故,施工中电火花和其他明火引燃易爆物事故,暗炮处理时造成爆炸事故等。

7. 其他伤害事故

其他伤害事故包括钉子扎脚和其他扎伤、刺伤、拉伤、扭伤、跌伤、碰伤、烫伤、灼伤、冻伤、干裂伤害,溺水和涉水作业伤害,高压(水、气)作业伤害,从事身体机能不适宜作业的伤害,在恶劣环境下从事不适宜作业的伤害,疲劳作业和其他自持力变弱情况下进行作业的伤害,其他意外事故伤害等。

第五节 工民建筑施工类企业

一、危险有害因素分析

1. 坍塌

脚手架、模板和支撑、起重塔吊、物料提升机、施工电梯安装与运行,人工挖孔桩、基坑施工等局部结构工程失稳,造成机械设备倾覆、结构坍塌、人员伤亡等意外。基坑开挖、人工挖孔桩等施工降水,造成周围建筑物因地基不均匀沉降而倾斜、开裂、坍塌等事故伤害。

2. 高处坠落

施工高层建筑或高度大于 2m 的作业面(包括高空、"四口""五临"边作业),因安全防护不到位或安全兜网内积存建筑垃圾、人员未配系安全带等造成人员踏空、滑倒等高处坠落摔伤;临建设施拆除时房顶发生整体坍塌,作业人员踏空、踩虚造成伤亡。

3. 触电

焊接、金属切割、冲击钻孔、凿岩等施工,临时电漏电遇地下室积水及各种施工电器设备的安全保护不符合要求,造成人员触电;起重机械臂杆或其他导电物体搭碰高压线事故伤害;带电电线(缆)断头、破口的触电伤害;挖掘作业损坏埋地电缆伤害;电动设备漏电伤害;雷击伤害;拖带电线机具电线绞断、破皮伤害;电闸箱、控制箱漏电和误触伤害;强力自然因素致电线断裂伤害。

4. 物体打击

工程材料、构件及设备的堆放与频繁吊运、搬运等过程中因各种原因易发生堆放散落、高空坠落,从而容易伤害到工作人员。

5. 中毒或窒息

人工挖孔桩、隧道掘进、地下市政工程接口、室内装修、挖掘机作业时损坏地下燃气管道等因通风排气不畅造成人员窒息或中毒意外。工地饮食因卫生不符合卫生标准,造成集体中毒或疾病意外。

6. 火灾

厨房与临建宿舍安全间距不符合要求,施工用易燃、易爆危险化学品临时存放或使用不符合要求、防护不到位,造成火灾;深基坑、隧道、地铁、竖井、大型管沟的施工,因为支护、支撑等设施失稳、坍塌,不但造成施工场所破坏、人员伤亡,往往还引起地面、周边建筑设施的倾斜、塌陷、坍塌、爆炸与火灾等意外;临时简易帐篷搭设不符合安全间距要求,易发生火烧连营的意外;电线私拉乱接,直接与金属结构或钢管接触,易发生触电及火灾等意外。

7. 爆炸

爆炸包括工程爆破措施不当引起的爆破伤害,雷管、火药和其他易燃爆炸物资保管不当引起的爆炸事故伤害,施工中电火花和其他明火引燃易爆物事故伤害,瞎炮处理中的事故伤害,在生产中的工厂进行施工中出现的爆炸事故伤害,高压作业中的爆炸灼伤事故伤害,乙炔罐回火爆炸伤害。

8. 起重伤害

起重伤害包括起重机械设备的折臂、断绳、失稳、倾翻事故的伤害,吊物失衡、脱钩、倾翻、变形和折断事故的伤害,操作失控、违章操作和载人事故的伤害,加固、翻身、支撑、临时固定等措施不当事故的伤害,其他起重作业中出现的砸、碰、撞、挤、压、拖作用伤害。

9. 机械伤害

机械伤害包括机械运转部分的绞入、碾压和拖带伤害,机械工作部分的钻、刨、削、钢、击、撞、挤、砸、轧等的伤害,滑入、误入机械容器和运转部分的伤害,机械部件的飞出伤害,机械失稳和倾翻事故的伤害,其他因机械安全保护设施欠缺、失灵和违章操作所引起的伤害。

10. 其他伤害

其他伤害包括钉子扎脚和其他扎伤、刺伤,拉伤、扭伤、跌伤、碰伤、烫伤、灼伤、冻伤、干裂伤害,溺水和涉水作业伤害,高压(水、气)作业伤害,从事身体机能不适宜作业的伤害,在恶劣环境下从事不适宜作业的伤害,疲劳作业和其他自持力变弱情况下进行作业的伤害,其他意外事故伤害。

11. 自然灾害

自然气象条件如台风、地震、雷电、风暴潮等容易影响施工,可能对人员造成伤害。

二、工民建筑施工常见安全事故

1. 机械伤害事故

机械伤害事故包括机械运转部分的绞入、碾压和拖带伤害导致事故,人滑入、误入机械容器和运转部分导致的伤害事故,机械工作部分的钻、刨、削、钢、击、撞、挤等的事故,机械部件的飞出伤害事故,机械失稳和倾翻事故的伤害事故,其他因机械安全保护设施欠缺、失灵和违章操作所引起的机械伤害事故等。

2. 触电事故

触电事故包括起重机械臂杆或其他导电物体搭碰高压线事故,带电电线(缆)断头、破口的触电事故,挖掘作业损坏埋地电缆触电事故,电动设备漏电事故,雷击触电,拖带电线机具电线绞断、破皮伤害事故,电闸箱、控制箱漏电误触事故,强力自然因素致电线断裂等造成的触电事故。

3. 坍塌事故

坍塌事故包括沟壁、坑壁、边坡、洞室等的土石方坍塌事故,因基础掏空、沉降、滑移或地基不牢等引起的其上墙体和建筑物的坍塌事故,堆置物的坍塌等造成的坍塌事故。

4. 中毒和窒息事故

中毒和窒息事故包括一氧化碳中毒、窒息事故,亚硝酸钠中毒事故,沥青中毒事故,在有毒气体存在和空气不流通场所施工的中毒窒息事故,炎夏和高温场所作业中暑事故,其他化学品中毒伤害等造成的中毒窒息事故。

5. 高处坠落事故

指派无登高架设作业操作资格的人员从事登高架设作业,不具备高处作业资格(条件)的人员擅自从事高处作业会导致坠落事故;未经现场安全人员同意擅自拆除安全防护设施,高空作业时不按劳动纪律规定穿戴好个人劳动防护用品(安全帽、安全带、防滑鞋),高处作业的安全防护设施的材质强度不够、安装不良、磨损老化等都会造成高处坠落事故。

6. 物体打击事故

物体打击伤害是建筑行业常见事故中"五大伤害"的其中一种,指由失控物体的惯性力造成的人身伤亡事故。物体打击会对建筑工作人员的安全造成威胁,容易砸伤,甚至出现生命危险。特别在施工周期短、劳动力、施工机具、物料投入较多,交叉作业时常有出现。这就要求在高处作业的人员在机械运行、物料传接、工具存放的过程中,都必须确保安全,防止物体坠落伤人的事故发生。

第六节 机械加工类企业

一、危险有害因素分析

机械的危险因素可能来自机械自身、机械的作用对象、人对机器的操作以及机械所在的场所等。有些危险是显现的,有些是潜在的;有些是单一的,有些是交错在一起的,表现为复杂、动态、随机的特点。以下是一些机械加工类企业常见的危险有害因素。

1. 机械伤害

机械伤害指由于机械设备及其附属设施的构件、零件、工具、工件或飞溅的固体和流体物质等的机械能(动能和势能)作用,可能产生伤害的各种物理因素以及与机械设备有关的滑绊、倾倒和跌落危险。

机械伤害包括自动锻压机离合器与制动器未联锁或失灵,导致滑块意外运动伤人;冲压机械安全装置中光电保护和双手操纵装置失灵,导致人体冲入模区;冲压生产线防护栅栏开口处未设置联锁装置或联锁装置失灵,导致人体冲入模区;冲模调整和设备检修未使用安全栓等防护措施,上滑块下行挤压伤人;车床、铣床、镗床和钻床的防护罩缺损,自动进刀手柄(轮)无弹出防护装置,导致设备部件和加工工件飞出伤人等。

2. 触电

电气危险的主要形式是电击、燃烧和爆炸,其产生条件可以是人体与带电体的直接接触。主要触电伤害有人体接近带电体高压;带电体绝缘不充分而产生漏电、静电现象;电焊设备一次线绝缘破损,二次线接头过多,导致人员触电;电弧炉、金属炉壳接地装置不良引起金属炉壳带电,导致周边操作者触电;雨、雪及小动物进入变配电室内破坏绝缘层或造成绝缘不良,导致触电事故;变电室未严格执行"二票制",导致人接触带电高压体;线路敷设时绝缘不良或未设置接地装置,导致触电;接地系统制式不对,无接地保护或连接方法不对,造成人员触电;等等。

3. 火灾

焊接(切割)作业区域未设置防护屏板,飞溅火花引燃易燃物质发生火灾;焊接作业氧与可燃气体焊接与切割中,气瓶受热导致瓶体爆炸和可燃气体泄漏引起火灾;设备加工时产生火花、火焰引燃木屑、粉尘,导致火灾;粉尘爆炸危险区动火作业,未按规定清理积尘,动火作业引燃木屑、粉尘,导致火灾;涂漆作业区域通风不良,风量不够导致易燃物品积聚而引起火灾;电镀危化品储存不当,或电气不符合防爆要求,导致火灾等。

4. 爆炸

高(低)压造型机冷却水管漏水、液压管漏油,接触高温溶液而引起爆炸;冲天炉炉体腐蚀严重,连接部位不牢固及泄爆口损坏,导致铁水泄漏和炉体爆炸;熔炼炉周边溶液(熔渣)坑坑边或坑底未设置防止水流入的措施或坑内潮湿、积水,导致溶液(熔渣)遇水爆炸。

浇筑使用的浇包未烘干,与高温溶液接触导致爆炸;地坑内浇筑地坑铸型底部有积水或潮湿,与高温溶液接触导致爆炸;电加热熔炼炉冷却水管漏水,进出高温金属溶液而引起爆炸;集聚在有限空间内的易燃、易爆气体导致爆炸;粉尘爆炸危险区动火作业,未按规定清理积尘,导致粉尘爆炸等。

5. 高处坠落

熔炼炉操作平台环境恶劣,平台严重腐蚀或垮塌,导致操作者高处坠落;攀登、悬空等高处作业违章操作,不佩戴防护工具等导致高处坠落。

6. 起重伤害

起重机主要部件及吊索具强度不够或未设置两套制动器,导致熔融金属倾翻;主梁塑性变形、制动器失效、吊钩和滑轮组受损、钢丝绳断裂等,导致物体坠落;起升高度限位器、起重量限制器、力矩限制器等失效,导致冲顶、超载或起重机倾翻;吊索具选配不当,或变形、破断,导致吊物高处坠落;起吊载荷质量不确定,系挂位置不当,导致被吊物体失稳坠落等起重伤害。

7. 物体打击

锻造机锤头破裂或零部件松动,锻打时飞出伤人;空气蒸汽锤、模锻操作中作业前未空转和预热,造成锻模、锤头碎裂飞出伤人;磨削机械的砂轮有裂纹或防护罩缺损,导致破碎的砂轮飞出伤人等。

8. 中毒与窒息

集聚在有限空间内的有毒气体导致人员中毒;涂漆作业区域通风不良导致中毒和窒息;液氮泄漏引起中毒和窒息;加热炉区域通风不良导致中毒和窒息;电镀危化品储存不当,无通风措施导致中毒和窒息等。

9. 灼烫

高压造型机合型区防护强度不够,开口处未与控制系统耦合导致溶液飞溅伤人。

二、机械加工行业常见安全事故

1. 车削加工的伤害事故

车削加工时转动卡盘、花盘等部件把人体卷进去造成伤害事故;工件、夹具等飞出去撞击人造成伤害事故;铁屑伤人的伤害事故等。

2. 铣床的伤害事故

在铣床工作中,铣刀、切屑、工件和安装工件的夹具都可能使铣工遭受伤害。例如,当夹装工件从机床上卸下时工人的手靠近没有遮挡的铣刀,铣床运转时测量零件或用手和其他物件在铣刀下面清除铁屑,在检验加工表面粗糙度时手指靠近铣刀等,都可能发生事故。

3. 钻床的伤害事故

钻床工作时,心轴、套筒、钻头和传动装置等回转部分,如没有设置适当的防护装置,可能会卷住人的衣服和头发。工件在钻床工作台上夹装不牢、钻头没有装紧或钻头折断时,都可能发生事故。钻韧性金属时,如果没有断屑装置,或钻脆性金属时,清除铁屑没有遵守安全规程,都可能造成铁屑伤人。

4. 镗床的伤害事故

生产作业中常常用不合要求的销钉固定刀具,致销钉露出杆。工人经常探头看被加工的孔眼情况,身体靠近镗杆,衣服被卷进去,造成不应有的伤害事故。

5. 刨床的伤害事故

在刨床工作中,切屑飞溅的危险程度要比车床切削的危险程度小。在牛头刨床上,如果操作者脸部凑近切屑部位,切屑可能引起伤害事故。切屑飞溅到地面上,也会引起刺伤脚的事故。龙门刨床除了铁屑以外,台面也具有危险性。龙门刨床台面移动时会将工人压向不动物体。

6. 磨削加工的伤害事故

磨削加工时,从砂轮上飞溅出大量细的磨屑,从工件上飞溅出大量金属屑。磨屑和金属屑会使磨工眼部受到伤害。尘末吸入肺部对身体有害,由于种种原因,磨削时可能造成砂轮的碎裂,从而导致工人遭受严重的伤害。在靠近转动的砂轮进行某些手工操作时,工人的手可能碰到高速旋转的砂轮而受到伤害。为了防止磨削伤害事故,应强调技术和防护措施,加强管理,同时也不可忽视执行安全操作规程。

第四章　安全管理

从安全科学的层次来看，安全管理属于安全科学的工程技术层次；从管理科学角度来考察，安全管理是企业管理的重要组成部分。安全管理是为实现安全生产而组织与使用人力、物力和财力等各种资源的过程。它利用计划、组织、指挥、协调、控制等管理机能，控制来自自然界的、机械的、物质的和人的不安全因素，避免发生事故，保障作业人员的生命安全和健康，保证生产的顺利进行。在生产实习过程中，安全管理是本专业学生需要掌握的重要内容。本章对生产实习可能涉及企业的安全管理方法、事故处理与控制、安全组织保障以及安全教育培训等内容进行介绍。

第一节　矿山开采类企业

一、安全管理概述

中华人民共和国成立以来，我国在矿山安全管理方面积累了丰富的经验，其中许多成功的安全管理方法被国家以制度的形式固定下来了，形成了一整套安全管理制度。另外，随着安全科学的发展，以及系统安全在我国的推广应用，一些新的理论、原则和方法与矿山安全管理实践相结合，产生了一些现代安全管理的理论、原则和方法，使我国的矿山安全管理有了新的发展。矿山安全管理就是管理者对矿山安全生产进行计划、组织、指挥、协调和控制的一系列活动，以保护矿工在矿山生产过程中的安全与健康，保护国家和集体财产不受损失，提高矿山企业的生产效益，保障矿山建设的顺利发展。也就是说，矿山安全管理是以矿山安全为目的，进行有关决策、计划、组织和控制方面的活动，其基本任务是发现、分析预测和消除矿山生产过程中的各种危险，防止发生事故和患有职业病，避免各种损失，保障矿工的安全与健康，推动矿山企业生产的顺利进行。

现今矿山的安全管理是在"安全第一、预防为主、综合治理"的安全生产方针指导下，认真贯彻执行国家、部门和地方的有关安全生产的政策、法规和标准，建立健全安全工作组织机构，制定并执行安全生产规章制度，充分调动各级管理者和广大职工的安全生产积极性，将预防安全事故的发生作为安全管理工作的重中之重，尽量做到事前控制，通过有效的技术手段对安全隐患进行及时的判断和识别，并对其危险程度进行有效的预测。

矿山安全管理的经常性工作包括对物的安全管理和对人的安全管理两个方面。

其中,对物的安全管理包括如下内容:①矿山开拓、开采工艺,提升运输系统、供电系统、排水压气系统、通风系统等的设计、施工,生产设备的设计、制造、采购、安装,都应该符合有关技术规范和安全规程的要求,其必要的安全设施、装置应该齐全、可靠;②经常检查和维修保养设备,使之处于完好状态,防止由于磨损、老化、腐蚀、疲劳等原因降低设备的安全性;③消除生产作业场所中的不安全因素,创造安全的作业条件。

对人的安全管理的主要内容为:①制定操作规程、作业标准,规范人的行为,让人员安全而高效地进行操作;②为了使人员自觉地按照规定的操作规程、标准作业,必须经常不断地对人员进行教育和训练。

1. 矿山企业的有关安全管理措施

矿山企业的有关安全管理措施如下:①建立完善的安全生产管理体系和安全生产考核制度;②构建风险分级管控工作机制;③有关安全标准化建设;④有关安全积分制管理;⑤开展反"三违"和隐患排查治理活动;⑥进行全面的"两危物品"与尾矿库安全管理工作;⑦实施科技兴安,促进企业本质安全工作;⑧对工程承包施工企业进行安全管理;⑨加强应急管理,提高应急处置能力。

2. 对危险源实行控制的安全管理措施

对危险源实行控制的安全管理措施如下:①建立健全危险源管理的规章制度;②明确责任,定期检查;③加强危险源的日常管理;④抓好信息反馈,及时整改隐患。

3. 辨识较大的危险有害因素,采取有关安全管理措施

1)预防坍塌的措施

预防坍塌的措施如下:①按规程和设计规定确定边坡角度、台阶高度;②破碎岩层进行加固措施,或者放缓边坡角,降低台阶高度;③严格实行自上而下开采,禁止掏底开采,采剥工作面禁止形成伞檐、阴山坎等;④人员、设备设置在安全距离内。

2)爆破安全措施

爆破安全措施如下:①根据最小抵抗线确定炸药量,校核爆破安全距离;②加强爆破信号、警戒管理;③严格按措施处理盲炮,禁止打残眼;④火药库禁止烟火;⑤杜绝劣质爆破器材;⑥爆破后待5分钟进入采面。

3)预防高空坠落的措施

预防高空坠落的措施如下:①危岩边缘设立警示牌,禁止人员、设备进入,溜槽口设置安全车挡;②加强人员教育和现场检查,高空人员系牢安全带;③加强设备管理,防护设施牢固可靠;④大风等恶劣天气不应进行露天登高作业。

4)预防自然灾害的措施

预防自然灾害的措施如下:①关注气象信息,及时了解台风、暴雨来临的信息,做好各项准备工作;台风、暴雨来临时禁止露天作业;②在台风、暴雨来临前,要加固各类生活用房(包括厂房、工棚、临时建筑等),挖掘机、车辆、潜孔钻等机械设备应转移到安全地方,并切断所有电力线路,场区内可移动安全标志全部转移到室内;③做好矿区上部截水沟和排水沟的修建和维护,保持排水畅通;④做好临时堆土场的防水、排水工作,在堆土场顶部设置截水沟,堆土场底部做好块石基础;⑤在雨季加强监测和管理,发现危险征兆应及早撤离人员和设施,并采取其他安全措施。

5)机电安全管理

以安全系统工程为依据,通过其原理及方法对矿山机电设备生产系统中可能存在的安全隐患,以及可能导致的事故进行有效的分析,进而对其进行评价,以便针对矿山机电设备生产系统中的薄弱环节进行及时的控制和有效的消除。除此以外,还应当以定量分析为基础,对矿山机电设备的安全管理方案进行定量分析,进而实现安全管理方案的不断优化。借助于现代化计算机技术及数学方法来对机电设备安全事故及其影响因素之间所存在的数量关系进行探究,通过所得到的数量变化规律实现对事故危险性等级及其严重程度的科学评价。

作为矿区机电设备安全管理的主要目标,如何通过较少的资金投入,实现矿山机电设备安全管理服务的高效性是相关安全管理工作者必须予以重视的问题。因此,相关工作人员必须掌握机电设备的工作原理,对矿山机电设备的生产流程了然于胸,对相关设备的性能、结构以及规格情况十分了解,同时每天还需将备件的消耗情况进行及时的汇报。其中,主管主任、机动组及备件组应注意对设备的备件消耗进行经常性的分析和总结,把备件消耗程度控制在最小范围内。

6)起重安全管理

起重工作是一项学之不尽、技术性很强、方法多种多样、复杂多变的工作,在制作吊运、安装吊运、装卸车、高低空作业中,稍有疏忽,就会造成大祸,不是伤人就是损物,也给企业造成经济损失。起重作业中,常见的伤害事故形式有重物坠落、起重机失稳倾翻、挤压、高处跌落、触电和其他伤害。造成这些事故的原因是多方面的,但主要危险因素有操作因素和设备因素。

有关起重安全的管理措施如下:①企业(公司)组建大型机械设备监督科。②实行设备准用制度。加强对设备的监控,所有租用的即将进入公司的起重机械必须由项目部向其所在的分公司申报批准,再向总公司起重机械监督科备案。③全程监控。起重机械的使用状况是一个动态变化的过程,这就需要进行全程控制,加强日常检查,将安全事故消灭在萌芽状态。④建立预警机制。建立起重机械管理动态数据库,包括设备的数量、种类、分布、来源、验收与否、安拆时间、起升高度、附着情况等,定期对设备存在问题的性质、类别、频度进行统计,选出发生频率高、较为严重的事故隐患进行分析,研究临时对策和长期对策。⑤一般控制与重点控制相结合。根据设备的性能状况、使用单位的管理水平将所有的设备评出优、良、一般、差4个不同等级,其中将差的和一般的设备列为重点监控对象。⑥健全制度,提高管理水平。⑦加强培训教育。

二、事故处理与控制

1. 矿山冒顶事故的应急处理

冒顶事故是矿井中最常见、最容易发生的事故。发生冒顶事故有些属于对客观事物的认识有限,而更多的则是由工作中的缺点和错误造成的。其主要原因有思想不集中、麻痹大意,地质构造不清、地压规律不明,支护质量不好,检查不及时等。

发生冒顶事故以后,抢救人员首先应以呼喊、敲打、使用地音探听器等方式与遇难人员联络,来确定其位置和人数。如果遇难人员所在地点通风不好,必须设法加强通风。若因冒顶遇难人员被堵在里面,应利用压风管、水管及开掘巷道、打钻孔等方法,向遇难人员输送新鲜空气、饮料和食物。在抢救中,必须时刻注意救护人员的安全。如果觉察到有再次冒顶危险时,首先应加强支护,有准备地做好安全退路。在冒落区工作时,要派专人观察周围顶板变化。在清除冒落岩石时,要小心地使用工具,以免伤害遇难人员。

在处理时,应根据冒顶事故的范围大小、地压情况等,采取不同的抢救方法。顶板冒落范围不大时,如果遇难人员被大块岩石压住,可采用千斤顶等工具把岩石顶起,将人迅速救出;顶板沿煤壁冒落,矸石块度比较破碎,遇难人员又靠近煤壁位置时,可采用沿煤壁由冒顶区从外向里掏小洞,架设梯形棚子维护顶板,边支护边掏洞,直到把人救出;较大范围顶板冒落,把人堵在巷道中,也可采用另开巷道的方法绕过冒落区将人救出。

2. 瓦斯爆炸事故的应急处理

瓦斯爆炸是在极短时间内大量瓦斯被氧化,造成热量积聚,在爆源处形成高温、高压的环境,然后急剧向外扩散,产生巨大的冲击波和声响。

(1)以抢救遇难人员为主,必须做到有巷必入,本着先活者后死者、先重伤后轻伤、先易后难的原则进行。

(2)在进入灾区侦察时要带有干粉灭火器材,发现火源及时扑灭。确认灾区没有火源不会引起再次爆炸时,即可对灾区巷道进行通风。应尽快恢复原有的通风系统,加大风量排除瓦斯爆炸后产生的烟雾和有毒有害气体。迅速排除这些气体,既有利于抢救遇难人员,减轻遇难人员的中毒程度,又可以消除对井下其他人员的威胁。因此,在灭火抢救遇难人员的同时,对灾区巷道恢复通风,排除有毒有害气体是一项十分重要的工作。

(3)清除巷道堵塞物,以便于救人。

(4)寻找火源,扑灭爆炸引起的火灾。

(5)做好灾区侦察、寻找爆炸点、灾区封闭等工作。

救护队在处理瓦斯爆炸事故时应注意的问题:①问清事故性质、原因、发生地点及出现的其他情况;②切断通往灾区的电源;③进入灾区时须首先认真检查各种气体成分,待不再有爆炸危险时再进入灾区作业;④侦察时发现明火或其他可燃物引燃时,应千方百计立即扑灭,以防二次爆炸;⑤有明火存在时,救护队员的行动要轻,以免扬起煤尘,发生煤尘爆炸;⑥救护队员穿过支架破坏地区或冒落堵塞地区时应架设临时支护,以保证队员在这些地点的往返安全。

3. 煤尘爆炸事故的应急处理

煤炭粉末悬浮于空气中遇高温迅速被干馏而产生可燃气体,这些气体与空气混合而燃烧并放出大量热量,传给附近悬浮的煤尘使燃烧循环下去以致形成爆炸。由于上述反应以极快速度进行,所以巷道内具有极高的温度(2300~2500℃)和很高的压力(几个大气压到几十个大气压)。

发生煤尘爆炸事故时,首先由发现人利用附近电话汇报上级,说明灾害地点、性质、范围及波及面,同时设法通知灾区回风侧人员,由基层干部带领,按规定的避灾路线退到新鲜风流地点待命或撤出矿井,此时所有人员都应戴上自救器。如果估计自救器的有效使用时间内撤不出灾区时,应利用现场一切可用的材料构筑临时避难硐室,等待救护队抢救。为了避免冲击波的伤害,发生事故时要背向冲击波方向,用湿毛巾保护面部和口鼻,躺在水沟的一侧。矿山调度室接到事故报告后应按应急计划通知有关领导及矿山救护队,立即组织抢救。

应急指挥部应迅速查清灾害地点、性质、遇难人数、位置、通风设施的破坏程度等并制定出救灾实施方案,保持与救护队不间断的联系。救护队长应根据救灾方案安排行动计划。指挥部还应及时命令后勤部门准备救灾物资和设备,做好下井人数的统计工作,组织好医务、家属及治安。

灾区救护人员应注意的是,集中力量抢救遇难人员,应多带自救器或备用呼吸器以保证遇难者安全脱险;立即切断灾区电源,注意停电操作应由灾区以外配电点进行,以防断电火花引爆煤尘或瓦斯,对灾区进行全面侦察,发现火源立即扑灭,防止二次爆炸;恢复通风,清除堵塞物,迅速排除有害气体。

4. 井下火灾事故的应急处理

根据热源不同,矿内火灾可分为两大类:一是外因火灾,是由外来热源引起的;另一类是内因火灾,是矿物等可燃物本身受到某些化学作用或物理作用引起的。处理井下火灾的技术要点如下。

(1)通风方法的正确与否对灭火工作的效果起着决定性的作用。火灾时常用的通风方法有正常通风、增减风量、反风、风流短路、隔绝风流、停止风机运转等。不论何种通风方法,都必须满足:①不使瓦斯聚积,矿尘飞扬,造成爆炸;②不危及井下人员的安全;③不使火源蔓延到瓦斯聚积的地域,也不使超限的瓦斯通过火源;④阻止火灾扩大,压制火势,创造有助于接近火源的条件;⑤防止再生火源的发生和火烟的逆退;⑥防止火风压的形成,造成风流逆转。

(2)为接近火源,救人灭火,应及时把弥漫井巷的火烟排除。

(3)扑灭井下火灾的方法有直接灭火法(用水灭火、惰气灭火、泡沫灭火等)、隔绝灭火法(封闭火区)、综合灭火法(注泥、注砂灭火,均压灭火,分段启封直接灭火等)。用水灭火最方便有效,要求有充足的水量,保证不间断供给;有正常的通风,使火烟和水汽顺利排出;灭火时应由火源边缘逐渐向中心喷射,以防产生大量水蒸气而爆炸;要经常检查火区附近的瓦斯浓度,防止引发爆炸。

5. 井下水灾事故的应急处理

当矿井水的水量超过矿井排水能力或发生井下突然涌水时,会造成水灾,轻者局部巷道被淹,重者全井充水,矿毁人亡。矿井发生水灾后,常常有人被困在井下等待救助,这是救护工作的重点对象。

(1)井下水灾应急处理的一般原则是:①必须了解突水的地点、性质,估计突出水量、静止水位、突水后涌水量、影响范围、补给水源及有影响的地面水体。②掌握灾区范围、事故前人员分布,矿井中有生存条件的地点,进入该地点的可能通道,以便迅速组织抢救。③按积水量、涌水量组织强排水,同时堵塞地面补给水源。④加强排水和抢救中的通风,切断灾区电源,防止将空区积聚的瓦斯引爆或突然涌出。⑤排水后侦察、抢险中,要防止冒顶、掉底和二次突水。⑥搬运和抢救遇难者,要防止突然改变伤员已适应的环境和生存条件,造成不应有的伤亡。

(2)抢救长期被困在井下的遇难人员时应注意:①发现遇难人员时,严禁用头灯光束直射其眼睛,以免在强光刺射下瞳孔急剧收缩,造成眼目失明。正确的方法是用衣片等罩住头灯,使光线减弱,或蒙住遇难人员眼睛,待瞳孔逐渐收缩直至恢复正常时,才可以见到强光。②发现遇难人员时,不可立即抬运出井,应注意保护体温。应在井下安全地点进行初步处置(如包扎、输液、注射等)并待其情绪稳定以后,再送到医院进行特别护理。在治疗初期,避免亲友探视,以防过度兴奋影响遇难人员的健康或造成死亡。③遇难人员长期不进食,消化系统功能极度减弱又急需补充营养,应以少量多餐的方法,以稀软、高营养、高蛋白的食物为宜。

6. 矿井灾害预防措施

1)瓦斯防治

瓦斯防治措施如下:①各采掘工作面采用分区通风,机电硐室采用独立通风,并保证井下所有用风地点获得足够风量,避免瓦斯聚集。②按实际供风量核定矿井产量。③在进风井、回风井之间和主要进风巷、回风巷之间的联络巷,砌筑永久性风墙或设置2道双向风门;回风井井口设置防爆门。④配备瓦斯检定器和自动检测报警仪,建立并严格执行瓦斯检测和管理制度;配备1套KJ-101N监测监控系统。⑤按规定供电和配备防爆电气设备。⑥井下人员配备自救器。⑦不用的巷道及报废的采区及时封闭。

2)防尘

防尘预防措施如下:①建立完善的防尘洒水系统。②掘进工作面和采煤工作面采用湿式凿眼,水炮泥封孔。③回采工作面回风巷设置风流净化水幕。④合理分配各用风地点风量,防止煤尘飞扬。⑤配备一定数量的粉尘检测仪器。⑥在规定地点设置隔爆水棚。

3)防火

防火预防措施如下:①井下设置消防管路系统。②井上设消防材料库,按规定设置防火门或防火栅栏两用门。③合理留设煤柱,提高工作面采出率,减少采空区遗留碎煤;及时封闭采空区,减少漏风,防止煤层自燃。④配备防火安全检测仪表和火灾报警仪。

4)防水

防水预防措施如下:①断层、采空区、相邻采区、相邻矿井间要按规定留设保安煤柱。②严禁开采煤层露头的防水煤柱。③因开采产生的地面裂缝和塌陷地点必须填塞,填塞工作必须有安全措施,防止人员陷入塌陷坑内。④在降雨后,发现有裂缝、采空区陷落和岩溶塌陷等现象,必须及时处理。⑤配备探水钻,在掘进和回采生产中坚持"预测预报,有疑必探,先探后掘,先治后采"的原则,消除隐患。

5)防顶板事故

防顶板事故预防措施如下:①加强工作面作业管理,严格按规程作业,杜绝人为事故。②采掘工作面要采取敲帮问顶制度,及时处理活渣活煤,防止煤体突然冒落伤人。③回采工作面支护设备要有足够的支撑力,发现有损坏及时更换。采煤工作面放顶时应指派有经验的工人专门观察顶板。回采工作面初次放顶,要制定专门措施,防止推垮型冒顶事故的发生。④配备动态矿压仪,以加强对顶板压力及变形的观测,为矿井的安全生产提供可靠的数据,及时采取相应措施,预防顶板事故。

三、安全组织保障

煤矿组织管理机制:基本形成各级安全生产监管机构、煤矿安全监察机构分级管理、各负其责、共同参与的安全生产教育培训工作管理体制。国家煤矿安全监察局指导全国安全培训工作,依法对全国的安全培训工作实施监督管理,具体负责安全监管监察人员、煤矿等高危行业主要负责人、安全生产管理人员、特种作业人员(后三者简称"三项岗位人员")的安全生产教育培训大纲和考核标准的制定,省级以上安全监管人员、各级煤矿安全监察人员和中央企业总部主要负责人、安全生产管理人员的培训考核发证,以及一、二级安全培训机构资质的审批工作。

国家煤矿安全监察局指导、监督和检查全国煤矿安全培训工作;国家安全生产应急救援指挥中心指导、监督和检查全国应急救援安全培训工作。省级安全监管部门指导、监督和检查所辖区域内的安全培训工作,具体负责非高危行业安全培训大纲的制定,市级及以下安全监管人员和省属企业、所辖区域内中央企业分公司"三项岗位人员"的培训考核发证,以及三、四级安全生产教育机构资质的审批工作;省级煤矿安全监察机构指导、监督和检查所辖区域内的煤矿安全培训工作,具体负责煤矿"三项岗位人员"的培训考核发证,以及三、四级煤矿安全培训机构资质的审批工作。市、县级安全监管部门组织、指导和监督本行政区域内除中央企业、省属生产经营单位以外的其他生产经营单位的主要负责人和安全生产管理人员的培训考核发证工作。生产经营单位负责组织实施本单位的安全生产教育培训工作。

四、安全教育培训

金属、非金属矿山安全生产管理人员必须按照要求接受安全生产培训,具备与所从事的生产经营活动相适应的安全生产知识和安全生产管理能力。金属、非金属矿山安全生产管理人员的安全生产培训应按照小型露天采石场、露天矿山、地下矿山3类分别进行。培训应当按照有关安全生产培训的规定组织进行。

培训工作应坚持理论与实际相结合,采用多种有效的培训方式,加强案例教学,适当安排现场教学;注重对安全生产管理人员职业道德、安全法律意识、安全技术理论和安全生产管理能力的综合培养。培训主要内容包括矿山安全生产法律法规与安全生产管理、现代安全管理理论与技术、矿山开采安全技术,主要培训内容如下:

(1)安全生产法律法规规定的安全生产管理制度。包括安全生产责任制和安全生产责任体系、安全检查制度、安全教育培训制度、职业安全卫生措施计划制度、重大危险源监控与重大隐患整改制度、伤亡事故管理制度、职业危害预防制度、安全生产许可制度、职业安全卫生"三同时"管理制度、安全生产风险抵押金制度、安全评价制度、工伤保险制度、劳动防护用品发放和使用制度、设备安全管理制度、安全生产档案管理制度和安全生产奖惩制度。

(2)现代安全管理理论与技术。包括安全目标管理、危险因素辨识和安全评价方法、职业健康安全管理体系、企业安全文化建设、安全生产标准化等。

(3)矿山开采安全技术。包括矿山地质安全、矿山爆破安全、矿山机电安全、露天开采安全和地下开采安全。

安全教育是矿山安全管理的重要内容,也是保证安全生产的重要手段。安全教育能提高各级领导和广大矿工对安全生产方针的认识,增强对矿山安全生产的责任感,提高贯彻执行矿山安全法规和各项安全规章制度的自觉性;能使广大矿工掌握矿山安全生产的科学知识,提高安全操作的技能,为矿山安全创造条件。

认识了解矿山安全教育应注意:①安全教育的方法要因地制宜、灵活多样;②安全教育既要讲实效,又要有新意;③安全教育要针对对象选择学习内容;④发现事故苗头或违章作业要及时进行安全教育和制止;⑤安全教育要常抓不懈;⑥安全教育要形式多样,寓教于乐;⑦做安全思想工作要以理服人。科学技术手段的作用是提高人类对矿山灾害事故的认识水平,力求对矿山灾害事故成因的全面了解和对矿山灾害事故的根本防治。

五、矿山安全避险六大系统介绍

我国在全国煤矿建立完善监测监控、人员定位、通信联络、紧急避险、压风自救和供水施救等井下安全避险六大系统,简称为矿山六大系统。

1. 监测监控系统

1) 定义

该系统由主机、传输接口、传输线缆、分站、传感器等设备及管理软件组成，具有信息采集、传输、存储、处理、显示、打印和声光报警功能，用于监测金属、非金属地下矿山有毒有害气体浓度，以及风速、风压、温度、烟雾、通风机开停状态、地压等。

2) 系统介绍

系统主机必须双机备份，备用机能在5分钟内启动。主机和显示终端必须设在调度室，符合国家《煤矿监测监控系统及检测仪器使用管理规范》。机房及监控系统地面设备检查：从系统内选择一个重点采煤工作面，找出工作面上隅角甲烷传感器及其控制的断电控制器和相应的馈电设备，通过上隅角甲烷传感器每次调校时的甲烷超限断电情况，检查当甲烷超限时上隅角甲烷传感器控制的断电器的执行情况和相应馈电传感器反馈状态，另外，可通过曲线图的变化反映出断电与馈电的稳定性。

在具有说明巷道、设备布置等的背景图上，将实时监测到的开关量状态用相应的图样在相应的位置模拟显示，将实时监测到的模拟量数值在相应位置显示，同时用红色等标注报警、断电及馈电异常，点击设备模拟图或模拟量显示值可以弹出相关信息的选择菜单，供进一步查询采煤工作面。采用串联通风时，被串工作面的进风巷必须设置甲烷传感器。

2. 人员定位系统

1) 定义

该系统由主机、传输接口、分站（读卡器）、识别卡、传输线缆等设备及管理软件组成。

2) 系统介绍

煤矿井下人员定位系统又称煤矿井下人员位置监测系统和煤矿井下作业人员管理系统。煤矿建立人员定位系统要符合《煤矿井下作业人员使用管理与规范》的要求，煤矿井下人员位置监测系统具有对人员位置、携卡人员出入井时刻、重点区域出入时刻、限制区域出入时刻、工作时间、井下和重点区域人员数量、井下人员活动路线等信息进行监测、显示、打印、存储、查询、异常报警、路径跟踪、管理等功能。

煤矿井下人员位置监测系统在遏制超定员生产、事故应急救援、领导下井带班管理、特种作业人员管理、井下作业人员考勤等方面发挥着重要作用。

煤矿井下人员位置监测系统一般由识别卡、位置监测分站、电源箱（可与分站一体化）、传输接口、主机（含显示器）、系统软件、服务器、打印机、大屏幕、UPS电源、远程终端、网络接口、电缆和接线盒等组成。

3. 通信联络系统

1) 定义

通信联络系统：在生产、调度、管理、救援等各环节中，通过发送和接收通信信号实现通信及联络的系统,包括有线通信联络系统和无线通信联络系统。

2)系统介绍

系统的有线通信距离应不小于10km,无线通信距离应不小于100m。系统的信号装置数量、终端设备数量、信号装置或系统内终端设备并发数量由相关标准规定。系统的终端设备的输出功率和信号设备的输出功率由相关标准规定。系统中无线设备的工作频率由相关标准规定。电网停电后,系统中设备的备用电源连续工作时间应不小于2h。

4. 紧急避险系统

1)定义

紧急避险系统:在矿山井下发生灾变时,为避灾人员安全避险提供生命保障,由避灾路线与紧急避险设施、设备和措施组成的有机整体。

紧急避险设施:在矿山井下发生灾变时,为避灾人员安全避险提供生命保障的密闭空间,具有安全防护、氧气供给、有毒有害气体处理、通信、照明等基本功能,主要包括避灾硐室和救生舱。

2)系统介绍

矿井应根据井下作业人员和巷道断面等情况,结合矿井避灾路线,合理选择和布置避难硐室或移动式救生舱。所有矿井在各水平井底车场设置固定式避难硐室。有突出煤层的采区应设置采区避难硐室,设置位置应当根据实际情况确定,但必须设置在防逆流风门外的进风流中。煤与瓦斯突出矿井以外的其他矿井,从采掘工作面步行,凡在自救器所能提供的额定防护时间内不能安全撤到地面的,必须在距离采掘工作面1000m范围内建设避难硐室或救生舱。

突出煤层的掘进巷道长度及采煤工作面走向长度超过500m时,必须在距离工作面500m范围内建设避难硐室或设置救生舱。井下避难硐室应具备安全防护、氧气供给、有害气体处理、温湿度控制、避难硐室内外环境参数监测、通信、照明及指示、基本生存保障等功能,保证在无任何外部支持的情况下维持避难硐室内额定避险人员生存96h以上等。

5. 压风自救系统

1)定义

压风自救系统:在矿山发生灾变时,为井下提供新鲜风流的系统,包括空气压缩机、送气管路、三通及阀门、油水分离器、压风自救装置等。

压风自救装置:安装在压风管道上,通过防护袋或面罩向使用人员提供新鲜空气的装置,具有减压、节流、消噪声、过滤、开关等功能。

2)系统介绍

压风自救系统的防护袋、送气管的材料应符合《煤矿井下用聚合物制品阻燃抗静电性通用试验方法和判定规则》(MT 113)的规定;压风自救装置配有面罩时,面罩用材料应符合《呼吸防护用品——自吸过滤式防颗粒物呼吸器》(GB 2626)的规定;压风自救装置应具有减压、节流、消噪声、过滤和开关等功能；压风自救装置的外表面应光滑、无毛刺，表面涂层、镀层应均匀、牢固；压风自救系统零件、部件的连接应牢固、可靠，不得存在无风、漏风或自救袋破损长度超过 5mm 的现象；压风自救装置的操作应简单、快捷、可靠；避灾人员在使用压风自救装置时，应感到舒适、无刺痛和压迫感等。

6. 供水施救系统

1）定义

供水施救系统：在矿山发生灾变时，为井下提供生活饮用水的系统，包括水源、过滤装置、供水管路、三通及阀门等。

生产供水系统：在矿山正常生产时，为井下作业地点提供生产用水的系统，包括水源、供水管路、三通及阀门等。

2）系统介绍

系统应符合《煤矿安全规程》等标准的有关规定，系统中的设备应符合有关标准及各自企业产品标准的规定。

自制件经检验合格，外协件、外购件具有合格证或经检验合格方可用于装配；装置的水管、三通及阀门、仪表等设备的材料应符合《防爆国家标准》(GB 3836)等相关规定；装置的水管、三通及阀门、仪表等设备材料的耐压强度不小于工作压力的 1.5 倍；装置零件、部件的连接应牢固、可靠；装置的操作应简单、快捷、可靠；装置的外表面涂层、镀层应均匀、牢固；装置应具有减压、过滤、三通阀门等功能；饮用水质应符合《饮用净水水质标准》(CJ 94—2005)的规定；供水水源应需要至少 2 处以确保在灾变情况下正常供水；供水施救。供水应保持 24h 有水；避灾人员在使用装置时，应保障阀门开关灵活、流水畅通。

第二节　地铁建设施工与运营类企业

一、安全管理概述

在地铁公共安全管理过程中，其管理方式大致可归纳为技防、人防和物防。技防手段包括视频监控系统、火灾报警系统、安检设备、气体灭火系统等；人防手段指的是轨道交通站点安检人员、值班运营人员、基地保安队员、公安民警等；物防手段包括引导设施、隔离设施、通风设施、防台防汛设施等。通过对上述三种手段的系统性整合，实现有效应对各类公共安全事件。

1. 各地区地铁的安全管理

北京地铁在长期的安全管理过程中逐渐形成了一套"治、控、救"相结合的安全控制体系。"治"是加强安全基础建设,治理或消除隐患;"控"是深化科学管理,严密监控系统各安全要素的变化及可能发生的隐患;"救"即提升抢险救援能力,筑起最后一道安全防线。为防止跳轨或意外坠落造成的悲剧,北京地铁在重要站点安装了红外线感应器,当系统感应到有异物坠落,列车即进入制动状态。此外,北京全线运营车站均已安装电视监视系统,可有效监控各种情况,第一时间采取应对措施。北京、上海等地的地铁隧道里都建立专用的排烟设备,能够在短时间内排除有害气体,并且还安装两套具有自动防火功能的系统:一套是具有两级自动监控系统,分别设立在车站和中央掌控区;另一套是智能喷淋灭火系统,具有水喷淋和气体灭火两种方式,能够有效地控制火势并将损失降至最低。

天津地铁根据鞍钢的"0123"安全管理模式,制定出符合自身实际的"0123"安全管理目标:人员伤亡为0(包括员工和乘客)、1个标准(安全标准化班组建设)、2个百分之百(制度百分之百执行、作业百分之百登记)、3个杜绝(杜绝重大行车事故、杜绝非不可抗拒重大火灾事故、杜绝非不可抗拒的爆炸事故)。

广州地铁的安全管理理念可归纳为:树立大安全观念,做到全员安全管理,应用新技术、新设备,提高运营系统可靠性和安全性,努力实现"安全型社会"。广州地铁提出了"5分钟紧急应对"的思路,即地铁职工在各类外部支援力量尚未到达时,要结合自身职责处置现场情况,力争将灾害后果控制在萌芽状态或最小范围。广州地铁以"看得见、联得上、叫得应、用得着"为目标建立起安全预警与应急平台,以轨道交通建设和运营业务为对象,以安全应急的事前应急值守及风险监控、事中应急指挥、事后总结评估的全过程管理为主线,以在线监测与人工监测相结合的全方位预警为手段,以信息技术作支撑,为各级管理人员提供日常安全管理及应急处置决策支持的信息系统。该平台具备日常管理、风险监控、预警预测、综合判断、辅助决策、应急联动与总结评估等多方面功能。

近年来,广州地铁运营公司坚持以安全运营为中心,狠抓运营质量,初步形成了较为完善的安全保障体系和安全管理网络,在员工中进一步强调了"安全乃企业立身之本"的观念,在运营安全管理上强化各项措施:健全安全责任体系,落实安全生产责任制;不断完善安全制度,细化各类应急预案;加大安全整改力度,提高安全管理水平;加强安全检查、考核,及时消除安全隐患;强化员工安全培训,积极开展预案演练;加强运营设施保障,确保运行状态良好;合理调整运营组织,确保运营安全有序;构建抢险救援中心,增强安全督查力量;加大运营安全投入,强化安全技术保障。

2. 地铁运营安全管理的措施

1)建立与完善安全规章

作为推动运营安全工作的重要保障,需对安全规章制度加以完善。作为管理工作的前提条件,规章制度建立的科学性、全面性、有效性是安全生产有章可循的保证。地铁运营通车前,应做好安全规章制度的建立,通过规章制度对员工工作行为加以约束,指导员工安全生产。在符合安全法规的前提下,需进行各类安全制度的制订与实施,如《安全生产管理办法》《安全奖惩办法》等。

2) 建立三级安全网络

地铁运营管理中,应始终坚持"安全第一、预防为主"原则,对《中华人民共和国安全生产法》全面贯彻,以此对安全管理的制度化、规范化与科学化加以强化。落实安全责任,将安全管理网络作用充分发挥出来,形成完善的网络化安全监督管理体系,由上到下逐层提升工作人员的安全意识,并将员工考核内容纳入安全生产目标,形成良好的安全管理氛围。

3) 建立安全检查制度

作为提升地铁运营安全工作的重要内容,必须建立安全检查制度。按周、旬、月、季、年等定期对地铁安全管理现状加以全面监督检查,并有效结合检查和专项抽查工作,以自查自纠为主实施安全检查,并做好落实工作,如落实任务、人员、经费、质量及时间,根据规定时间完成整改规划。作为一种动态管理,安全管理具有发展、变化的特性,为与管理活动相适应,必须对控制办法进行总结,只有这样才能提高安全管理水平。

4) 提升人员安全素质

实施安全技术措施,必将对劳动条件加以改善,必将对施工人员积极性加以调动,进而达到提高工程经济效益的目的。在安全管理中,应重视工作人员素质培训工作,根据企业安全管理制度相关规章及自身管理能力,进行安全管理人员的合理配置,确保其配置数量的合理性及业务素质符合安全管理需求,加大培训力度,全面提升员工的整体素质。

3. 地铁施工安全管理

1) 施工人员安全管理

对施工人员管理的重点是如何控制人的不安全行为和使人的安全行为习惯化,具体措施有:对人员进行安全教育培训,提高人的安全素质;根据岗位需求,选择合适人员,提高人与工种(尤其是特种作业)的匹配程度;采取激励手段,使人自觉遵守安全行为规范;建立岗位操作标准,提高人员的操作安全水平;经常进行现场检查,及时纠正人的不安全行为。特种作业人员管理是施工人员安全管理的重点。地铁工程特种作业人员主要包括电工、金属焊工、起重机械安装拆卸工、起重机械司机、起重信号司索工、场内机动车辆驾驶员、登高架设作业人员(架子工)和爆破作业人员,以及经省级以上人民政府建设主管部门认可的其他特种作业人员(如广东省将建筑桩机工、门式起重机司机和安装拆卸工列为建筑特种作业工种)。

2) 现场设备设施管理

现场设备设施包括临时建筑(办公设施与生活设施、仓库、加工车间、变电站等)、运输道路、围墙、给水排水设备、动力与照明等管线,材料、构件、施工机械设备、工器具、安全防护设施、消防安全设施等。设备安全管理包括设备设施的选购(租赁)、安装、调试、运行、检修等过程的安全管理,安全防护设施配置及使用过程的安全检查,重点是使设备设施没有或降低、消除各种危险有害因素。施工单位应认真做好机械设备、材料、构件的进场验收。

《特种设备安全监察条例》《建设工程安全生产管理条例》和《建筑起重机械安全监督管理规定》对特种设备的设计、制造、购买(租赁)、安装、附着、顶升、验收、检验使用、维修保养、备案、安装告知和使用登记等做出了明确规定,明确了建筑起重机械出租单位、安装单位、使用单位和施工总承包单位的安全管理责任。

防护栏杆和安全防护网是地铁工程施工防高处坠落的重要安全防护设施,必须严格按照《建筑施工高处作业安全技术规范》和《安全网》选择栏杆、安全网的材质、规格和大小。施工单位正确选用、配备劳动防护用品和从业人员正确佩戴、使用劳动防护用品是保障从业人员安全健康的重要措施,是一项法定职责。《个体防护装备选用规范》《劳动防护用品配备标准》规定了典型工种的劳动防护用品的配备标准、选用依据。地铁工程施工作业的劳动防护用品主要有安全带、安全帽、防毒防尘面具、(绝缘)手套、(绝缘)鞋、工作服等。施工单位应建立健全劳动防护用品的购买、验收、保管、发放、使用、更换、报废等管理制度和使用档案,购买、发放具有生产许可证、产品合格证和安全标志"LA"的劳动防护用品,监督、教育从业人员按照使用规则佩戴和使用,按照说明书的要求及时更换、报废过期的和失效的劳动防护用品。

3)现场施工环境管理

现场施工环境包括工程与水文地质条件、工程周边环境、自然与气象环境,以及通常意义的施工作业环境。地铁工程施工风险高的客观原因主要是地质条件的复杂性与变异性、工程周边环境的复杂性与不确定性,以及施工易受自然灾害影响。因此,必须高度重视施工环境管理。施工环境管理的重点是熟悉岩土工程勘察报告和工程周边环境调查报告,认真消化报告的"结论与建议",重点关注不良地质及特殊岩土、地层情况、参数及其工程特点,地下水位及类型、隧道和车站邻近建筑物、既有地铁运营线、沿线地下管线等。

此外,在施工前应进行必要的地质调查和工程周边环境核查,在施工过程中做好超前地质预报。要根据地质条件和工程周边环境条件,选择对工程本身和对工程周边环境风险最小的施工工法和技术。同时,要做好办公、生活场所的选址,注意防范大风、强降水及大雪、冰冻等恶劣天气可能造成的场地内涝、局地山洪、泥石流和山体滑坡等地质灾害,做好围墙、临时建筑的防风加固;要实施施工现场环境布设、安全标志布设、安全防护设施的标准化,开展安全定制管理(如"6S"管理),保证现场照明充足,热湿、粉尘、毒气、辐射控制在允许浓度以下。

4)施工过程管理

地质条件的复杂性与变异性、工程周边环境的复杂性与不确定性,以及施工技术、工法和机械设备、作业的多样性与适用性,决定了工程项目过程安全管理的重要性。施工过程安全管理的重点是工程监控量测管理,施工组织设计中安全技术措施和危险性较大分部分项工程专项施工方案落实的监督检查,作业标准化程序、作业指导书的符合性的监督检查,人的行为的监督检查,也包括施工过程中地质条件、工程周边环境和自然、气象条件变异性的管理,做好超前预测、预警、预报和预控。

5)应急管理

当地铁工程事故征兆出现或事故不可避免地发生时,采取有效的应急措施可以中断事故的发展,控制事故的扩大,减少事故损失,因此,应加强应急管理。应急管理包括事故的预防与应急准备、监测与预警、应急处置与救援、事后恢复与重建等活动。施工单位应急管理的重点是"一案三制"的建立和落实。"一案"指应急预案,"三制"指应急管理体制、机制和法制(管理规章制度)。具体工作包括:根据建设工程施工的特点、范围,对施工现场易发生重大事故的部位、环节进行监控,制定并实施施工现场生产安全事故应急救援预案;建立应急救援组织或者配备应急救援人员,配备必要的应急救援物资、器材与设备,并定期组织演练;当事故发生时,及时启动应急预案,实施应急处置。

6)事后管理

事后管理包括事故管理和保险理赔。事故管理主要是事故调查、分析、处理,事故的统计分析与报表;保险理赔包括工伤保险理赔、人身意外伤害保险(专为危险性较大的作业人员、应急抢险人员购买)理赔和工程保险理赔等。工伤保险理赔管理工作包括工伤认定、劳动能力的鉴定、评残、补偿金的申请办理等,工程保险理赔管理工作包括事故原因分析、损失确认和补偿申请等。

二、事故处理与控制

城市轨道交通公共安全与运营安全相互影响。地铁范围发生公共安全事件会直接破坏正常运营,酿成线路延时、停运、旅客滞留等事故,更严重的造成局部甚至全网停运。如果不能够及时解决或者处理不当,可能造成人员滞留拥堵、踩踏等公共安全事故。

1. 火灾事故

由于地铁自身环境原因,在地铁中所产生的火灾引起的损坏及伤亡十分严重。

2. 大客流拥堵

众多原因会造成地铁车站人员迅速增加,极易造成群体性伤亡事件发生。客流量激增,将造成运能和运量矛盾急剧增大,容易造成拥堵情况的延续和放大,因局部秩序混乱导致大面积影响,引发群死群伤骚乱事件。

3. 阻碍运营事件

乘客干扰、设备故障或其他群体性行为都可能妨碍地铁安全运行。有些乘客违规进入轨道、穿越轨道等导致列车停运,因利益分配不均或其他因素产生的社会内部矛盾、精神不稳定者的异常举动、对自身感到绝望的人群等都有可能带来该类事件。

4. 有毒、有害物质侵害

地下车站空间狭小,相对封闭,空气不易流通,有毒、有害物质进入以后难以控制,其伤害范围容易扩大。

5. 自然灾害和其他意外因素的侵害

自然因素和其他意外因素也是对交通的公共安全构成威胁的主要因素。如大风对高架线路的影响，吹倒的树枝、电线杆、高空坠物等都会威胁地铁安全运营。

6. 暴力恐怖袭击

暴力恐怖袭击威胁着城市轨道交通列车、行车区间、车站、控制中心等关键部位。近几年，全世界的城市轨道交通爆发了数十次恐怖袭击事件，造成很多人员伤亡和财产的损失。事故处理如下：

(1)凡在运行线和车场线范围内由于地铁自身原因造成乘客伤亡、车辆与设备损坏、中断行车或危及运营安全的情况，均构成运营事故。但在地铁对外营业区域范围内，由于乘客自身原因或发生治安案情造成的伤亡或不良后果，均不列入地铁运营事故统计范围。

(2)发生影响运营的故障或事故时，要严格按照报告程序立即上报。对于隐瞒不报或不如实反映情况的单位和个人给予严肃处理。事故发生后的责任单位应积极认真组织开展事故调查分析，研究制定防范措施，尽快将事故调查报告和分析处理结果上报地铁公司安全监察室。

(3)地铁公司各级领导及全体职工要严格贯彻执行"依法执政、依法管理、依法从业"的原则。对于因违反或未贯彻落实国家安全生产法律法规，或因单位内部管理缺陷、失效而造成威胁安全运营生产的问题，视情节作为事故或隐患来进行论处。

(4)良好的车辆、设备是保证安全运营的物质基础，因车辆、设备漏检、漏修、维修不到位而造成威胁安全运营的严重质量问题，按事故论处。

(5)地铁系统内任何单位和个人，在"高度集中、统一指挥"的原则下，均有尽快处理故障或事故的责任和义务。发生各类故障或事故时，有关单位和人员应相互配合、积极处理、迅速抢救，尽量减少损失和影响，尽快恢复正常运营。对因失职或推诿而贻误时机造成后果的人员，要追究其责任。

(6)对事故要认真调查分析，找出原因，分清责任，汲取教训，制定对策，以防止同类事故的再次发生。

(7)对事故要定性准确，对事故责任者以责论处。根据事故性质、情节，给予批评教育、经济处罚、行政处分，直至追究法律责任。

(8)地铁公司运营事故调查处理的裁定工作由安全监察室负责。各单位安全机构是其所辖区域运营事故、隐患问题调查处理的上级管理部门。

(9)运营公司安全监察室依据本规则组织相关部室对所辖区域发生的运营重大事故、大事故和涉及有两个及以上单位责任的险性事故、一般事故、隐患的问题，进行调查与分析，并向运营公司安全生产委员会提出事故定性、定责及事故处理建议。

三、安全组织保障

施工安全的组织保障由负责施工安全工作的组织系统构成,包括机构设置、人员配备和工作机制(系统)。施工总包(分包)单位的安全生产工作最高决策机构、专职管理机构(安全职能部门),单位和项目的主要负责人、专职安全管理人员,以及工地负责人、施工队长、班组长和班组安全员,形成一个施工安全管理工作的组织系统,即施工安全的组织保障体系。

1. 施工安全工作最高决策机构(决策层)

对于施工单位,施工安全工作最高决策机构为单位主要负责人(负有生产经营决策权、指挥权的领导人员)或安全生产委员会;对于工程项目,施工安全工作最高决策机构为项目负责人或安全生产领导小组。单位主要负责人(项目负责人)一般应为这个委员会(领导小组)的主任(组长),其他成员一般应包括主管生产、安全、技术等部门和工会的负责人,当有上级派驻企业的安全生产监督人员或设置企业(项目)安全总监时,他们也应进入安全生产的最高决策机构。需要指出的是,即使单位主要负责人(项目负责人)不担任安全生产委员会(领导小组)的主任(组长),也应当依法对本单位(项目)的安全生产工全面负责。

2. 安全生产管理机构和安全管理人员(监督层)

施工单位应当设立安全生产管理机构,配备专职安全管理人员,并按照住房和城乡建设部《建筑施工企业安全生产管理机构设置及专职安全生产管理人员配备管理办法》向项目部委派足够的专职安全管理人员。安全生产管理机构是负责安全生产监督、指导、协调工作的综合部门,专职安全管理人员负责对安全生产进行现场监督检查。项目部的安全总监和其他专职安全管理人员应由施工单位任命。

3. 施工单位和项目部的其他职能机构(管理层、支持层)

施工单位和项目部的职能机构应该在各自业务范围内,对实现施工安全的要求负责。

4. 班组长和班组安全员(操作层)

班组安全建设是搞好项目安全生产的基础和关键。各施工班组应设兼职安全员,协助班组长搞好班组安全管理。由于地铁工程施工的多样性、复杂性和地域性,施工安全管理机构的设置和职责也可能不尽相同,但无论如何,都需解决安全生产"有人管"的问题。

施工安全组织保障体系是施工安全工作的指挥和管理中枢,具有十分重要的地位。合理的安全管理组织是有效地进行安全生产指挥、监督、检查的组织保证。组织机构是否健全和组织中部门、人员的权责界定是否正确,直接关系到单位安全管理体系是否有效运行。因此,组织保障体系应满足如下要求:

(1)组织的结构合理。合理地设置横向安全管理部门,合理地划分纵向安全管理层次,

"横向到边、纵向到底",体系的岗位设置健全,无遗漏脱节情况。

(2)责任与权利明确。组织体系内各部门、各层次及各岗位都要有明确的安全责任,并由上级授予相应安全管理权利,领导层、监督层、执行层和支持层(承担安全施工措施、文件、资料编制和资源供应)安排合理、相互协调,主线明确,运作合理,无多头领导和职责交叉或职责空白等问题。专职安全管理人员的待遇宜高于同级、同职人员的待遇。

(3)人员及素质匹配。人员的安全工作素质符合要求,施工单位主要负责人、项目负责人和专职安全管理人员(简称为"三类人员")应当经过建设行政主管部门考核合格取得安全管理资格证后方可任职;安全管理人数配备合适,不低于按照住房和城乡建设部《建筑施工企业安全生产管理机构设置及专职安全生产管理人员配备管理办法》的配备标准,并且要满足工程施工安全管理需要。

(4)规章制度的保证。制定和落实各种规章制度可以保证安全组织有效运转。

(5)信息的相互沟通。组织内部要建立有效的信息沟通模式,渠道畅通,保证安全信息及时、正确地传达。

(6)组织有自适应性。组织应能适应突发事态的应对处置与外部环境变化的应对的需要。

(7)安全文化的培育。做到"以人为本",把"安全第一"的理念转化为安全行为,不仅能管好自己,而且能帮助别人和关注他人的安全规范行为,在相互提醒、相互关心、相互帮助中产生集体荣誉感。

四、安全教育培训

施工安全教育培训制度是指对从业人员进行安全教育和培训,并将这种教育和培训制度化、规范化。安全教育培训是培育员工安全意识和安全技能,防止产生不安全行为,减少人为失误,提高人的本质安全化水平,实现安全生产、文明施工的重要且有效途径。目前地铁工程施工的大多数人都是进城务工人员,其安全知识储存多少、技能与意识的高低,决定了地铁施工的安全生产水平高低。

安全教育培训制度应明确安全教育培训的对象、内容与时间等。针对决策层、管理层、安全管理人员和作业人员,其安全教育培训的内容、时间和方法、手段等应有所不同。

1. 安全教育培训类型

根据法规要求,施工单位需进行的安全教育培训类型有:①岗前"三级安全教育"。新进场的作业人员需经公司、项目和班组等三级安全教育,经考核合格,方能上岗。②岗位安全资格培训。包括施工单位主要负责人、项目负责人和安全管理人员等三类人员的安全管理资格培训和特种作业人员的操作资格培训。③年度安全教育培训。项目部作业人员每年需接受至少一次专门的安全教育培训。④变换工种、变换工地的安全培训教育。企业待岗、转岗的职工在重新上岗前需接受一次操作技能和安全操作知识的培训。⑤"四新"教育。采用新技术、新工艺、新设备、新材料时,应对作业人员进行专门的安全教育培训。⑥安全技术交底。从广义上讲,工程施工前安全技术交底也可纳入安全生产教育范畴。此外,施工单位应进行经常性的安全教育,包括现场班前安全活动、季节性与节假日前后的安全教育等;也应加强对分包单位、租赁机械操作人员的安全教育管理,必要时对第一次入场的租赁机械(特别是移动式起重机械)操作人员进行安全教育、培训和考核,让其了解现场环境,确保其"证"(特种作业人员操作资格证)符其实。

2. 安全教育培训内容

法定类型的安全教育培训主要包括安全生产思想教育、安全知识教育、安全技能教育、法制教育等方面。对施工人员的安全教育,应以项目安全生产规章制度、安全操作规程,作业场所、生活场所和工作岗位的危险有害因素、防范措施以及事故应急措施(含事故征兆识别、紧急情况下停止作业并撤离现场等),劳动防护用品正确佩戴与使用和机械设备与工具正确操作等为主。

进城务工人员业余学校的教育培训内容要按照工程进度和进城务工人员的实际需要确定,重点是安全知识、法律法规、文明礼仪、社会公德、职业道德、卫生防疫、操作技能等内容。

3. 安全教育培训方法

安全教育培训的方法有讲授法、谈话法、读书指导法、访问法、练习与复习法、研讨法和宣传娱乐法,技术手段有人-人传授、人-机演习、人-境访问、计算机多媒体教育培训等。安全教育培训需避免单纯宣读制度或规程的条文而不指出违反制度、规程可能带来的后果。实践证明,对于施工作业人员,以能引起强烈视觉冲击的事例进行安全教育是比较有效的形式,尤其是事故、险情或其他人为失误后及时的现场教育效果尤为明显,危险有害因素的现场辨识教育也是一种值得推广的形式。对于具有一定安全管理技术知识的管理人员和员工,采用研讨法,如能选好主题,注意鼓励被教育者参与和沟通,也能收到很好的效果。

4. 安全教育培训场所

工程开工后要依托施工现场设立进城务工人员业余学校。进城务工人员业余学校配置黑板、桌椅、电视机、DVD等基本教学设施和电脑、投影仪等现代化教学设施。班组教育环节和班前安全活动应以现场教育为主,告知作业场所和工作岗位的危险有害因素、防范措施以及事故应急措施。

5. 安全教育培训师资

进城务工人员业余学校的师资队伍主要由企业负责人、技术管理人员、高技能人员和社会志愿者组成。请一线作业人员、事故现场人员现身说教,会收到良好效果。

6. 安全教育培训考核

安全教育培训制度应强调教育培训效果及其评价。制度应明确规定,凡考核不合格的,不允许上岗作业。同时,应与当地建设行政主管部门的有关规定衔接。例如,有些地区规定,建筑施工作业人员需通过政府主管部门组织的培训和考试,取得"平安卡"。

教育培训效果评价包括培训效果反应评价(通过学员对教育培训的反应来评价)、学习效果评价(通过考试评估教育培训给了学员什么知识)、行为影响效果评价(通过现场行为抽样评价教育培训对学员行为的改变)和绩效影响效果评价(通过测量安全工作绩效来评价)。

第三节 石油化工类企业

一、安全管理概述

1. 我国石油化工企业的安全管理模式

模式是事物或过程系统化、规范化的体系,它能简洁、明确地反映事物或过程的规律、因素及其关系,是系统科学的重要方法。安全管理模式是反映系统化、规范化安全管理的一种体系和方式,是一个地区或单位在摸索积累安全管理经验的基础上将现代安全管理理论与安全工作实践相结合的产物,它具体体现了现代安全管理的理论和原则。安全管理模式与一个国家的国情和安全监督机制有关,各国对安全生产都非常重视,但是由于安全监督机制不同,所以安全管理的模式差异很大。

20世纪90年代以来,我国实行"国家监察、行业管理、企业负责、群众监督、劳动者遵章守纪"的安全管理体制。这5个方面有一个共同的目标,就是从不同的角度、不同的层次、不同的方面来推动"安全第一,预防为主,综合治理"方针的贯彻,协调一致搞好安全生产。

石油化工企业和我国其他大型国有企业类似,其安全管理模式仍然包括"以管理为中心"的企业安全管理模式和"以人为中心"的企业安全管理模式,具体来说,有以下3种表现形式。

1)以岗位责任制为中心的管理模式

该模式的优点是将质量、安全活动落实到个人,使企业员工承担质量、安全责任;缺点是还没有明确质量管理、安全管理在企业管理中的重要地位,企业管理的重心还是产量,从而使企业的质量目标、安全目标的实现很难得到保障。

2)以安全生产委员会为中心的管理模式

该模式有助于进一步加强安全管理在企业中的地位,有助于进一步加强安全管理的领导和组织;该模式不利的地方在于,企业的安全生产委员会属于虚拟机构,没有专门的工作人员,使得企业的安全活动缺乏日常的指导和监督。该模式运行的前提是严格的安全生产责任制和各下属单位及所有员工高度的自觉性。

3)以专门职能部门与安全生产委员会为中心的管理模式

该模式是指企业成立安全生产委员会,对企业安全工作的重大问题进行决策,对企业安全活动进行指导和监督。另外,建立专门的质量安全管理机构,在企业安全生产委员会的指导下,对企业的质量活动、安全活动进行日常管理。该模式更符合组织设计的基本原则,提高了管理专业化的程度,更有利于企业安全。

我国石油化工企业在质量、安全管理上积累了一定的经验,同时也有许多需要完善的地方,企业管理水平参差不齐。在新形势下,石油化工企业迫切需要建立更科学、更先进的安全管理模式。

2. 石油化工企业 HSE 管理体系

HSE 管理体系是指实施健康(health)、安全(safety)与环境(environment)管理的组织机构、职责、资源、程序和过程等构成的动态管理系统。HSE 管理体系由多个要素构成,相互关联、相互作用,通过实施风险管理,从而采取有效的预防、控制和应急措施,以减少可能引起的人员伤害、财产损失和环境污染。HSE 管理体系体现了当今石油化工企业在大市场环境下的规范运作,突出了以人为本、预防为主、全员参与、持续改进的科学管理思想,具有高度自我约束、自我完善、自我激励的机制,是石油化工企业实现现代化管理、走向国际市场的通行证。

目前,HSE 管理模式正在普遍推广。石油化工企业推行 HSE 体系是当前市场经济竞争形势的迫切要求。中国加入 WTO 以来,国际合作的领域与机会日益增多。一方面我们要在西部大开发、海上大开发中面对外国公司对中国石油化工企业的竞争;另一方面由于我国的石油石化产出不能满足自身经济发展的需求,石油石化缺口量较大,国家在石油化工工业规划中已经明确实施"走出去"战略,中国的石油化工企业必须到境外竞争国际市场。但是,无论是进行境外项目承包,还是在国内进行反承包,投标前都要进行资格预审,大家都要遵循同样的规则,即建立 HSE 管理体系。

世界各国石油化工公司对 HSE 管理的重视程度普遍提高,HSE 管理已成为世界性的潮流与主题,建立和持续改进 HSE 管理体系将成为国际石油化工公司 HSE 管理的大趋势。1997 年 HSE 标准正式进入我国,为了有效地推动我国石油化工企业的健康、安全和环境管理工作,使健康、安全和环境管理模式符合国际通行惯例,提高企业的健康、安全和环境管理水平,增强石油化工企业在国际上的竞争能力,国内三大石油公司——中国石油天然气集团公司(CNPC)、中国海洋石油总公司(CNOOC)和中国石油化工集团公司(SINOPEC),相继在所属企业开始了 HSE 管理体系试点和推广工作。

推行 HSE 管理体系潜藏着无限的商机和巨大的社会价值,主要表现在以下几方面:①取得了 HSE 这张石油化工行业的市场通行证,就可以促进我国石油石化企业站稳国内市场,顺利进入国际市场;②在进行了一次性较大的经济投入,使得企业的设备水平、人员素质得到较大幅度的改善后,就可以得到持续的高效回报;③改善企业形象,改善企业与当地政府和居民的关系,促进施工过程的顺利进行和施工任务的完成,也可赢得投资者的青睐;④通过经济效益的提高、企业形象的改变、环境质量的提高,实现社会效益、经济效益和环境效益相统一的可持续发展。

随着我国市场经济体制的逐步完善，越来越多的石油化工企业正在加紧导入这些先进管理模式，进一步向国际标准靠拢。

二、事故处理与控制

对于石油化工企业来说，最重要的任务是对重大危险源进行密切的监测预警，事故发生时采取快速高效的应急响应与恢复行动，为应急救援行动提供强大的资源保障。以下为事故发生后的事故处理。

（1）发生生产事故时，立即组织营救受害人员，组织撤离或者采用其他措施保护危害区域内的其他人员。因为石油化工企业发生事故时往往伤亡损失比较大，因此抢救受害人员是石油化工企业应急救援的首要任务。在应急救援行动中，快速、有序、有效地实施现场急救与安全转送伤员，是降低伤亡率、减少事故损失的关键。由于石油化工企业生产事故发生突然、扩散迅速、涉及范围广、危害大，应及时指导和组织群众采取各种措施进行自身防护，必要时迅速撤离出危险区或可能受到伤害的区域。在撤离过程中，应积极组织群众开展自救和互救工作。

（2）事故发生后，需迅速控制事态，并对事故造成的危害进行检测和监测，测定事故的危害区域、危害性质及危害程度，这就要求石油化工企业具有较强的监测预警能力。及时控制造成事故的危险源是应急救援工作的重要任务，只有及时地控制住危险源，及时有效地进行救援，才能防止事故的继续扩展。特别是位于城市或人口稠密地区的石油化工企业，应尽快组织工程抢险队与事故单位技术人员一起及时控制事故继续扩展。

（3）消除事故后果，做好现场恢复。针对事故对人体、动植物、土壤、空气等造成的现实危害和潜在危害，迅速采取封闭、隔离、洗消、监测等措施，防止对人的继续危害和对环境的污染。及时清理废墟和恢复生产设备，将事故现场恢复至相对稳定的状态。

（4）查清事故原因，评估危害程度。事故发生后应及时调查事故的发生原因和事故性质，评估出事故的危害程度和危险范围，查明人员伤亡情况，并总结救援工作中的经验和教训。

三、安全组织保障

石油化工企业的安全组织包括总经理、安全负责人、施工员、库管员等。建立以企业领导—专业管理人员—基层员工三级垂直安全管理组织支撑体系，并对每级员工有明确的分工，通过岗位分工为生产责任制打下基础。各级人员责任制度具体如下。

（1）总经理对企业的劳动保护和安全生产负总责，是企业安全生产的第一责任人，其主要职责是：①认真贯彻执行国家和政府部门制定的劳动保护和安全生产政策、法令和规章制度，完善安全生产保证体系，建立健全公司安全生产责任制，组织制定公司安全生产规章制度和操作规程。②设置公司安全机构人员以及安全生产资源的配置。③督促、检查公司的安全生产工作,及时消除生产安全事故隐患。④组织制定并实施公司的生产安全事故应急救援预案。⑤及时、如实报告安全生产事故。⑥督促项目各级领导及部门履行安全岗位职责。

(2)安全负责人的安全职责是:①协助工地负责人(项目经理)、施工员和班组长做好施工现场的安全管理工作,记录好每天的安全日志。②检查督促施工人员遵章守纪,制止任何人的违章指挥或违章作业,对制止不听的有权让其停止作业并按规定处罚。③负责检查和维护施工现场的安全防护设施,督促施工现场安全技术措施的实施,发现问题及时处理,不能处理的应报告施工负责人并督促及时采取措施消除事故隐患,督促施工人员正确使用防护用具。④发生事故及时抢救伤员,保护好现场并向施工负责人报告,参加事故的调查,做好工伤事故的统计、报告,审核职工工伤工资的发放,督促有关人员落实防止事故重复发生的措施。

(3)班组长对本班组工人在施工中的安全和健康负责,其职责是:①认真组织本班组开展各项安全活动,带头遵守安全生产规章制度。②严格执行安全技术交底及本工种安全技术操作规程,有权拒绝违章指挥。③经常向本班组工人进行安全教育,督促其严格执行各项安全生产规章制度。④做好班前班后以及生产过程中的安全检查工作,发现问题立即采取改进措施或报告施工员及时整改,并做好班前班后安全活动记录。⑤结合任务安排,认真进行安全技术交底,并根据作业环境和职工的思想、体质、技术状况合理分配任务。⑥支持安全员开展日常工作,并接受其监督。坚持每周举行一次安全日活动,每周总结一次本班组的安全工作。⑦掌握现场救护基本知识,做好现场救护工作。发生工伤事故,应立即组织抢救,并向施工员和安全员报告。

(4)各生产部是公司各项管理工作的执行层,一切以落实公司"四化管理""四不操作"等管理理念,落实"四个不干""五个不让干"、安全管理十四项行为准则安全管理要求,落实公司各项规章制度为中心。基层单位主干的职责是负责强化基础工作,强化生产受控管理,强化纪律执行,并对培训岗位人员加强职工队伍建设,提高职业素质负责。

公司对于技术人员、运行工程师、班长、副班长、岗位工人都有细致的责任划分。在每一项变更操作、检维修作业、重大工作过程中,细分每一项任务、每一项操作的安全管理职责和安全作业职责,明晰每个作业参与人员的安全责任和工作任务。体系明确要求工程技术人员要做好方案工作,确保方案规程、工艺卡片、检维修工单编制准确合规,并做到清楚交代,必要时必须人到现场或控制室指挥操作,确认交接界面。班长、运行工程师要统筹协调,确保每一步操作在严密监督下进行,切实履行确认程序。

四、安全教育培训

对新入厂的工人、大中专毕业生、复转军人、代培实习人员、临时工等来建设公司工作人员,必须进行厂(公司)级、车间级、班组级三级安全教育,学习时间应不少于72学时,并经考试合格者,方准上岗工作。

(1)厂(公司)级安全教育由公司主管经理负责,安环科会同有关部门组织实施,安全培训教育的主要内容是国家和地方有关安全生产的方针、政策、法规、标准、规范、规程和企业的安全规章制度等。培训教育的时间不得少于24学时。

(2)车间级安全教育由车间主任负责,车间安环员组织实施,安全培训教育的主要内容是工地安全制度、施工现场环境、工程施工特点及可能存在的不安全因素等。培训教育的时间不得少于24学时。经考试合格后,由车间安环员负责在三级安全教育卡片上填写后转入班组进行教育。

(3)班组级安全教育由班组长负责实施,安全培训教育内容为本班组生产作业特点,安全生产规章制度和安全操作规程及操作标准,遵章守纪文明生产教育,劳动防护用品的正确使用,本岗位发生过的事故及教训,消防知识等。培训教育时间应不少于24学时。经考试合格在三级安全教育卡片上填写后转入公司安环科存档。

(4)特种作业人员安全技术及培训、复审。根据中华人民共和国《特种作业人员安全技术考核管理规则》规定,建设公司凡从事电工、起重作业、金属焊接(气割)、压力容器操作、机动车辆等特种作业人员,必须进行安全教育和安全技术培训,除机动车辆驾驶外,以上所指特种作业人员的培训均由公司安环科负责组织进行。

(5)"转岗""复岗""四新"安全教育。非公司内部调动、从外单位调入人员,调换工种人员,必须重新进行三级安全教育,经闭卷考试合格后,填写三级安全教育卡方可上岗。由一般工种改换为特种作业的,要执行特种作业人员安全技术培训的规定。

脱岗6个月以上复工者,必须由公司、班组对其进行复工返岗安全教育,经闭卷考试合格后,方可复工上岗。

在新工艺、新技术、新设备、新产品投产使用前,要对操作人员和管理人员进行新操作方法和新岗位的安全教育。除此之外,还要建立健全安全生产规章制度与岗位安全操作规程,否则,不得投产或投入使用。

公司对临时工必须进行相应作业的安全生产教育后方可上岗。要出题进行考试,并把考试教育情况上报安环科备案。

第四节　道路桥梁施工类企业

一、安全管理概述

道路与桥梁工程施工的安全管理,其核心是结合建设施工安全方案,以及相应的法律、法规等作为准则,全面而深入地分析潜在风险与意外,进而制定相应合理的处理方案,防止意外出现。与此同时,落实好监控检测工作,确保工程实施有序运行,降低和预防风险。另外,还要结合具体的施工情况,制定出相应合理的安全管理方案,在保证施工进度的基础上提高安全管理水平。加强对具体施工过程中所涉及工作者、所用物资与器材设备等的安全管理,并做好安全检测工作,避免意外出现,最终建设出安全级别足够高的高质量工程,保证相关人员的人身安全。

从当前城市化进程中道路桥梁施工安全问题来看,主要存在以下几个方面的安全问题:①道路桥梁裂缝问题。这是道路桥梁施工中的一种很常见的问题,并且关系重大。因其不仅仅会影响到整个结构的美观,而且削弱了桥梁结构从而影响到桥梁的正常使用,会导致道路桥梁施工安全事故的发生。②道路桥梁钢筋腐蚀问题,缩短了道路桥梁的使用寿命。这是因为架构桥梁的钢筋是支撑桥梁的基础支柱,当钢筋产生腐蚀生锈以后,将会严重地影响道路桥梁的使用寿命和安全。③桥梁的铺装层在产生断裂以后,会导致安全事故的潜在性、安全隐患的不确定性。道路桥梁的铺装层是在施工中最容易被施工管理所忽视的一个问题,但是它所起的作用却是至关重要的。因为在道路桥梁施工中只重视对桥梁的表面处理,而在一定程度上忽视铺装层工作的质量与安全管理,这就为日后的桥梁出现断层埋下了安全隐患。

1. 道路桥梁施工企业有关安全管理条例

(1)创新与完善工程施工安全管理的规章制度。首先,要明确道路桥梁施工的安全标准与要求,在此基础上,提升施工管理人员的安全责任意识,来保证道路桥梁施工安全管理工作的有效落实。同时,了解在城市化进程中道路桥梁施工现场的安全管理工作,需要在严格遵守施工相关规定的基础上,理解对安全责任的划分力度,就施工过程中安全问题可能发生的环节杜绝道路桥梁安全施工问题的发生。

(2)做好工程施工前期安全管理准备工作。要想加强道路与桥梁工程施工的安全管理,必须从做好前期安全管理准备工作开始。在工程施工前期,针对施工设计对应的施工图纸来说,必须加强严格的审核,并且要结合安全生产理念,进行图纸设计。在实际的安全施工管理规划过程中,必须编制相应合理的施工管理方案,且要在明确安全管理目标的基础上优化安全管理责任制度,优化安全施工管理程序。道路桥梁施工图纸作为现场施工的主要依据,看懂道路桥梁施工图纸,能够提前发现施工中可能存在的安全隐患,在此基础上通过制定安全施工预案、提升道路桥梁施工人员的安全意识等提升施工安全隐患的规避与排查能力,为以后工作中对道路桥梁施工的安全性、科学性打下坚实的基础。

(3)城市化施工进程中的道路桥梁安全管理,需要通过科学地安排道路桥梁施工的环节来实现。由于道路桥梁施工涉及的环节多,使得道路桥梁施工安全管理的内容增多,管理的难度在加大。道路桥梁施工现场的每个施工环节必须在确保安全的基础上施工,包括施工机械的安全、施工材料的安全、施工环境的安全等。为此,为了有效地提升道路桥梁安全管理的效果,需要结合不同的施工环节特点,来创新不同环节的安全管理模式,通过优化各个施工环节之间的衔接,来实现道路桥梁施工安全管理的明晰化、制度化与责任制。

(4)建立健全安全生产责任制。以健全的安全生产责任体制为支撑,针对工程施工安全生产责任制来说,必须落实到个人,增强个人的安全责任意识,在具备工程施工质量保障的基础上,促进安全施工管理工作体系的稳定运行。了解建立的健全施工企业、施工现场、施工人员、施工责任等基本的制度,以此来增强城市化进程中道路桥梁施工安全管理的效果。施工企业在制定安全管理规章的基础上,促进施工安全管理效益的提升。对内部人员的管理,通过岗位培训、施工安全检查等措施来增强每一位施工人员的安全意识、提升安全防护技能。政府管理部门对道路桥梁安全管理工作进行定期检查,杜绝道路桥梁施工安全管理存在的懈怠问题。

(5)进行有关专业化培训,提升工作人员的安全防范能力。要想确保道路与桥梁工程施工安全管理工作的委托开展,必须加强对相关工作人员的安全知识教育与技能培训,要采取多样化的专业培训措施,增强道路与桥梁工程施工相关人员的安全意识,从根本上提升相关工作人员的安全素质水平,确保道路与桥梁工程安全生产与施工目标的达成。进行专门的岗前培训,进行施工过程中的细化培训。

2. 道路桥梁工程施工时的安全控制技术

在进行道路桥梁工程施工的时候,经常应用到的安全控制技术主要包括以下几个方面:

1)防高处坠落安全技术

在进行道路桥梁工程施工的时候,往往避免不了高空作业,尤其是桥梁工程,桥梁墩柱的施工往往都需要在高处进行作业,因此,必须要采取相应的措施来防止高处坠落问题的出现,一方面要防止施工人员从高处坠落,另一方面要防止施工器械或者其他物体从高处坠落砸伤施工人员。为此,必须要在规定的地方安装防坠网,通过安装防坠网,可以有效地防止施工人员从高处坠落或者高处坠落的物体砸伤施工人员。在施工人员进行施工的时候,还必须按照相关的规定着装,必须穿软底的防滑鞋,防止从高处滑落,同时在进行高空作业的时候还必须系上安全带,这样可以有效地避免从高处坠落。如果在施工现场有输送电线的存在,还必须注意避开这些输送电线,同时在高处进行物料的堆放时,必须将物料堆放平稳,防止这些物料从高处滑落砸伤施工人员。

2)基坑开挖安全技术

在进行道路桥梁工程的基坑开挖施工时,往往也十分容易发生安全事故,所以在对基坑进行开挖的时候,首先必须要依据施工方案来进行施工,在挖掘机工作的过程中,施工人员必须要与挖掘机保持相应的距离,从而避免挖掘机在工作的过程中对施工人员造成伤害。在对施工机械进行使用之前,还必须要对设备进行仔细的检查,确保机械设备是安全的,然后才能够对其加以使用。在进行基坑开挖的时候,往往避免不了降雨,如果发生强降雨,就应该停止施工,从而保证施工人员的人身安全。在基坑开挖的时候,必须要有指挥人员在现场对施工人员加以指挥,如果发现存在安全隐患,必须要及时地对其加以消除,从而避免对施工人员造成伤害,避免安全事故的发生。

3)挖孔桩安全施工技术

在进行道路桥梁工程施工的时候,往往还会进行桩基施工。而桩基施工过程中,往往也十分容易出现安全事故,所以也必须要采取一定的措施来保证安全生产。为了有效地防止孔壁坍塌,必须要采取一定的支护措施来对孔壁加以支护,而且在孔口必须要安放相应的警示标识,提醒人们不要靠近孔口。在进行施工的过程中,必须要有专门的检测人员来对孔桩进行检测,一方面确保孔桩的质量,另一方面则是为了保证桩基施工的安全。所以对于桩基施工也必须要引起足够的重视,通过有效的安全施工技术来防止安全事故的发生。

4) 施工准备安全措施

道路桥梁施工准备时,按照"三通一平"的原则进行施工管理,确保施工过程的水、电、路通畅,加强施工准备管理,对施工人员的用电、用水、施工安全进行教育管理,让员工了解文明施工,编制施工风险管理手册,制定风险处理措施。

5) 路面施工安全技术

按照道路桥梁安全施工规范进行施工管理,模板安装、搅拌机使用等均需实现专人操作与管理,混凝土铺设地面时应该对施工环境进行分析,避免发生碰撞事故。

6) 桥梁施工安全技术

桥梁施工是道路桥梁施工的难点之一。为了确保安全施工,避免出现沉陷、错牙、错台等现象,需要合理地使用千斤顶。

二、易发事故处理与控制

1. 桥梁施工大孔径桩开挖发生的坍塌事故

地质情况差的地方发生塌孔事故后,极易引起人身伤亡。事故发生后,现场人员不要盲目施救、违章指挥和冒险作业,应马上通知项目经理部、指挥部,由指挥部确定事故的严重性,确定是否有必要进行上报。如是重大事故要迅速上报上级有关领导和部门,以便采取更有效的救护措施。现场总指挥不要惊慌,先安排人员设立警戒线,封锁事故现场,防止无关人员围观,然后试探孔内是否含有毒气体,观测是否还存在继续坍塌趋势,若含有毒气体、孔壁周围已稳定,则需及时调用挖掘机等机械设备准备施救,施救人员应佩戴防毒面罩、口罩和氧气瓶下孔进行施救。伤者救出后,只能由医务人员采取救护,并迅速送往医院。

2. 桥梁施工高支架倾覆倒塌事故

桥梁高墩柱施工脚手架地基不牢,极易引起支架倾覆倒塌。支架的突然倒塌,极易造成人员伤亡。如果有人从高处坠落或被支架砸伤,现场其他人员应立即通知现场负责人。现场负责人应该保持镇静,忙而不乱,立即组织人员进行抢救,如若伤者流血不止,医疗救护小组应立即进行简单包扎止血,并立即送往医院救护;如若伤者骨折或有其他外伤,只能由医务人员救治,应用担架将伤者抬离危险区,并立即送往附近医院救治。同时安排人员设立警戒线,封锁事故现场,防止无关人员围观,安排专人察看支架是否还存在继续倒塌迹象,并立即通知经理部相关负责人。若有必要通知其他部门,则待经理部领导到现场后再进行通知。

3. 桥梁高空坠落事故

一旦发生高空坠落事故,应由安全员组织抢救伤员,项目经理打电话"120"给急救中心,由班组长保护好现场防止事态扩大。其他小组人员协助安全员做好现场救护工作,如有轻伤或休克人员,由安全员组织临时抢救、包扎止血或做人工呼吸或胸外心脏挤压,尽最大努力抢救伤员,将伤亡事故控制在最小范围内。如事故严重,应立即报告公司安全科,并请求启动公司级应急救援预案。

4. 物体打击事故

发生物体打击事故后,由项目经理负责现场总指挥工作,发现事故发生的人员首先高声呼喊,通知现场安全员,由安全员打事故抢救电话"120",向上级有关部门或医院打电话抢救,同时通知生产负责人组织紧急应变小组进行可行的应急抢救,如现场包扎、止血等措施,防止受伤人员流血过多造成死亡事故发生。预先成立的应急小组人员分工,各负其责,重伤人员由水工、电工协助送外抢救工作,值勤门卫在大门口迎接来救护的车辆,有程序地处理事故、事件,最大限度地减少人员伤亡和财产损失。

三、安全组织保障

1. 施工单位的安全责任

(1)施工单位从事建设工程的新建、扩建、改建和拆除等活动,应当具备国家规定的注册资本、专业技术人员、技术装备和安全生产等条件,依法取得相应等级的资质证书,并在其资质等级许可的范围内承揽工程。

(2)施工单位主要负责人依法对本单位的安全生产工作全面负责。施工单位应当建立健全安全生产责任制度和安全生产教育培训制度,制定安全生产规章制度和操作规程,保证本单位安全生产条件所需资金的投入,对所承担的建设工程进行定期和专项安全检查,并做好安全检查记录。

(3)施工单位对列入建设工程概算的安全作业环境及安全施工措施的所需费用,应当用于施工安全防护用具及设施的采购与更新、安全施工措施的落实和安全生产条件的改善,不得挪作他用。

(4)施工单位应当设立安全生产管理机构,配备专职安全生产管理人员。专职安全生产管理人员负责对安全生产进行现场监督检查。发现安全事故隐患,应当及时向项目负责人和安全生产管理机构报告;对于违章指挥、违章操作的,应当立即制止。

专职安全生产管理人员的配备办法由国务院建设行政主管部门会同国务院其他有关部门制定。

(5)建设工程实行施工总承包的,由总承包单位对施工现场的安全生产负总责。总承包单位应当自行完成建设工程主体结构的施工。

2. 施工单位各级人员的安全生产职责

1) 企业法人代表

(1) 认真贯彻执行国家有关安全生产的方针政策和法规、规范,掌握本企业安全生产动态,定期研究安全工作,对本企业安全生产负全面领导责任。

(2) 领导、编制和实施本企业中长期整体规划及年度、特殊时期安全工作实施计划。建立健全和完善本企业的各项安全生产管理制度及奖惩办法。

(3) 建立健全安全生产的保证体系,保证安全技术措施经费的落实。

(4) 领导并支持安全管理人员或部门的监督检查工作。

(5) 在事故调查组的指导下,领导、组织本企业有关部门或人员,做好特大、重大伤亡事故调查处理的具体工作,监督防范措施的制定和落实,预防事故重复发生。

2) 企业技术负责人

(1) 贯彻执行国家和上级的安全生产方针、政策,协助法定代表人做好安全方面的技术领导工作,在本企业施工安全生产中负技术领导责任。

(2) 领导制定年度和季节性施工计划时,要确定指导性的安全技术方案。

(3) 组织编制和审批施工组织设计、特殊复杂工程项目或专业性工程项目施工方案时,应严格审查是否具备安全技术措施及其可行性,并提出决定性意见。

(4) 参加特大、重大伤亡事故的调查,从技术上分析事故原因,制定防范措施。

3) 企业主管生产负责人

(1) 对本企业安全生产工作负直接领导责任,协助法定代表人认真贯彻执行安全生产方针、政策、法规,落实本企业各项安全生产管理制度。

(2) 组织实施本企业中长期、年度、特殊时期安全工作规划、目标及实施计划,组织落实安全生产责任制。

(3) 参与编制和审核施工组织设计、特殊复杂工程项目或专业性工程项目施工方案。审批本企业工程生产建设项目中的安全技术管理措施,制定施工生产中安全技术措施经费的使用计划。

(4) 领导、组织本企业的安全生产宣传教育工作,确定安全生产考核指标。领导、组织外包工队长的培训、考核与审查工作。

(5) 领导、组织本企业定期和不定期的安全生产检查,及时解决施工中的不安全生产问题。

(6) 在事故调查组的指导下,组织特大、重大伤亡事故的调查、分析及处理中的具体工作。

4) 项目经理

(1) 对承包项目工程生产经营过程中的安全生产负全面领导责任。

(2) 贯彻落实安全生产方针、政策、法规和各项规章制度,结合项目工程特点及施工全过程的情况,制定本项目工程各项安全生产管理办法,或提出要求,并监督其实施。

(3)在组织项目工程业务承包、聘用业务人员时,必须本着安全工作只能加强的原则,根据工程特点确定安全工作的管理体制和人员,并明确各业务承包人的安全责任和考核指标,支持、指导安全管理人员的工作。

(4)健全和完善用工管理手续,录用外包队必须及时向有关部门申报,严格用工制度与管理,适时组织上岗安全教育,要对外包工队的健康与安全负责,加强劳动保护工作等。

四、安全教育培训

1. 主要负责人接受安全教育培训

主要负责人接受安全教育培训的主要内容有:①国家有关安全生产的方针、政策、法律、法规及有关行业的规程、规范和标准。②安全生产管理的基本知识、方法、安全生产技术,有关行业安全生产管理专业知识。③重大事故防范、应急救援措施及调查处理方法,重大危险源管理与应急救援预案编制原则。④国内外先进的安全生产管理经验。⑤典型事故案例分析等。

2. 安全管理人员的教育培训

(1)专职安全管理人员还必须按照国家有关规定的要求,取得岗位合格证书并持证上岗。上岗每年必须接受一次安全专业技术业务再培训。

(2)安全管理人员的教育培训的主要内容有:①国家有关安全生产的法律、法规、政策及有关行业安全生产的规章、规程、规范和标准。②安全生产管理知识、安全生产技术、劳动卫生知识和安全文化知识,有关行业安全生产管理专业知识。③工伤保险的法律、法规、政策。④伤亡事故和职业病统计、报告及调查处理方法。⑤事故现场勘查技术以及应急处理措施。⑥重大危险源管理与应急救援预案编制方法。⑦国内外先进的安全生产管理经验。⑧典型事故案例等。

3. 管理人员和技术人员的安全教育培训

(1)管理人员和技术人员每年接受安全教育培训的时间不得少于20学时。

(2)管理人员和技术人员的安全教育培训主要内容有:①安全管理的技术知识,包括公司、项目安全管理、机械安全、结构安全、施工安全、劳动保护、电气安全、防火防爆、环境卫生等知识。②国家及省安全生产法规、法律制度体系。③重大危险源管理与救援预案编制方法。④国内外先进的安全生产管理经验。⑤典型事故案例等。

4. 班组长的安全教育培训

(1)班组长每年接受安全教育培训的时间不得少于20学时。

(2)班组长的教育培训的主要内容有:①安全技术知识和安全技能知识。②班组的作业性质、工艺流程。③岗位安全生产责任制、安全操作规程。④生产设备、安全装置的性能及正确使用方法。⑤防护用品的性能和正确使用方法。⑥事故案例等。

5. 特种作业人员的安全教育培训

(1)特种作业人员(包括电工、焊工、起重工、机械操作工以及国家安全生产监督管理局规定的其他人员)必须经过专门的训练和严格的理论与实践考试,考试合格后取得岗位操作证后方可上岗,以后每年仍须接受有针对性的安全教育培训,时间不得少于20学时。

(2)特种作业人员的培训主要有上岗资格培训和取得资格后每年一次的复审培训教育两种。复审工作由专门机构进行。上岗合格后,每两年进行复审。

第五节 工民建筑施工类企业

一、安全管理概述

工民建筑施工类企业的主要安全管理模式为通过施工技术与管理,做好施工前各项准备,加强施工过程重点难点控制,科学管理现场施工,优化配置提高劳动生产率,降低资源消耗。

1. 建筑施工过程中有关安全管理措施

1)制定完善的规章制度

首先,工民建筑施工企业要完善并落实工程施工各项管理制度,规范施工人员行为,进而确保施工顺利进行;其次,在施工现场规划好材料的堆放地,分类管理,在购进新材料后要及时做好登记,并按指定的地方堆放,从而为工民建筑施工提供便利。

2)落实安全责任制度

在工民建筑施工中,为了有效地规避安全隐患,首先,施工方要加强施工安全管理,本着"安全第一"的施工原则进行施工,同时要强化安全意识,对工民建筑施工队伍进行安全知识教育,指导他们进行安全作业;其次,施工企业要落实安全责任制度,将安全责任落实到施工管理人员头上,从而提高施工管理人员的安全施工意识,减少施工过程中的不安全因素。

3)加大质量监督

多种因素的影响会导致施工质量不过关,从而建成一些"豆腐渣"工程。为此,工民建筑施工企业应采取一切措施,强化施工现场管理工作,以工程质量为出发点,加强施工现场每一道工序的质量控制,将施工现场的每一道工序的质量误差减到最小。同时监理公司严格把好质量关,加大施工质量的检查工作,杜绝施工过程中出现质量问题。

4)加强施工队伍建设

我国工民建筑施工队伍大都是一些进城务工人员,他们的知识文化水平有限,在施工过程中具有很大的随意性,进而会引发许多安全问题。为了进一步提高工民建筑工程质量,加强施工队伍建设有着重要的作用和意义。首先,工民建筑施工单位要加强对施工管理人员的教育,提高施工管理人员的管理能力、决策能力以及安全意识,进而在施工过程中不断规范施工行为,确保施工安全;其次,工民建筑企业要重视施工队伍的建设,不仅要对他们加强安全教育,还要加强施工技术教育,为工民建筑打造出一支高素质、技术过硬的施工队伍,进而为工民建筑施工质量与施工安全提供保障。

5) 建立信息化管理系统

进城务工人员建筑施工中,施工技术与管理直接关系到工程建设质量,进而影响到了工程建设企业的经济效益。先进的施工技术管理可以有效地提高施工效率,保障施工质量。因此工民建筑施工企业应重视信息化技术的应用,利用先进的计算信息技术,建立有效的信息化管理系统,对工程施工进行全方位的监控,对影响到施工的各种因素进行客观分析,做到有效预防,进而在保障施工进度的同时,还可以保证工程质量。另外,利用计算机技术对工程施工进行监控,可以有效地减少施工过程中的不安全因素,为安全施工提供保障。

6) 加强施工技术管理

施工技术是工程建设的核心,是工程质量的保障。首先,施工企业要做到及时进行技术交底。技术交底一定要在项目施工开始前结束,这样可以为施工的准备工作留出充分的时间。在进行技术交底时要有相关的文字资料,主管领导要对项目的施工管理人员进行当面的讲解,使施工人员全面了解项目情况,准确把握项目施工特点,为科学施工做好准备,避免质量问题的出现。其次,要加强工程质量管理。在工民建筑施工中,影响建筑工程施工效果的人为因素和自然因素有很多,如施工地点的地质条件、地形特点以及施工的设计和技术等。加强工程质量管理有助于节约工程开支,减少施工事故,保证施工技术管理效果。

7) 加强机械设备的管理

在工民建筑工程中,机械设备的性能直接影响到了施工进度与安全。为了确保工民建筑工程质量,必须加强机械设备的管理,合理调度设备和保持设备良好的性能状态。在施工时,狠抓一线工程质量管理,通过"政府监督、社会监理、企业自检"的三级质量保证体系,对工程质量进行全面的项目工程质量控制,系统地确保工程质量按目标实现。

2. 建筑工地重大危险源整治措施

(1) 建立建筑工地重大危险源的公示和跟踪整改制度。加强现场巡视,对可能影响安全生产的重大危险源进行辨识,并进行登记,掌握重大危险源的数量和分布状况,经常性地公示重大危险源名录、整改措施及治理情况。重大危险源登记的主要内容应包括工程名称、危险源类别、地段部位、联系人、联系方式、重大危险源可能造成的危害、施工安全主要措施和应急预案。

(2) 对人的不安全行为,要严禁"三违",加强教育,搞好传、帮、带,加强现场巡视,严格检查处罚。

(3)淘汰落后的技术、工艺,适度提高工程施工安全设防标准,从而提升施工安全技术与管理水平,降低施工安全风险。如过街人行通道、大型地下管沟可采用顶管技术等。

(4)制订和实行施工现场大型施工机械安装、运行、拆卸和外架工程安装的检验检测、维护保养、验收制度。

(5)对不良自然环境条件中的危险源要制订有针对性的应急预案,并选定适当时机进行演练,做到人人心中有数,遇到情况不慌不乱,从容应对。

(6)制订和实施项目施工安全承诺和现场安全管理绩效考评制度,确保安全投入,形成施工安全长效机制。

二、易发事故管理与控制

1. 深基础土方工程

深基础土方工程是指挖掘深度超过1.5m的沟槽和深度超过3m的土方工程,以及人工挖孔桩工程。土方工程易发生土方坍塌事故的环节如下:深度超过1.5m的沟槽和深度超过3m的基坑土方开挖施工作业;土方施工采用挖空底脚的方法挖土;积土、料具、机械设备堆放离坑、槽距离小于设计规定;坑、槽开挖设置安全边坡不符合安全要求;深基坑未设专项支护设施、不设上下通道,人员上下坑、槽踩踏边坡;料具堆放过于集中,荷载过大;模板支撑系统未经设计计算;基坑施工未设置有效排水等。

预防控制措施如下:

(1)严禁采用挖空底脚的方法进行土方施工。

(2)基础工程施工前要制订有针对性的施工方案,按照土质的情况设置安全边坡或固壁支撑。基坑深度超过5m有专项支护设计。对基坑、井坑的边坡和固壁支架应随时检查,发现边坡有裂痕、疏松或支撑有折断、走动等危险征兆,应立即采取措施,消除隐患。对于挖出的泥土,要按规定放置,不得随意沿围墙或临时建筑堆放。

(3)施工中严格控制建筑材料、模板、施工机械、机具或其他物料在楼层或屋面的堆放数量和质量,以避免产生过大的集中荷载,造成楼板或屋面断裂。

(4)基坑施工要设置有效排水措施,雨天要防止地表水冲刷土壁边坡,造成土方坍塌。

(5)人工挖孔桩,护壁养护时间不够(未按规定时间拆模),或未按规定做支护,造成坍塌事故。当坍塌时护壁可相互支撑,孔下人员有生还希望时,应紧急向孔下送氧。将钢套筒下到孔内,人员下去掏挖,大块的混凝土护壁用吊车吊上来,如塌孔较浅,可用挖掘机将塌孔四周挖开,为人工挖掘提供作业面。

2. 脚手架坍塌事故的预防控制措施

(1)因地基沉降引起的脚手架局部变形:在双排架横向截面上架设八字戗或剪刀撑,隔一排立杆架设一组,直至变形区外排。八字戗或剪刀撑下脚必须设在坚实、可靠的地基上。

(2)脚手架赖以生根的悬挑钢梁挠度变形超过规定值:应对悬挑钢梁后锚固点进行加固,钢梁上面用钢支撑加U形托旋紧后顶住屋顶。预埋钢筋环与钢梁之间有空隙,须用马楔备紧。吊挂钢梁外端的钢丝绳逐根检查,全部紧固,保证均匀受力。

(3)脚手架卸荷、拉接体系局部产生破坏:要立即按原方案制定的卸荷、拉接方法将其恢复,并对已经产生变形的部位及杆件进行纠正。如纠正脚手架向外张的变形,先按每个开间设一个5t倒链,与结构绷紧,松开刚性拉接点,各点同时向内收紧倒链,至变形被纠正,做好刚性拉接,并将各卸荷点钢丝绳收紧,使其受力均匀,最后放开倒链。

(4)附着升降脚手架出现意外情况,工地应先采取如下应急措施:①沿升降式脚手架范围设隔离区;②在结构外墙柱、窗口等处用插口架搭设方法迅速加固升降式脚手架;③立即通知附着升降式脚手架出租单位技术负责人到现场,提出解决方案。

3. 高处坠落和物体打击事故的预防控制措施

易发生高处坠落和物体打击事故的环节:临边、洞口防护不严;高处作业物料堆放不平稳;架上嬉戏、打闹、向下抛掷物料;不使用劳保用品,酒后上岗,不遵守劳动纪律;脚手架工未按安全操作规程操作,龙门、井架吊篮乘人。预防措施如下:

(1)凡在距地2m以上,有可能发生坠落的楼板边、阳台边、屋面边、基坑边、基槽边、电梯井口、预留洞口、通道口、基坑口等高处作业时,都必须设置有效可靠的防护设施,防止高处坠落和物体打击。

(2)施工现场使用的龙门架(井字架),必须制定安装和拆除施工方案,严格遵守安装和拆除顺序,配备齐全有效限位装置。在运行前,要对超高限位、制动装置、断绳保险等安全设施进行检查验收,经确认合格有效,方可使用。

(3)脚手架外侧边缘用密目式安全网封闭。搭设脚手架必须编制施工方案和技术措施,操作层的跳板必须满铺,并设置踢脚板和防护栏杆或安全立网。在搭设脚手架前,须向工人作较为详细的交底。

(4)模板工程的支撑系统,必须进行设计计算,并制定有针对性的施工方案和安全技术措施。

(5)塔吊在使用过程中,必须具有力矩限位器和超高、变幅及行走限位装置,并灵敏可靠。塔吊的吊钩要有保险装置。

(6)严禁架上嬉戏、打闹、酒后上岗和从高处向下抛掷物块,以避免造成高处坠落和物体打击。

4. 塔式起重机控制措施

塔式起重机是指在施工现场使用的、符合国家标准的自购或者租用的塔式起重机。

(1)塔吊出轨与基础下沉、倾斜控制措施:①应立即停止作业,并将回转机构锁住,限制其转动。②根据情况设置地锚,控制塔吊的倾斜。③用两个100t千斤顶在行走部分将塔吊顶起(两个千斤顶要同步)。若是出轨,则接一根临时钢轨将千斤顶落下使出轨部分行走机构落在临时道上开至安全地带;若是一侧基础下沉,将下沉部位基础填实,调整至符合规定的轨道高度落下千斤顶。

(2)塔吊平衡臂、起重臂折臂控制措施:①塔吊不能做任何动作。②按照抢险方案,根据情况采用焊接等手段,将塔吊结构加固,或用连接方法将塔吊结构与其他物体联接,防止塔吊倾翻和在拆除过程中发生意外。③用2~3台适量吨位起重机,1台锁起重臂,1台锁平衡臂。其中一台在拆臂时起平衡力矩作用,防止因力的突然变化而造成倾翻。④按抢险方案规定的顺序,将起重臂或平衡臂连接件中变形的连接件取下,用气焊割开,用起重机将臂杆取下。⑤按正常的拆塔程序将塔吊拆除,遇变形结构用汽焊割开。

(3)塔吊倾翻控制措施:①采取焊接、连接方法,在不破坏失稳受力情况下增加平衡力矩,控制险情发展。②选用适量吨位起重机按照抢险方案将塔吊拆除,变形部件用气焊割开或调整。

(4)锚固系统险情控制措施:①将塔式平衡臂对应到建筑物,转臂过程要平稳并锁住。②将塔吊锚固系统加固。③如需更换锚固系统部件,先将塔机降至规定高度后,再进行更换部件。

(5)塔身结构变形控制措施:①将塔式平衡臂对应到变形部位,转臂过程要平稳并锁住。②根据情况采用焊接等手段,将塔吊结构变形或断裂、开焊部位加固。③落塔更换损坏结构。

5. 外用电梯安装、顶升、拆除作业

外用电梯安装、顶升、拆除作业过程中易发生高空坠落、物体打击等事故,应采取必要的预防措施,防止发生重大事故。预防控制措施如下:

(1)参与装拆的人员必须熟悉电梯的性能结构特点,并能熟练地操作,能熟练地排除故障,受过专门培训。

(2)装拆场地应清理干净,并用标志杆等围起来禁止非工作人员入内。

(3)防止装拆地点上方掉落物体,必要时应加安全网。

(4)装拆过程中,必须由专人负责,统一指挥。

(5)电梯运行时,人员的头、手绝对不能露出安全栏以外。

(6)如果有人在导轨架上或附墙架上工作时,绝对不允许开动电梯,当吊笼升起时严禁进入底笼内。

(7)吊笼上的所有零部件,必须放置平稳,不得露出安全栏外。

(8)利用吊杆进行安装时,不允许超载,吊杆只可用来安装或拆卸电梯零部件,不得用于其他起重用途。

(9)吊杆上有悬挂物时,不得开动吊笼。

(10)装拆作业人员应按空中作业的安全要求,包括必须戴安全帽、系安全带、穿防滑鞋等,不要穿过于宽松的衣服,应穿工作服,以免被卷入运动部件中,发生安全事故。

6. 消防事故预防措施

(1)建立各项防火制度,健全消防机构,开展定期和不定期的防火检查,及时消灭火灾隐患。

(2)根据防火需要,配备一定数量的消防器材和设备,存放地点应明显,易于取用。消防器材及设备附近严禁堆放其他物品。

(3)建筑物和临时建筑物的设计必须符合《建筑设计防火规范》《仓库防火安全管理规则》和《中华人民共和国消防条例》的规定。

(4)各类消防用工器具设备,均应妥善加以管理,严禁挪作他用,并定期检查试验。

(5)宿舍、办公室、休息室内严禁存放易燃、易爆物品。

(6)严格执行用火审批程序和制度,操作前必须办理用火申请手续,经领导同意和消防保卫部门检查审批,领取用火许可证后方可进行操作。

三、安全组织保障

1. 生产计划部门

(1)在编制年、季、月生产计划时,必须树立"安全第一"的思想,组织均衡生产,保障安全工作与生产任务协调一致。对改善劳动条件、预防伤亡事故的项目必须视同生产任务,纳入生产计划优先安排。

(2)在检查生产计划实施情况的同时,要检查安全措施项目的执行情况,对施工中重要安全防护设施、设备的实施工作(如支拆脚手架、安全网等)要纳入计划,列为正式工序,给予时间保证。

(3)坚持按合理施工顺序组织生产,要充分考虑职工的劳逸结合,认真按设计组织施工。

(4)在生产任务与安全保障发生矛盾时,必须优先安排解决安全工作的实施。

2. 技术部门

(1)认真学习、贯彻执行国家和上级有关安全技术及安全操作规程规定,保障施工生产中的安全技术措施的制定与实施。

(2)在编制和审查施工组织设计和方案的过程中,要在每个环节中贯穿安全技术措施,对确定后的方案,若有变更,应及时组织修订。

(3)检查施工组织设计和施工方案中安全措施的实施情况,对施工中涉及安全方面的技术性问题提出解决办法。

(4)对新技术、新材料、新工艺,必须制定相应的安全技术措施和安全操作规程。

(5)对改善劳动条件、减轻笨重体力劳动、消除噪声等方面的问题进行研究解决。

(6)参加伤亡事故和重大已遂、未遂事故中技术性问题的调查,分析事故原因,从技术上提出防范措施。

3. 机械动力部门

(1)对机、电、起重设备,锅炉、受压容器及自制机械设备的安全运行负责,按照安全技术规范经常进行检查,并监督各种设备的维修、保养的进行。

(2)对设备的租赁要建立安全管理制度,确保租赁设备完好、安全可靠。

(3)对新购进的机械、锅炉、受压容器及大修、维修、外租回厂后的设备必须严格检查和把关,新购进的要有出厂合格证及完整的技术资料,使用前制定安全操作规程,组织专业技术培训,向有关人员交底,并进行鉴定验收。

(4)参加施工组织设计、施工方案的会审,提出涉及安全的具体意见,同时负责督促下级落实,保证实施。

(5)对特种作业人员定期培训、考核。

(6)参加因工伤亡及重大未遂事故的调查,从事故设备方面认真分析事故原因,提出处理意见,制定防范措施。

4. 劳动、劳务部门

(1)对职工(含外包队工人)进行定期的教育考核,将安全技术知识列为工人培训、考核、评级内容之一,对招收新工人(含外包队工人)要组织入厂教育和资格审查,保证提供的人员具有一定的安全生产素质。

(2)严格执行国家特种作业人员上岗作业的有关规定,适时组织特种作业人员的培训工作,并向安全部门或主管领导通报情况。

(3)认真落实国家有关劳动保护的法规,严格执行有关人员的劳动保护待遇,并监督实施情况。

(4)参加因工伤亡事故的调查,从用工方面分析事故原因,提出防范措施并认真执行对事故责任者的处理意见。

5. 材料采购部门

(1)凡购置的各种机、电设备,脚手架,新型建筑装饰、防水等料具或直接用于安全防护的料具及设备,必须执行国家有关规定,必须有产品介绍或说明的资料,严格审查其产品合格证明材料,必要时做抽样试验,回收后必须检修。

(2)采购的劳动保护用品,必须符合国家标准及相关规定,并向主管部门提供情况,接受对劳动保护用品的质量监督检查。

(3)做好材料堆放和物品储存,对物品运输应加强管理,保证安全。

6. 财务部门

(1)根据本企业实际情况及企业安全技术措施经费的需要,按计划及时提取安全技术措施经费、劳保保护经费及其他安全生产所需经费，保证专款专用。

(2)按照国家对劳动保护用品的有关标准和规定，负责审查购置劳动保护用品的合法性，保证其符合标准。

(3)协助安全主管部门办理安全奖、罚的手续。

7. 人事部门

(1)根据国家有关安全生产的方针、政策及企业实际，配齐具有一定文化程度、技术和实践经验的安全干部，保证安全干部的素质。

(2)组织对新调入、转业的施工、技术及管理人员的安全培训、教育工作。

(3)按照国家规定，负责审查安全管理人员资格，有权向主管领导建议调整和补充安全监督管理人员。

(4)参加因工伤亡事故的调查，认真执行对事故责任者的处理意见。

8. 保卫消防部门

(1)贯彻执行国家有关消防保卫的法规、规定，协助领导做好消防保卫工作。

(2)制定年、季消防保卫工作计划和消防安全管理制度，并对执行情况进行监督检查。

四、安全教育培训

公司级安全教育由指挥部安全总监或安质部部长负责教育，项目部和班组级的安全教育由安质部负责教育，专项安全教育由相关部门进行教育。安全教育培训主要为以下内容。

(1)公司级安全教育。具体内容如下：①企业安全生产法律、法规及政策。②企业安全生产制度及安全纪律。③重大事故教训，事故案例剖析。

(2)项目部级安全教育。具体内容如下：①现场施工安全知识、制度、规定及必须遵守事项。②各工种安全技术操作规程。③防火、消毒、防尘、防爆知识及紧急情况安全处理和应急预案。④防护用品的使用。⑤建筑施工安全知识。

(3)班组(岗位)级安全教育。具体内容如下：①本班组作业特点及安全操作规程。②班组安全活动制度及纪律。③安全防护装置(设施)及个人防护用品的使用。④地铁施工安全知识。

(4)上岗安全教育。具体内容如下：①每位员工进场后必须接受公司、项目部和班组的"三级安全教育"。②对员工进行岗前、工种、季节性等安全教育培训。③特殊工种进行专项安全教育培训，考试合格后上岗，不合格需继续进行教育培训。④危险源发生变化时，及时进行再教育培训。⑤开展员工夜校平台，组织观看安全教育影片。⑥全体员工经过16课时以上的安全教育后，由项目部安质部组织进行安全考试，考试合格颁发"上岗卡"，不合格需继续教育，合格后上岗。

第六节　机械加工类企业

一、安全管理概述

（一）设备检修保养安全管理

(1) 保养、检修人员必须穿戴好劳动保护用品，禁止吸烟、饮酒、打闹，检修人员不得带病工作。

(2) 在检修保养工作进行前，检修人员应通知现场值班人员，由现场值班人员配合检修人员进行检修保养工作。并由现场值班人员和检修人员一起关掉被检修保养机械的电源，并在控制柜处悬挂"有人工作，禁止合闸"的安全警示牌。

(3) 上、下机械时尽量使用梯子，同时注意梯子与地面夹角，并由专人看护，防止梯子滑倒以致检修人员摔伤。

(4) 当必须蹬踏机械时，禁止蹬踏机械的转动部件、传动部件及电器部件。雨雪天气时，检修人员须先清理干净鞋底，然后再登梯子或设备。

(5) 工作之前，检查使用工具是否完好，并尽量使用专用工具。上、下传递工具时，不得抛掷，防止砸伤工作人员。

(6) 工作位置高出地面 2m 时，工作人员必须系好安全带，方可进行工作。井边、池边作业时应与池边保持 0.5m 的安全距离，井口、池中作业时应系好安全带，并设专人监护。

(7) 工作时，各种废弃物不得随意丢弃，防止工作人员绊倒摔伤；使用工具不得随意放置，防止掉下砸伤工作人员。工作中作业人员应相互配合，分工明确，不得拥挤，听从指挥，安全顺利完成检修保养工作。

(8) 工作完毕，清理工作现场，做到场清、地净。并把使用工具擦拭干净，放回原来位置。

（二）设备设施巡视安全管理

1. 设施巡视

(1) 设施巡视的区域：进料间、除臭间、处理间、出泥雨棚、配电室、控制间。

(2) 设施巡视要求：①巡视周期。每天巡视两次。②巡视要求。值班人员上午9时至10时、21时至22时对设备设施进行巡视，巡视后及时填写"巡视记录"。巡视过程要认真细致，严格遵守巡视内容，明确关键点，如发现问题及时解决，不能解决的应上报有关人员。③安全要求。巡视时应随身携带对讲机，戴安全帽，穿工作服，夜间还应携带手电；在池、孔、坑边及上、下楼梯处应注意安全，防止坠落、跌倒；在钢平台、设备下穿行时注意防止碰头；严禁翻越设备管道。

(3)设施巡视内容:①建筑物基础有无沉降,墙体结构有无裂缝,墙体面层有无大面积剥蚀、脱落等现象。②降雨时关注屋顶防水层是否完好,有无渗漏现象。③门窗有无损坏,照明是否正常,地板、踢脚板是否完好,上下水管线是否完好,有无渗漏、锈蚀、断裂等现象。④钢格板、钢盖板、栏杆等附属设施是否完好,防护设施如栏杆、护板、护罩、盖板等有无松动、开裂、锈蚀、破损等现象。⑤消防设施、消防器材如消火栓、灭火器等有无埋、压、圈、占等情况,灭火器、消火栓、水龙带是否保持完好待用状态。⑥厂区周边是否有较大施工影响地下自来水、中水、雨污水及电力通信管线。⑦雨水篦子有无缺失、损坏、淤积、堵塞情况,检查井盖是否有丢失、破损情况。

2. 设备巡视

(1)设备巡视的范围:①电气设备。包括配电柜、自动化系统(主要含 PLC 控制柜)。②机械设备。包括液压格栅、抓斗天车、给料器、转鼓格栅、砂水分离器、旋流分离器、螺旋输送机、水泵。③其他附属设备。包括可视系统(含监控探头及监视器)、电磁阀、各种电控箱、通风机或排风扇、除臭设备(含储水箱、除臭风机及除臭塔)、储水罐、渣箱等。

(2)设备巡视要求:①巡视周期。每天巡视两次。②巡视要求。值班人员巡视过程要认真细致,严格遵守巡视内容,明确关键点,并做好详细的巡视记录,如发现问题应及时解决,不能解决的应向有关人员汇报。③安全要求。巡视时应随身携带对讲机,戴安全帽,穿工作服,夜间还应携带手电;在池、孔、坑边及上、下楼梯处应注意安全,防止坠落、跌倒;在钢平台、设备下穿行时注意防止碰头;严禁翻越设备管道。

(3)设备巡视内容:①低压配电设备巡视。各开关柜电压、电流的运行情况,信号指示情况;PLC 柜运行是否正常,各类数值显示是否准确;电气柜、绝缘垫清洁和通风情况是否良好。②液压格栅巡视。液压格栅运行是否正常,有无异响、异动、漏油、亏油现象;本地控制柜(箱)指示灯显示是否正确;格栅板及格栅前地面是否清洁,有无栅渣污泥;进料池泥位是否符合工艺要求;格栅板有无变形、过度磨损等情况;限位电磁阀功能是否正常。③抓斗天车巡视。天车在运行状态时,大车、小车行车有无异响、异动现象;非运行状态时是否归位(置于给料器上方);抓斗车运行状态时,开启、闭合是否正常,有无夹杂异物,是否存在漏油、亏油现象,非运行状态时是否闭合状态;钢丝绳有无扭曲、断股,动力及控制电缆有无破损、老化、开裂;各限位开关是否灵敏有效;吊钩、防脱钩装置是否完好;天车是否在检定合格有效期内。④给料器巡视。料斗的料位是否符合工艺要求以及是否存在固体搭桥情况;料斗内是否存在大块固体硬质物体或缠绕韧性物品;分离栅条上是否存在沉积物;运输螺杆上是否存在黏附物;齿轮电机是否存在振动、异响等现象。⑤螺旋输送机巡视。电机是否存在振动、异响等现象;螺杆运行是否符合工艺参数设置要求;螺杆旋转是否存在异响,有无异物卡住。⑥水泵巡视。外观有无漏油、锈蚀;运行时转向是否正确,运转是否平稳,有无异常振动和噪声;部位的螺栓有无缺损、松动;本地控制箱信号灯是否显示正常;水泵停车时,是否有骤然停车现象等。

（三）起重机械设备安全管理

1. 设备的基础管理

(1)起重设备要进行统一编号,分类建账立卡,每年至少要对实物清查盘点一次,保持账、卡、物相符。

(2)起重机械设备要建立技术经济档案。内容包括原始技术资料和交接验收凭证,历次大修理、改造记录,运转时间记录,事故记录及其他有关资料。

(3)起重机械设备实行统一报表制度,按规定编报各项统计报表,并定期组织统计分析,提出改进起重机械设备管理、使用、经营、维修的分析报告。

2. 起重设备的采购管理

起重设备采购必须坚持登记备案管理制度,购买经省登记备案的产品,做到三证(登记备案证、产品合格证、产品许可证)齐全。

3. 起重设备的安装管理

物料提升机和塔式起重机安装前,由工程技术人员做出施工组织设计,安装严格按照施工组织设计进行,并必须选择有拆装资质的队伍施工。小型设备安装必须符合《建筑施工安装检查标准》规定。

4. 起重设备的使用管理

(1)起重机械设备使用必须坚持"安全第一,预防为主"的方针。任何单位和个人不得违章指挥、违章使用、违章操作起重机械设备。

(2)起重机械设备保证机组人员相对稳定,做到定人、定机、定岗位职责的"三定制度",且做到持证上岗。

(3)起重机械设备必须在设备明显处挂"合格准用牌"和操作人员姓名,塔机还应挂"十不吊牌"。

(4)起重机械设备人员必须严格遵守机械设备产品说明书及《建筑机械使用安全技术规程》(JGJ 33—2001)及国家、行业有关规程、规定。做好"十字作业"(清洁、润滑、调整、紧固、防腐)。

(5)机组人员每天必须做好日检及交接班工作,并认真真实填写好日检记录、交接班记录和运转记录并存档。

(6)国家明令淘汰的起重机械设备必须报废,磨损严重,基础件已损坏,在进行大修已不能达到使用和安全也应报废,使用15年以上的必须报废。

二、事故管理与控制

1. 车削加工的伤害事故及其控制

车削加工时要防止转动卡盘、花盘等转动部件把人体卷进去的伤害，工件、夹具等飞出去撞击人的伤害，铁屑致伤人的伤害。还要采取措施，防止工人操作时身体失去平衡撞到静止的部件或工作台上。车削加工的伤害事故控制主要有以下几个方面：

(1)穿紧身防护服，袖口不要散开，长发者要戴防护帽。操作时，不能戴手套。

(2)在机床主轴上装卸卡盘要求在停机后进行，不可借助电动机的转矩来下卡盘。

(3)夹持工件的卡盘、拨盘、鸡心夹的突出部分最好使用防护，以免绞住衣服的其他部分；如无防护罩，操作时应注意离开，不要靠近。

(4)用顶尖装夹工件时，要注意顶尖与中心孔完全一致，不能用破损或歪斜的顶尖，使用前应将顶尖中心孔擦干净，后尾座顶尖要顶牢。

(5)车削细长工件时，为保证安全应采用中心架或跟刀架。在机床主轴箱后，沿轴向不得超出 200mm 时，其主轴转数不得超过 600r/min。工件与夹具间要用木料塞紧，伸出主轴箱部分要设托架和防护罩，防止工件甩弯伤人。

(6)加工偏心工件时，必须在卡盘或工件上加配适应的平衡重块，夹持牢固，并要经常检查，防止松动。

(7)装卡大件找正时，要带上压板卡紧，并要在床面上垫好木板，防止坠落。工件偏移中心过多不得开车找正。车床卡盘必须有保险销子，没有保险销子不准使用。

(8)刀具装夹要牢靠，刀头伸出部分不要超出刀体高度的 1.5 倍，刀下垫片的形状尺寸应与刀体形状、尺寸相一致，垫片尽可能少而平。

(9)除车床上装有在运转中自动测量的量具外，均应停车测量工件，并将刀架移动到安全位置。

(10)头一刀要用缓车或手搬卡盘对刀。

(11)禁止用手摸转动的工件。

(12)用锉刀倒棱时，身体要站稳，右手在前，左手在后。

(13)对切割下来的带状铁屑和螺旋状长切屑，应用钩子及时清除，切忌用手拉。

(14)为防止崩碎切屑伤人，应在合适的位置上安装透明挡板。

(15)在用砂布打磨工件表面时，要把刀具移到安全位置并注意不要让手和衣服接触工件表面。磨内孔时不可用手指支持砂布，应用木棍代替，同时车速不宜太快。

(16)机动绞扣和攻丝按工艺和设备规范进行。手持板牙利用机床绞扣时，只准绞 M12 以下的扣，在 62 车床上进行，转速限在 20r/min 以下。

(17)机床在转动中不准隔着正在加工的工件拿取东西。

(18)禁止把工具、夹具、量具等物放在车床床身上和主轴变速箱上。

(19)大型车床上卡活找正时，工件要用天车吊住，在床面上垫上方木，卡牢固后再摘钩。

2. 铣床的伤害事故及其控制

在铣床工作中,铣刀、切屑、工件和安装工件的夹具都可能使铣工遭受伤害。例如,当夹装工件从机床上卸下时工人的手靠近没有遮挡的铣刀,铣床运转时测量零件或用手和其他物件在铣刀下面清除铁屑,在检验加工表面粗糙度时手指靠近铣刀等,都可能发生事故。铣工操作机床时应做到以下几点:

(1)穿紧身工作服,袖口扎好,长发者要戴防护帽。高速铣削时戴护目镜,以防飞屑伤眼;铣铸铁件时,应戴口罩。操作时严禁戴手套,以防手被卷入旋转刀具与工件之间。

(2)操作前应认真检查铣床各部分安全装置是否安全可靠;检查设备的电气部分安全可靠程度以及是否处于良好状态。

(3)装卸工件时应将工作台退到安全位置,使用扳手紧固工件时,用力方向应避开铣刀,以防扳手打滑时,手撞到刀具和工夹具上。

(4)切削过程中,不要用手触摸工件以免铣刀伤害手指。

(5)机床运转时,不要进行调整工件、注润滑液、测量工件等工作,以防手触及刀具。

(6)在铣刀未完全停止时,不能用手去制动。

(7)切削中不要用手清除铁屑,也不要用嘴吹,以防铁屑损伤皮肤和眼睛。

(8)在机动快速进给时,一定要把手轮离合器打开以防手轮快速旋转伤人。

(9)装拆铣刀要用专用衬垫,不要用手直接握住铣刀。

3. 钻床的伤害事故及其控制

钻床工作时,心轴、套筒、钻头和传动装置等回转部分如没有设置适当的防护装置,可能会卷住人的衣服和头发。工件在钻床工作台上夹装不牢、钻头没有装紧或钻头折断时,都能发生事故。

钻韧性金属时没有断屑装置,或钻脆性金属时清除铁屑没有遵守安全规程,都可能造成铁屑伤人。钻削时,操作工人应做到以下几点:

(1)操作人员严禁戴手套操作,严禁用手清除铁屑。为避免钻头绞住头发,不要把头低向钻孔处。女工工作时必须戴工作帽。

(2)工件夹装必须牢固。钻小件时,也应用工具夹持,不准用手拿着钻。

(3)使用自动走刀时,要选好进给速度,调整好限位块。手动进刀时逐渐增加或逐渐减少,以免用力过猛造成事故。

(4)钻头缠有长铁屑时,要停车用刷子或铁钩清除,禁止用风吹、用手拉。

(5)精绞深孔拔锥棒时,不可用力过猛,以免手撞在刀具上。

(6)不准在旋转的刀具上翻转、卡压或测量工件。手不准触摸旋转的刀具。

(7)使用摇臂钻时,横臂回转范围内不准站人,不准有障碍物。使用前横臂必须卡紧。

(8)横臂及工作台上不准放物件。

(9)加工深孔和大孔要经常提钻头清理断屑,防止钻头折断伤人。

(10)使用细长钻头要防止钻头甩弯打人。

(11)卸钻头打销子时,对面不准站人。

(12)使用可移式的钻床,吊运必须捆绑牢固,接电源必须有可靠的接零(地)线。

(13)使用地坑钻大件时,需搭好跳板。进出地坑要有放置稳固的梯子,禁止跳上跳下,地坑四周要有栏杆。

(14)斜面钻孔时,必须有钻模或有可靠的安全措施。

4. 镗削加工的伤害事故及其控制

生产作业中,常常用不合要求的销钉固定刀具,致销钉露出镗杆。工人经常探头看被加工的孔眼情况,身体靠近镗杆,衣服被卷进去,造成不应有的伤害事故。镗削加工的伤害事故控制主要有以下几个方面:

(1)穿着紧袖口的工作服,戴工作帽,禁止戴手套作业。

(2)镗木杆旋转中,严禁将头伸到镗孔内看加工情况或用手摸更不准隔着镗杆取东西,防止绞住衣袖造成事故。

(3)使用偏心盘镗削时,要经常检查,防止甩出伤人。

(4)加工较高的工件,应搭设安全架,并要保持稳固。

(5)用回转台转动工件时,必须将工作台开到中心位置进行,防止转动中挤人。

(6)加工中查看中心孔的歪正时要停车,刀具上绞着大量铁屑时必须停车处理。

5. 刨削加工的伤害事故及其控制

在刨床工作中,切屑飞溅的危险程度要比车床切削的危险程度小。在牛头刨床上,如果操作者脸部凑近切屑部位,切屑可能引起伤害事故。切屑飞溅到地面上,也会引起刺伤脚的事故。龙门刨床除了铁屑以外,就是台面的危险性。龙门刨床台面移动时会将工人压向不动物体。为了避免这类事故的发生,刨床台面最大形成的终点与墙壁之间的安全距离,不应小于700mm。刨削加工的伤害事故控制主要有以下几个方面:

(1)工作时应穿紧袖口工作服,戴护目镜,长发应戴工作帽,头发塞在工作帽内。

(2)工作时操作位置要适当。不得站在工作台的前面,防止铁屑及工件落下伤人。

(3)严禁站在龙门刨床的工作台上看加工件。

(4)机床运行时,严禁进行齿轮变速、调整机床、清除铁屑和测量工作等。

(5)机床开动时要前后照顾,避免机床碰伤人或损害设备、工件,机床开动后,决不允许离开机床,若发现机床有异常情况,应立即停车检查。

(6)工件、刀具以及夹具必须装夹牢固,否则会发生工件"走动",甚至滑出,造成工具损伤或伤害事故。

(7)工件和刀具装夹妥当后,应检查和清理遗留在机床上或工作台面上的螺栓、压板及工具。机床上不能随意放置工具或其他物品,以免机床开动后发生意外事故。应认真检查工件的位置是否妥当,是否会与机床部件相撞,如与牛头刨床滑枕,龙门刨床立柱刀架及横梁等相撞。

(8)机床开动前,应检查所有手柄、开关、控制旋钮是否处于正确位置。暂时不使用的机床其他部分,应停留在适当位置并使其操纵或控制系统处于空挡位置。如龙门刨床开车前,应将暂不使用的刀架移向空挡位置,避免与工作刀具或工件相撞,并且要将它们的走刀手柄、抬刀控制旋钮都扳到空位上。

(9)清除铁屑应停车后进行,并用专门工具或刷子,不能用手扫除或用嘴吹,以免伤人和铁屑飞入眼中。

(10)牛头刨床工作或龙门刨床刀架作快速移动时,应将手柄取下或脱开离合器,以免手柄快速转动或飞出伤人。

(11)工件卸下后,应放在合适位置,并且要放置平稳,以免倒下伤人。

(12)工作结束后,应关闭机床电机或切断电源,所有操作手柄和控制旋钮都扳到空挡位置,然后清理工作台面上的铁屑,清扫工作场地,擦拭、润滑机床。

三、安全组织保障

为搞好公司安全生产,预防和减少事故的发生,保护员工的生命安全和健康,主管的安全生产职责如下:

(1)在组织管理本部门生产过程中,具体贯彻执行安全生产方针、政策法令和本公司的规章制度。切实贯彻安全生产原则,对本部门从业人员在生产中的安全健康全面负责。

(2)组织制订并实施公司安全生产目标和工作计划。

(3)建立健全并保证实施安全生产责任制、安全操作规程、安全教育制度、安全检查制度、安全奖励制度和事故调查处理制度。

(4)组织从业人员召开定期或不定期的安全生产会议,讨论解决生产过程中出现的安全问题,会议应形成纪要并组织实施。

厂长的安全生产职责如下:

(1)贯彻"安全第一,预防为主"的安全工作方针,执行政府有关安全生产的法律、法规、规章和标准。

(2)组织制订并实施公司安全生产目标和工作计划。

(3)建立健全并保证实施安全生产责任制、安全操作规程、安全教育制度、安全检查制度、安全奖励制度和事故调查处理制度。

(4)组织从业人员召开定期或不定期的安全生产会议,讨论解决生产过程中出现的安全问题,会议应形成纪要并组织实施。

(5)保证安全生产资金的有效投入。

(6)组织制订并实施事故应急救援预案。对违反安全生产规定的行为或个人,主管有责令改正和处罚的权力;确保安全工作的持续改进。

安全主任的安全生产职责如下:

(1)组织制订并实施公司安全生产目标和工作计划。

(2) 与培训组协助搞好安全生产培训工作,有责任向各部门传递安全方面的最新消息。
(3) 负责车间安全检查,对设备设施、工作环境安全隐患及员工违章行为提出改善方案。
(4) 负责事故调查、责任处理及统计工作。
(5) 负责每月安全生产评比事宜;每月协助安委会负责人召开一次安全工作会议。

四、安全教育培训

安全教育培训应包含以下但不限于以下内容。

(1) 员工的安全生产职责。自觉遵守安全生产规章制度和劳动纪律,不违章作业,并及时制止他人违章作业;遵守有关设备的操作规程、维修保养制度的规定;正确使用机械设备,按要求佩戴劳动防护用品;发现事故隐患和不安全因素及时向有关人员汇报;发生事故及时抢救伤员,事后协助调查;学习掌握安全知识和技术,熟练掌握本工种安全操作技术和规程;拒绝违章指挥和进行冒险作业,对安全负责等。

(2) 不安全行为。主要包括操作失误(忽视安全、忽视警告),造成安全装置失效,手代替工具操作,不按要求存放工具,冒险进入危险场所,在吊物下作业(停留),机械运转时清洁、检修,上班时间做与工作无关的事,不按规定佩戴劳动防护用品,不按规定处理易燃、易爆危险物品等。

(3) 企业典型安全生产事故案例。对安全生产事故的调查结果和事故发生过程以及事故防范措施进行介绍。

(4) "三级安全教育"制度是企业安全教育的基本制度。教育的对象包括新入职员工、代培人员和实习人员。"三级安全教育"的组织实施:公司(厂)级安全教育由公司安全生产管理部门实施;车间级安全教育培训由车间(分厂)负责人或安全管理人员负责组织实施;班组级安全教育由班组组织实施。新入职人员必须全部进行"三级安全教育",教育后要进行考试,并填写"员工三级安全教育表",考核合格方能上岗。

公司(厂)级岗前安全培训:内容应当包括本单位安全生产情况及安全生产基本知识,本单位安全生产规章制度和劳动纪律,从业人员安全生产权利和义务,有关事故案例等。

车间(分厂)级岗前安全教育:各车间有不同的生产特点和不同的要害部位、危险区域和设备,因此在进行本级安全教育时,应根据各自的情况详细讲解,内容应包括工作环境及危险因素,所从事工种可能遭受的职业伤害和伤亡事故,所从事工种的安全职责、操作技能及强制性标准,自救互救、急救方法、疏散和现场紧急情况的处理,安全设备设施、个人防护用品的使用和维护,本车间(工段、区、队)安全生产状况及规章制度,预防事故和职业危害的措施及应注意的安全事项,有关事故案例,其他需要培训的内容。

班组级安全教育:班组是企业生产的"前线",生产活动是以班组为基础的。由于操作人员活动在班组,机具设备在班组,事故也常常发生在班组,因此,班组安全教育非常重要。班组级安全教育应包括岗位安全操作规程,岗位之间工作衔接配合的安全与职业卫生事项,有关事故案例,其他需要培训的内容。

第五章　安全检测及监测技术

在生产施工过程中,需要对于工程及周边环境的动态变化进行经常性的观察和量测工作,如若发现问题,能够及时解决,使变化控制在允许范围内,保证施工安全,保护周围的环境不受影响。在安全管理的工作中,更需要及时掌握这种变化情况。本章对生产实习可能涉及企业的安全检测及监测技术予以介绍。

第一节　矿山安全生产检测监控系统

矿山安全生产检测监控系统是以生产矿井的综合信息化为目标,直接服务于企业成本运营中心的生产、安全、经营管理,为企业的精益生产、安全保障、成本控制和持续发展的经营目标提供技术保障和信息支持。

我国目前已经开始普遍应用大型监控系统装备,其中就包括有带式输送机集中控制系统以及束管检测系统等。部分矿山企业使用了三层网络结构的自动化信息管理系统,能够将光纤作为信息传输渠道,确保了矿井生产过程的自动化管理,初步构成了一个相当完善的综合信息化管理系统。还有一些煤矿安装了工业闭路监视器,能够通过图像来全天候监视井下重要设备的运行以及人员工作的实际情况,尤其是部分信息化程度很高的矿井还装备了定位系统,能够实时跟踪井下的设备以及人员的位置。而采矿调度室的装备也完成了数字化转变,高达上千单位的工业因特网络铺设完毕,可以实现数字、语音以及视频的同步传输。

对于目前企业所使用的监测监控系统,学生应该有大体的了解,并熟悉有关内容。

当前阶段,我国国内的煤矿安全生产检测监控系统主要有4种类型:第一种类型为监测系统,其监控覆盖区域比较大,能够实现矿井内部无差别覆盖;第二种类型为煤矿综合监控系统,其综合性比较强,能够实现视频、声音的同步传输;第三种类型为频分复用型矿井监测监控系统,可以针对井下各种参数进行集中的监测,并及时反馈到控制中心;第四种类型为监控系统,可以实现井下生产环境以及安全系数的监测。例如山西省已经有超过96.8%的煤矿企业开展了监测监控系统建设,能够初步实现省、市、县、矿业集团的四级联网协作。

矿山安全检测的主要内容包括对井下甲烷、一氧化碳、氧气等气体浓度的检测和对风速、风量、气压、温度、粉尘浓度等环境参数的检测和对生产设备运行状态的监测、监控等。

检测方法如下：

(1)风速测定。风速测定主要用风表、热电式风速仪和皮托管压差计、风速传感器等。

(2)矿井通风阻力的测定。矿井通风阻力测定的方法一般有以下3种：精密压差计与皮托管的测定法、恒温压差计的测定法和空盒气压计的测定法。

(3)瓦斯检测。矿井瓦斯检测方法有实验室取样分析法和井下直接测量法两种。

(4)一氧化碳检测。煤矿常用的一氧化碳检测仪器有电化学式、红外线吸收式和催化氧化式等。

(5)氧气检测。煤矿中检测氧气常用的方法主要有气相色谱法、电化学法和顺磁法。

(6)温度检测。煤矿常用的温度传感器有热电偶、热电阻、热敏电阻、半导体PN结、半导体红外热辐射探测器、热噪声、光纤等。

(7)烟雾检测。

(8)开关量检测。煤矿监控系统采用的开关量检测内容主要有设备开停、风门开闭、馈电开关状态、风筒开关、温度湿度控制、有烟无烟、电流电压控制等。

学生应熟悉有关安全生产检测检验，它是指根据《安全生产法》等相关法律、法规、规章等规定，依据国家有关标准、规程等技术规范，对工矿商贸生产经营单位影响从业人员安全与健康的设施设备、产品的安全性能和作业场所存在的危险性等进行检测检验，并出具具有证明作用的数据和结果的活动。

目前针对矿山安全已经初步建立了由各级国家主管行政部门检测检验机构、中介服务机构、矿用产品生产单位等构成的安全生产检测检验体系。体系的建立目的是为提高安全生产管理水平和监管监察水平，减少矿山灾害事故，保护职工人身安全和健康。检测检验工作的重点是在煤矿，金属、非金属矿，危险化学品，烟花爆竹和劳动防护用品等领域。在安全生产形势仍然严峻的大背景下，随着全社会对矿山安全生产的日益重视，对安全生产检测检验提出了更高的要求。学生应了解我国安全生产检测检验体系，明晰检测检验的定位，进一步熟悉检测检验在矿山安全生产中的作用。检测检验是提升矿山企业安全保障水平和政府科学监管、科学执法的重要技术手段。

第二节　城市地铁的安全监测技术

城市地铁施工建设过程中破坏了地下原有土层、岩石的应力，为了达到新的平衡，被开挖隧道周边的土层、岩层会发生一定的移动，同时地下水平衡也发生变化，这样会对周边的建(构)筑物造成一定的影响，为了安全施工、预防灾害的发生，根据地铁工程的要求，需要做大量的监测任务。监测的内容有建(构)筑物的沉降、倾斜、裂缝观测及成因分析，地下水位监测沿线重要设施如桥梁、立交桥、人行天桥、铁路、高压铁塔、电视塔等沉降和倾斜监测，道路及地表沉降监测，地下管线沉降监测，车站基坑围护结构变形监测，施工隧道拱顶下沉与收敛监测和地裂缝监测。城市地铁监测的范围为站、线结构物外缘两侧范围内或基坑开挖深度或隧道埋深范围的地下及地面建(构)筑物、地下管线、地表及道路等。

一、地铁隧道施工安全监测

(1)必须强化隧道施工安全监测工作,安全监测频度有如下几点要求:①各监测项目通常的观测频度为:在洞室开挖或支护后的半个月内,每天应观测12次;半个月后到一个月内,或掌子面推进到距观测断面大于2倍洞径的距离后,每天或每两天观测1次;1~3个月每周测读1~2次;3个月以后,每月测读1~3次。②若设计有特殊要求,则按照设计要求进行。③若遇突发事件则加强观测。

(2)隧道施工安全监测的主要对象为围岩、衬砌、锚杆、钢拱架。隧道施工安全监测部位为地表、围岩内、洞壁、衬砌内、衬砌内壁。隧道施工安全监测的监测类型:①位移,包括地表沉降、地表水平位移、拱顶沉降、拱脚基础沉降、围岩位移(径向、水平)、洞周收敛。②压力,包括围岩内压力、锚杆轴力、钢拱架压力、衬砌混凝土压力等。③其他物理量,包括围岩松动圈、前方岩体性态。

(3)认真做好超前地质预报。

(4)在建筑施工的隧道口的安全要求:①在隧道口必须悬挂安全标识(当心车辆、小心触电、当心瓦斯、当心坑洞、戴安全帽、禁带烟火、注意安全、限速牌、防坠落、防坠物等)。②在隧道口设置值班室,由专人值班,值班记录应齐全、真实。③在隧道口附近应有灭火器、隧道塌方应急救援器材及应急救援电话。

(5)严格控制掘进进度,确保施工安全。按规定确定隧道施工时一般情况下仰拱距下台掌子面的距离、二次衬砌混凝土距下台掌子面的距离等。

(6)对各种作业台车的安全装置的要求。各种作业台车上作业平台必须设封闭式栏杆;应安装应急灯,设有限界警示牌、警示灯和防高处坠落、防物体打击警示牌及消防设备,使用安全电压照明。

(7)地铁施工过程中对线路及沿线两侧建筑物倾斜和沉降、道路及各种管线沉降、土体位移、水位变化、桥梁墩台位移、隧道收敛及拱顶下沉等进行及时的监测、分析和信息反馈。

二、地铁综合监控系统

环境与设备监控系统能够实现对地铁运营环境和设备的管理,包括地铁车站的站厅和站台、地铁车站内的管理用房和设备用房、区间隧道、车厢内。它能监测到可能引发事故的设备非正常状态或环境的剧烈变化,及时预防事故的发生,同时能够接收系统火灾信息,对于实现地铁事故应急救援也有着重要作用。

综合监控系统是一个功能强大的、开放的、模块化的、可扩展的分布式控制系统,是一个集成和互联了多个子系统的综合系统。综合监控系统可以联动地铁各机电系统和通信、信号、供电等系统设备,实现地铁信息互通、资源共享、设备自动化控制功能,提高地铁设备运行的综合自动化效率。综合监控系统一旦出现故障，必会连累到其集成和互联的子系统，导致地铁运营监控不到位甚至陷入瘫痪，尤其对现代自动化地铁运营系统来说，若处理不及时，必会对地铁运营造成不可估量的严重后果。

例如"远程监控系统"就应用在了南京地铁建设项目中，它主要研究了系统功能、参建各方的职责以及预警报警机制。而在上海地铁的建设过程中，应用了"安全地铁工程远程监控管理系统"，该系统实现了工程建设的动态监控以及建设工地的远程管理，既实现了实时监控，又提高了管理效率。值得注意的是，大部分已投入使用的远程监控系统和地铁监测信息平台的系统功能过于简单，诸如数据分析、预警报警、辅助决策等相对复杂的高端应用功能使用比例极低，同时系统也缺少基础数据库和地理信息系统的支持。因此，开发以先进的海量数据动态调度技术为基础的、以地理信息系统和人工智能支持的、以高速宽带网络为依托的、利用三维可视化形式表达的信息管理与监测系统已迫在眉睫。安全管理应向着基于信息化技术的管理及预警决策支持系统方向发展，要在管理中加强科学的定量研究、监测与信息化传输和反馈控制。建立施工安全远程监测系统，系统通过传感器获取相应信息后反馈给指挥部，并结合工程管理地理数据库中的数据进行分析，加强预警，并发出警报，以便能及时采取应急预案或组织专家现场查看。

根据地铁施工及其现场管控的特点，地铁施工过程中都将监测作为一道必要的工序，为施工质量安全和进度控制服务；同时，现场巡视也应作为施工安全管理的重要工作方法。二者对安全状态的判断和非正常状态的预警分级都十分重要，且缺一不可、互为补充。在最终的预警判断中，应充分结合二者进行综合分析，即综合预警。因此，为更好地加强施工过程中安全状态的判断、预警分析、反馈和管理，施工过程中风险工程安全状态的预警分为单一的监测预警、巡视预警和综合预警3类，各类预警分为黄、橙、红3级。

地铁安全环境监测预警系统的主要目的是综合利用串口通信、协议解析、计算机软件、SuperMap、数据库等多项技术，实现了对传感器的数据接收，地图的查询，各节点数据的查询，数据库查询，数据图形显示，地铁安全的预警、报警及显示地点信息功能。该软件系统通过合理的监测，第一时间获取主体和周边环境的真实变化数据，结合风险巡视和实际科学分析总结，许多事故能够在萌芽阶段就被发现和解决。根据对地铁安全环境的各种因素的分析，地铁安全环境监测系统应具备以下功能：①实时监测地铁环境的状况。对地铁环境进行监测的主要因素包括空气中的烟雾、有毒气体（瓦斯等）、可燃气体（乙醇、丁烷等）、温湿度、光强度、雨滴、大气压力、土壤湿度、地质震动。②地铁环境现场设备的监控。根据对地铁安全环境监测设备采集到的数据，有地铁安全环境监测系统软件对现场布置的各个传感器的可用性和启停进行控制，以此来对地铁安全环境进行监测，对安全隐患启动应急方案，从而达到对地铁安全环境进行预警的效果。③采集信息的管理功能。地铁安全环境监测系统还应该能够对布置的各个节点的传感器所采集的数据进行记录，形成记录和报表，为地铁安全环境管理人员通过使用地铁安全环境监测系统在各个子系统之间进行联合运作，为地铁安全环境进行预警预测积累数据，为尽早发现隐患、启动应急措施提供分析和决策的可靠数据依据。地铁安全环境的监测预警系统的规模、结构与整个地铁安全环境监测系统的整体水平有着紧密的关系。监测系统的先进性、可扩展性、可靠性以及稳定性也与地铁安全环境监测预警系统的智能水平有着非常直接的关系。

由于考虑到地铁安全环境智能监测预警的特殊性，系统的顶层是数据预警处理模块，根据从中间层的中央系统的各个子控制系统中得到分析和规则提取异构数据。地铁中央控制系统的底层网络由视频监测子系统、紧急电话与广播子系统、火灾报警子系统、地铁安全环境监测子系统等组成，整个系统在划分子系统后，功能易于扩展、增加，系统可靠性以及运行态分项维护性高。每个子系统的功能都是独立存在的，在单个子系统由于某种原因无法正常工作的情况下不会影响其他总体功能的实现。以下是对各个子系统功能的介绍。中央控制系统的组成如图5-1所示。

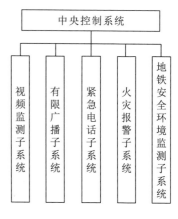

图5-1

各类工作站、网络设备、数据服务器以及打印机等组成了中央控制系统。地铁安全环境监测系统的各监测子系统的无缝连接主要是以此来实现的。通过对子系统传输过来的数据进行分析，可以实现地铁安全环境监测信息的集中显示，而且对地铁环境的安全提供有效决策方案的参考数据。

(1)地铁安全环境监测子系统。地铁安全环境监测子系统由温度传感器、光强检测仪、压力传感器和湿度传感器等组成。在地铁环境中分别布置采集这些数据的传感器节点，来实时地对地铁当前环境的参数进行采集。每个负责采集数据的传感器和控制设备都与现场的控制器相互连接，并且中央控制系统也通过网络与现场的控制器相连。地铁安全环境监测主要包括的功能是对当前环境参数的采集以及环境设备控制。对地铁安全环境的数据采集主要包括一氧化碳浓度、温度、相对湿度、亮度、地表沉降、地下水位、水平支撑轴力、水土压力等环境参数。采集之后可以对每个环境参数进行显示，并把采集的数据存储到本地的数据库中以供环境监测人员查询。如果所采集的数据参数经过预警系统的分析发现异常时，便会立即向监测管理人员发出警报。

(2)视频监控子系统。监控工作站、监测器幕墙、视频切换控制矩阵、光端机、信号传输介质以及摄像机组成了视频监控子系统。摄像机的种类主要有枪式摄像机和高速智能球摄像机。在地铁环境中每隔一定的距离就设置一台摄像机，这样可以让管理人员对地铁的环境进行全线监视。在中央控制室中放置多台监视器，以此来对摄像机所采集来的图像进行显示，并把所有摄像机所采集来的图像信号通过硬盘录像机来对其进行录像，尤其是可以在地铁环境中发生了什么特殊的事件后为研究人员对其进行分析提供重要的参考数据。

(3)紧急电话与广播子系统。地铁紧急电话与广播子系统的主要组成有广播外场设备、传输设备和控制中心的中央控制台设备等。中央控制台设备的主要组成部分有系统控制主机、计算机、数字录音设备、值班电话机、麦克风和打印机等；传输设备的主要组成有接入设备以及传输光缆等；广播外场设备的主要组成部分有扬声器和公放盒，以上设备以光纤作为传输媒介来和系统控制主机相互连接。电话的接听、拨打、广播和录音等功能是由操作管理计算机的语音设备和数字录音设备以及系统控制主机一起来完成的。

(4)火灾报警子系统。网络化的火灾报警子系统完成了报警信号的收集、处理、关联设备的控制。对火灾自动报警终端的报警数据、系统运营状态数据以及系统的实时数据等进行采集和处理,而且产生待处理的信息数据库,把不需要分析、处理的数据直接放入历史数据库中。

(5)环境监测子系统。环境监测子系统主要由温湿度传感器、风速传感器、一氧化碳传感器、二氧化氮传感器以及一些检测有害物质的传感器等组成。在人流量比较密集的地方设置一些有害物质的传感器,和在地铁站每隔一段距离放置一些监测比较常见内容的传感器模块,比如温湿度传感器和有害物质传感器,以此来完成对环境参数的采集。各种对数据进行采集的设备以及监测设备通过光纤与地铁站的监测控制器相连,控制中央控制系统的计算机和地铁站现场的控制器通过串口相互连接起来。

第三节 石油化工厂区中的安全监测技术

一、石油化工企业的监测预警系统

石油化工企业必须具有灵敏的监测预警系统。在日常的安全生产过程中,监测系统可以针对石油化工企业的危险物料、锅炉压力容器等重大危险设备和复杂危险的工艺过程进行温度、压力、浓度等相关生产工艺参数的实时监控。在事故发生时,监测系统可以对事故现场环境中有毒有害物质的浓度、扩散速度进行有效的监测,对火灾事故现场的温度、火势扩散速度进行监控,从而发布不同级别的警报。灵敏的监测预警系统可以使应急救援行动更为快速,救援目标更加明确,有利于现场指挥人员对事故的蔓延程度有更为深入全面的了解,帮助企业采取更为有效的控制措施,控制事态发展,减少损失。因此,灵敏的监测预警系统是快速应急救援行动和有效控制事故的重要保障。

(1)危险源监控模块,包括危险源正常监控模块、事故早期预警监控模块、危险源交互信息监控模块以及危险源信息融合分析模块。系统监控预警对象一般涵盖石化企业生产、储运场所的动设备(离心式/往复式压缩机组、机泵群组等)以及储罐、塔器、换热器等压力容器和压力管道等设备。

(2)实时风险分析模块,主要依据危险源实时监控数据,结合HAZOP分析方法,基于风险的检验和信号分析技术进行动静设备的在线风险评估,并建立相应的风险分级机制与标准,实现危险源装置的实时风险分级,指导危险源装置的风险管理。该功能模块包括静设备实时风险分析模块、转动设备实时风险分析模块、仪表系统实时风险分析模块、操作完整性及风险分析模块和事故风险分析模块。

(3)事故实时监控模块,主要用于事故状态下的危险源信息监控,为应急指挥决策提供数据支持,包括危险参数协同监控模块、事故特征分析及预测模块和事故回放分析模块。

(4)应急资源建模与调度模块,为企业建立信息化危险介质信息库、应急资源数据库、应急预案库和应急指挥调度平台,依据危险源所涉及事故的类型、影响范围和严重程度,自动生成相应的应急救援方案、应急资源需求分配信息以及应急指挥调度方案。该模块包括典型事故预案分析模块、事故特征提取模块、应急预案自动生成模块和应急调度模块。

(a)事故预防。企业综合视频指挥调度系统在安全生产事故预防中发挥以下作用。各级管理者通过视频图像能够实时了解一线工人的工作情况,发现问题及时提醒纠正,从而督促各级、各部门严格执行安全生产的规定。通过智能视频监控功能,各类安全生产管理人员根据生产环境现场具体情况设定各种安全警戒区域和各项安全侦测规则。检测到安全威胁时,通过智能视频行为分析判别技术,能够在无人干预的情况下实现对多种违犯安全规则的行为自动报警。系统能够做到预测危险,提示生产调度人员控制和消除事故,将事故发生的概率控制在最低程度。系统通过环境监测报警联动功能,实时采集各类环境数据,使管理者能够及时掌握生产环境的实际情况变化,还能够根据现场需要,设定各种环境参量的上下限以及各种报警开关量,当监测数据达到设定触发条件时,即可产生报警信号并联动视频监控、启动录像功能,报警点图像将及时传给调度中心值班人员,使异常情况得到及时处理。

(b)应急处置决策。石油化工行业安全事故的发生具有突发性,事件发生后的最初几分钟,往往最为关键。其间能否采取迅速而有效的应变行动,将决定整个状况能否被控制,损害是否减轻。因此应急处置决策就是在最短时间内处理大量与事故相关的信息,合理调配各种资源,组织应急抢险,以减少事故造成的损失。正确进行应急处置决策的前提包括完善的应急响应预案、充分有效的协调组织和充分准确的信息。当前应急处置决策面临的主要问题是对事故现场的情况缺乏客观及时的了解,相关部门分布在各处无法进行直接有效的协调组织。企业综合视频指挥调度系统具有视频监控和视频调度功能,一方面通过视频图像能够提供丰富、形象、直观的现场信息,特别是移动监控子系统可以及时地部署到事故发生现场,了解监控前端子系统监控盲区发生的情况;另一方面处于不同地理位置的有关人员通过该系统,共享实时的监控图像,相互面对面地讨论分析形势,汇总各方面专家的意见,协调组织各种力量,做出正确的判断和决策。

(c)事故调查。事故调查是石油化工行业安全生产管理的重要环节,通过调查分析事故原因,开展事故损失评估与索赔,总结经验教训,对存在的问题及时地、科学地提出相应的预防方案和整改措施。用户可以选择任意多路现场的画面手动录像,也可根据要求设定定时录像和设定联动报警触发录像。用户经授权可根据终端名称、录像时间、录像地点、录像事件特征,随时查询检索视频文件,远程播放所需视频图像。系统记录的视频图像和环境监测数据就是用于调查分析事故原因最重要的原始材料。石化系统下属各企业均是安全防范的重点对象。一旦发生火灾或爆炸等事故,都会造成重大的人员伤亡和国家财产损失,因而,各企业如何落实"安全第一,预防为主"的方针,采取哪些先进技术实现安全有效的防范措施,满足企业的安全生产管理,是摆在各个企业面前的重大课题。"企业综合视频监控调度系统"专门针对石油化工行业设计开展,满足该行业的安全生产监控调度要求。目前该系统已经在某大型化工厂成功应用,该系统的使用降低了调度人员的劳动强度,使各级生产调度人员可以通过监视远端传送上来的现场图像、语音和环境数据直观、准确和及时地了解各厂区的实际情况,缩短事故报警处理时间,提高事故处理决策的及时性和准确性。

二、安全监察技术

在进行探测器位置布置方案确定时,应主要考虑以下相关因素:设置有害气体探测器应将室内或室外环境分不同情况进行考虑;泄漏源的潜在位置以及泄漏气体的物理性质和参数(包括密度、压力、温度等);可能泄漏易挥发液体的泄漏源周围需设置探测器;气体可能发生的泄漏形态,如喷射或其他形式;泄漏源附近的地形条件和设备构成及位置;大气条件(室内情况应考虑自然通风或机械通风效果,室外主要考虑风速和风向);温度的影响;厂区人员数量及分布;潜在的点火源;探测器位置选择应注意不易受到环境损坏;布置点应便于人员检修和校准;容易产生气云聚集的场所,如围墙、沟槽处应设置可燃气体探测器。此外,在进行可燃气体探测器布点时,还要求检测相对密度小于空气的可燃气体时,探测器应安装于泄漏源之上靠近天花板的位置;反之,应安装于泄漏源之下靠近地面的位置。对于一些可能有外部泄漏气体进入的建筑物内,探测器则应安装于室内通风口附近。对待某些泄漏危害后果较小的区域时,探测器可在该区域外围周长上以特定间隔布置一定数量的监测点。

探测器布置应建立在对企业可能发生的危害场景识别和评估的基础上。识别和评估过程中,主要应考虑以下相关因素:①火灾或爆炸可能的风险大小;②工艺过程中的操作参数,泄漏物质的储存数量和物化性质;③所分析区域内生产装置的数量、空间布局复杂度;④人员因素,如人员分布、流动情况和生产行为等。

常用有害气体的检测对象有以下几方面。

(1)泄露源。适用于可燃气体中等强度泄漏和高强度泄漏,或有毒气体的大面积或者灾难性泄漏,但不适用于影响范围很小的微小泄漏。若同一个区域内存在多个潜在泄漏源,应要判断将其分开单独考虑或作为整体考虑。如果泄漏源间隔距离较远,则应作为多个独立泄漏源考虑,每个泄漏源附近应分别布置探测器;若多个泄漏源同时分布于直径 3.3~4.4m 范围内,可作为一个泄漏源进行探测器布置。

(2)泄漏气体、气云体积监测。在稳定泄漏速率条件下,随着可燃气体体积的逐步增大,其中心点燃爆炸产生的超压危害也越大。该方法关注那些爆炸产生的超压足够对设备或人产生超压危害的气体云团(简称监测目标云团)。在探测器布置方式上,采用空间三维布置方法(主要为红外探测器)来进行可燃气体云团探测。监测原则为使全部所关注三维空间可燃气体探测网络能处于所有监测目标云团的包围之中。假设监测目标云团的最小直径为 5m,则红外探测器红外射线路径间距最大为 5m。该方法不适用于小强度泄漏情况,这是因为在目前的探测技术条件下利用此类方法对该类泄漏的探测效果不够理想。

(3)人员路径和驻留区域监测。主要关注的对象为人员正常情况下移动路径区域以及有人员聚集区域的有毒气体探测,在生产装置应急疏散路线上的可燃性气体监测中也有应用。利用该方法进行探测器布置,主要考虑以下区域:①生产装置区域人员正常行走的通道区域;②生产装置区域入口附近;③存在有毒或窒息性气体生产装置的封闭、局部封闭的区域内;④生产人员正常情况下能够接触到的较低洼位置,此类区域易引起重气的集聚;⑤受到发生泄漏设备泄漏有毒气体影响的人员应急疏散集结点和泄漏装置之间的区域;⑥潜在的泄漏源和生产装置区以外的某些区域,如停车场、道路和无关生产的建筑物内。

石油化工行业应用的油气管道泄漏自动检测技术主要有基于 SCADA 系统的原油管道泄漏检测关键技术、基于混沌理论的超声波输油管道泄漏检测技术、基于动态质量平衡的管道泄漏检测技术和基于模式识别的负压波法管道泄漏检测技术 4 种检测技术。现分别作如下简要介绍:

(1)基于 SCADA 系统的原油管道泄漏检测关键技术。该技术在保证原 SCADA 系统运行正常的情况下,解决了 SCADA 系统和管道泄漏自动监测系统这两个系统的接口问题。提供能满足管道泄漏检测和定位系统技术要求的所需参数,它采用有效的信号预处理措施,提高了所需信号质量和系统捕捉压力波微小变化的能力。它主要由 7 个模块组成,即数据通信模块、泄漏判断及报警模块、泄漏定位模块、历史数据分析模块、信息存档模块、参数设置模块、程序退出模块等部分。该系统运行的可靠性和准确性高,泄漏定位准确,误报率低,实现两个系统的融合以达到资源共享。

(2)基于混沌理论的超声波输油管道泄漏检测技术。该技术是基于混沌理论的超声波微弱信号检测方法及其在原油管道泄漏检测方面的应用。它根据超声波信号的传播特性及其声场的计算方法,以及利用 Duffing 方程的混沌特性和间歇混沌现象这一特点进行微弱正弦信号的检测,进而利用混沌振子阵列的方法检测大频率范围的微弱信号,同时用锁相的办法确定出信号的幅值和相位。采用以高速实时采集和存储为主要技术的实时检测系统,它是一种基于混沌的时差式超声波流量计的工作原理的输油管道泄漏检测方法和管道运行监测系统。它既能实时监测管道输送实时流量,又能实时监测管道泄漏情况,遇有管道发生泄漏事故,即刻发出泄漏事故报警和计算出泄漏地点。

(3)基于动态质量平衡的管道泄漏检测技术。该技术是基于质量平衡原理设计了管道实时泄漏检测系统,通过建立管道系统的动态质量平衡关系,并在此基础上进行泄漏检测,提高了泄漏检测系统的灵敏度,降低了泄漏检测中的误报警率。为了准确计算管道内的质量平衡关系,通过求解流体一维瞬变流动方程组来计算管内油品存余量。在瞬变计算中,针对原油加热输送的特点,考虑了原油在管道内的温度分布对原油物性参数的影响以及管道内油品的温度瞬变过程,使得管道瞬变流动计算得更加准确。

(4)基于模式识别的负压波法管道泄漏检测技术。该技术是对负压波信号进行相关处理实现管道泄漏检测与定位的方法,因无须建立管道的数学模型且使用设备少,可实现实时检测,检测速度快,定位精度较高,而成为当今管道监测领域里比较热门的研究课题之一。它采用优选压力传感器,利用负压波原理并采用数字信号处理技术。该监测系统适用于原油集输管线及原油长输管线,无漏报,误报率低,定位精度高,实时监测原油管道的运行状态,遇有大于管道输送量的泄漏时,能够在短时间内进行声光报警,给出泄漏位置及估计泄漏程度。

第四节　道路桥梁工程施工中的安全监测技术

施工前期施工单位要严格进行原材料的审核,避免不合格的原材料投入使用,导致质量问题;安排专业的工程机械组配人员,对施工机械进行检测,以免施工人员出现安全问题;对施工人员的施工技术和安全意识进行培训,保证工程的顺利进行;综合各项现场的数据,提出有效的施工顺序和安排。

施工中期在市政高架桥梁施工的过程中,需要施工单位加强监督和管理。严格要求施工人员进行规范操作。安排检测人员在每一个环节完成后进行检测,保证工程的每一步符合使用要求。施工监督和管理部门要对每一项工程进行合理的安排,设置现场监管的部门,做好每天的数据和进程等的记录,后续工程可能会使用到。

施工后期最主要的就是在检测方面,要对整个高架桥的稳定性、安全性、实用性进行检测。包括地基的检查,确保承载力;柱体的抗压强度检测,桩孔是否符合相关规定要求;检测沉入桩中单排桩和群桩的桩位以及中轴线偏斜率等;检测沉井基底、井壁、倾斜度、标高等是否符合设计要求;检测高架桥面的平整性以及抗压性等。

第五节　工民建筑施工中的安全监测技术

1. 超声波层析成像技术分析

超声仪、接收换能器、发射换能器以及电脑等是超声波层析成像技术在使用时用到的最主要设备。进行检测的时候,首先要将预留安置声波换能器的声测管放到灌注桩里面,然后进行混凝土浇筑。在混凝土灌注桩凝结后再进行声波发射点的布置,一般为了考虑精准度,将发射点布置为网格结构。开始检测的时候,一般是先使用普通的超声透射法对基桩进行检测,当发现基桩存在异常情况时,对桩身异常部位使用CT扫描进行加密测试。

2. 基桩钻芯检测钻孔成像技术分析

光学成像仪和声波成像仪是工程中目前经常用到的钻孔成像仪。光学成像仪不仅能够采集到非常清晰的优质图像,同时还能够经过图像处理软件得到光学成像柱状图。声波成像系统一般是依靠发射和接受声波来完成图像采集,但是声波的探头可能会受到外界环境的干扰而影响到检测结果。

基桩钻芯检测钻孔成像技术发展的基础是基桩钻芯检测法以及钻孔成像仪,这种检测方法能够最大程度地保证采芯率以及采芯的完整性,方便后续的检测工作。除此之外,基桩钻芯检测钻孔成像技术还可以准确地判断方向,可以辅助分析钻芯孔偏离了桩外的偏离方向,然后模拟出芯样的三维柱状图。

3. 现场钻芯检测视频监控系统分析

信息数据监控中心、信息采集系统和数据传输系统是现场钻芯检测视频监控系统的三大组成部分。信息采集系统对视频信号进行采集,经过压缩以及转化处理之后,再经过数据传输系统进行传递,最后到达信息数据监控中心。信息数据监控中心能够通过监控软件对钻芯检测的现场进行实时视频监测。

监控中心具有以下几大功能:

(1)监控中心是现场钻芯检测视频监控系统的核心内容,除负责视频信号的处理之外,同时还要对系统进行权限分配、设置系统以及管理用户等其他平台的服务功能。

(2)监控中心能够兼容多种监控终端,用户能够通过 PC 端、电视墙等多种设备进行集中的监控。电脑、智能手机以及笔记本等也可以对现场进行实时监控。

(3)用户可以通过电视墙来完成监控系统对图像进行的实时监控、对信号的控制协调以及管理用户登录界面等,存储服务器能够同一时间存入信息,完成录像的存储、搜索以及回放等。

(4)用户能够通过监控中心的云台设备来完成对现场任意站点的控制,监控中心能够借助于无线设备将云台的控制指令下达到监测点。

4. 全站仪检测法分析

全站仪即全站型的电子测距仪,是一种比较高端的技术测量仪器,集光、电位、机于一体,不仅能够用来测量垂直角、水平角以及高差等参数,同时还能进行自动记录以及显示读数。一般情况下,只需要在观测点安装一架全站仪,基本就能够完成该测站上的所有测量工作,所以全站仪在地基基础施工检测中被广泛使用。全站仪采用的是光电扫描的测角系统来完成测量,是在角度测量的自动化过程中发展起来的。当前,随着计算机技术的快速发展以及工程测量技术的需要,全站仪的更新速度也非常快,目前已经有了防水型、电脑型以及防爆型等多种款式,并且对于工作环境以及工作要求的适应性和兼容性也更强了。它既能够进行自动操作,同时又能够进行人工操作;既能够在机载应用程序的控制下进行工作,又能够在远程控制下进行工作。全站仪在隧道施工的变形监控中使用最为广泛,几乎能够完美胜任任何一项检测工作。目前,在地基基础的检测监测领域也逐渐开始使用全站仪进行监测。

第六节　机械加工中的安全监测技术

目前以微机或微处理器为核心的电子控制装置在现代工程机械中的应用已相当普及,电子控制技术已深入到工程机械的许多领域,如摊铺机及平地机的自动找平系统控制,摊铺机的自动供料和设备称重计量过程的自动控制，挖掘机的电子功率优化，柴油机的电控喷油，装载机、铲运机变速器的自动控制，工程机械的状态监控与故障自诊等。

其中电子监控、自动报警及故障自诊，即对工程机械的发动机、传动系统、工作装置、制动系统和液压系统等的运行状态不停地进行监控，一旦出现异常现象，能自动报警并能指出故障部位。给工程机械配备电子监控系统是工程机械发展的一个新趋势。

第六章　安全技术措施

当前,很多生产作业具有易燃易爆、有毒有害、高温高压、易腐蚀等特点,危险性和危害性很大,因此对于这些生产工作人员的安全技术素质要求很高。学生需了解生产实习企业的相关安全技术。本章对于生产实习可能涉及行业的安全技术措施进行介绍。

第一节　矿山开采安全技术措施

一、矿井瓦斯防治技术

(一)瓦斯爆炸及其预防

瓦斯爆炸必须具备的3个条件:①一定浓度的瓦斯;②一定温度的引燃火源;③足够的氧气。而足够的氧气一般在生产井巷中是始终具备的,所以预防瓦斯爆炸的措施就是防止瓦斯积聚和杜绝高温热源出现。

1. 防止瓦斯积聚

(1)搞好通风。有效地通风是防止瓦斯积聚最基本、最有效的方法。瓦斯矿井必须做到风流稳定,有足够的风量和合理的风速,避免循环风,局部通风机风筒末端要靠近工作面,爆破时间内也不能中断通风,向瓦斯积聚地点加大风量和提高风速等。

(2)及时处理局部积存的瓦斯。生产中容易积存瓦斯的地点有采煤工作面的上隅角,独头掘进工作面的巷道隅角,顶板冒落的空洞内,低风速巷道的顶板附近,停风的盲巷中,综放工作面放煤口及采空区边界处,以及采掘机械切割部分周围等。及时处理局部积存的瓦斯,是矿井日常瓦斯管理的重要内容,也是预防瓦斯爆炸事故、搞好安全生产的关键。

(3)抽放瓦斯。这是高瓦斯矿井、煤与瓦斯突出矿井或采区防止瓦斯积聚的有效措施,也是防止瓦斯积聚和瓦斯爆炸的治本措施。

(4)经常检查瓦斯浓度和通风状况。这是及时发现和处理瓦斯积聚的前提。瓦斯燃烧和爆炸事故统计资料表明,大多数这类事故都是由瓦斯检查员不负责、玩忽职守、没有认真执行有关瓦斯检查制度造成的。

2. 杜绝高温热源出现

防止瓦斯引燃的原则是坚决禁绝一切非生产必需的热源。生产中可能用到或产生的热源,必须严加管理和控制,防止其发生或限定其引燃瓦斯的能力。

严禁携带烟草和点火工具下井;井下禁止使用电炉,井口房、抽放瓦斯泵房以及通风机房周围20m内禁止使用明火;井下需要进行电焊、气焊作业时,应严格遵守有关规定;对井下火区必须加强管理,配备防爆电气设备,安设瓦斯监测探头,正确确定断电范围。

在有瓦斯或煤尘爆炸危险的煤层中,采掘工作面只能使用煤矿安全炸药和瞬发雷管。如使用毫秒延期电雷管,最后一段的延期时间不得超过130ms;在岩层中开凿井巷时,如果工作面中发现瓦斯,应停止使用非安全炸药和延期雷管;打眼、爆破和封泥都必须符合有关规定;必须严格禁止放糊炮、明火爆破和一次装药分次爆破。

防止机械摩擦火花,如截齿与坚硬夹石(如黄铁矿)摩擦、金属支架与顶板岩石(如砂岩)摩擦、金属部件本身的摩擦或冲击等。国内外都在对这类问题进行广泛的研究,公认的措施有:禁止使用摩钝的截齿;截槽内喷雾洒水;禁止使用铝或铝合金制作的部件和仪器设备;在金属表面涂以各种涂料,如苯乙烯的醇酸或丙烯酸甲醛脂等,以防止摩擦火花的产生。

高分子材料制品,如风筒、运输机皮带和抽放瓦斯管道等,应采用抗静电难燃的聚合物材料制品,其内外两层的表面电阻都必须不大于$3 \times 10^8 \Omega$,并应在使用中能保持此值。

此外,激光在矿山测量中的使用,带来了一种新的点燃瓦斯的热源,如何防止这类高温热源是矿井生产中面临的新课题。

3. 防止瓦斯爆炸灾害事故扩大的措施

万一发生爆炸,应使灾害波及范围局限在尽可能小的区域内,以减少损失,为此应该做到如下几点:

(1)编制周密的预防和处理瓦斯爆炸事故计划,并对有关人员贯彻落实这个计划。

(2)实行分区通风。各水平、各采区都必须布置单独的回风道,采掘工作面都应采用独立通风,这样,一条通风系统的破坏将不至于影响其他区域。

(3)通风系统力求简单。应保证当发生瓦斯爆炸时入风流与回风流不会发生短路。

(4)装有主要通风机的出风井口,应安装防爆门或防爆井盖,防止爆炸波冲毁通风机,影响救灾与恢复通风。

(5)防止煤尘事故扩大的隔爆措施,同样也适用于防止瓦斯爆炸。

我国新近研制出的自动隔爆装置的原理是传感器识别爆炸火焰,并向控制仪给出测速(火焰速度)信号,控制仪通过实时运算,在恰当的时间启动喷洒器快速喷洒消焰剂,将爆炸火焰扑灭,阻止爆炸传播。

(二)煤与瓦斯突出防治

1. 防突措施分类

防突措施一般分为两类:区域防突措施和局部防突措施。防突措施分类系统如图6-1所示。

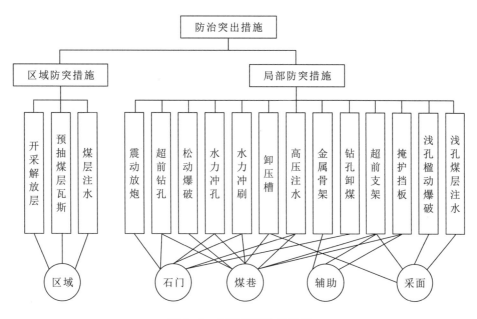

图 6-1 防突措施分类系统

区域防突措施的作用在于使煤层一定区域,如水平、采区消除突出危险性。区域防突措施的优点是在突出煤层采掘前,预先采取防突措施,措施施工与采掘作业互不干扰,且其防突效果优于局部防突措施,故在采用防治突出措施时,应优先选用。

局部防突措施的作用在于使工作面前方小范围煤体丧失突出危险性。根据局部措施的应用巷道类别,可将局部措施分为石门揭煤、煤巷掘进和采煤工作面措施等。局部防突措施的缺点是措施施工与采掘工艺相互干扰,且防突效果受地质开采条件影响较大。

2. 石门和其他岩石井巷揭穿煤层时的防突措施

石门揭煤工作面的防突措施包括预抽瓦斯、排放钻孔、水力冲孔、金属骨架、煤体固化或其他经试验证明有效的措施。在实施防治突出措施时,都必须进行实地考察,得出符合本矿井实际的有关参数。

(1)水力冲孔。水力冲孔是在封闭式高压供水条件下,利用钻头钻进、水流冲击和水力脉动输排等作用,诱导和控制喷孔,使工作面前方煤体卸压和排放瓦斯,达到防突目的的方法。这种防突措施最先由煤炭科学研究总院重庆分院与南桐矿务局合作试验成功,目前已在许多瓦斯严重的矿井推广应用。

(2)排放钻孔。排放钻孔措施是在石门或其他井巷揭煤前,由工作面向前方煤体打孔,排放煤体瓦斯,达到防突目的的一种方法。由于石门排放钻孔的数量较多,且一般是按排布置,故又称多排钻孔。该措施最先在天府磨心坡试验成功,现已在我国 30 多个突出矿得到较普遍的应用。

(3)金属骨架。金属骨架是用于石门揭穿突出危险煤层的一种超前支架。这种支架能增强石门上部煤体的稳定性,减弱或防止煤与瓦斯突出。金属骨架也可用于立井揭穿突出煤层。

金属骨架适用于煤质松软的薄、中厚煤层,应与水力冲孔、水力冲刷和扩孔钻卸等措施配套使用。

我国应用金属骨架措施的实践表明,防止倾出类型的突出是有效的,但对突出严重的煤层,仅靠金属骨架尚不能有效防止突出。南桐矿务局在装设双排骨架的条件下,曾发生过突出煤量达1350t的特大型突出。因此,金属骨架仅作为一种防止上悬煤体垮落的辅助措施,必须与其他局部防突措施配套应用。

3. 采煤工作面防突措施

采煤工作面防治突出应以区域防突措施为主,因为采煤工作面长度大,是采煤的主要场所。任何局部防突措施都将中断采煤工作面连续作业,将给生产带来很大的影响,因此在国内外采煤工作面采用局部防突措施的并不多,仅是由于某种原因未能采取区域防突措施,或在区域防突措施失效的区段作为一个补充措施使用局部防突措施。

当前国内外常用采煤工作面的防突措施有超前排放钻孔、预抽瓦斯、松动爆破、浅孔注水湿润煤体等。

(1)超前排放钻孔和预抽瓦斯。采煤工作面采用超前排放钻孔和预抽瓦斯作为工作面防突措施时,钻孔直径一般为75~120mm,钻孔在控制范围内应当均匀布置,在煤层的软分层中可适当增加钻孔数;超前排放钻孔和预抽钻孔的孔数、孔底间距等应当根据钻孔的有效排放或抽放半径确定。

(2)松动爆破。采煤工作面的松动爆破防突措施适用于煤质较硬、围岩稳定性较好的煤层。松动爆破孔间距根据实际情况确定,一般2~3m,孔深不小于5m,炮泥封孔长度不得小于1m。应当适当控制装药量,以免孔口煤壁垮塌。松动爆破时,应当按远距离爆破的要求执行。

(3)浅孔注水湿润煤体。采煤工作面浅孔注水湿润煤体措施可用于煤质较硬的突出煤层。注水孔间距根据实际情况确定,孔深不小于4m,向煤体注水压力不得低于8MPa。当发现水从煤壁或相邻水钻孔中流出时,即可停止注水。

4. 突出安全防护措施

1)采区避难所

有突出煤层的采区必须设置采区避难所。避难所应当符合下列要求:

(1)避难所设置向外开启的隔离门,隔离门设置标准按照反向风门标准安设。室内净高不得低于2m,深度满足扩散通风的要求,长度和宽度应根据可能同时避难的人数确定,但至少能满足15人避难,且每人使用面积不得少于$0.5m^2$。避难所内支护保持良好,并设有与矿(井)调度室直通的电话。

(2)避难所内放置足量的饮用水,安设供给空气的设施,每人供风量不得少于 $0.3m^3/min$。如果用压缩空气供风时,设有减压装置和带有阀门控制的呼吸嘴。

(3)避难所内应根据设计的最多避难人数配备足够数量的隔离式自救器。

2)反向风门

在突出煤层的石门揭煤和煤巷掘进工作面进风侧,必须设置至少 2 道牢固可靠的反向风门。风门之间的距离不得小于 4m。

反向风门距工作面的距离和反向风门的组数,应当根据掘进工作面的通风系统和预计的突出强度确定,但反向风门距工作面回风巷不得小于 10m,与工作面的最近距离一般不得小于 70m,如小于 70m 时应设置至少 3 道反向风门。

反向风门墙垛可用砖、料石或混凝土砌筑,嵌入巷道周边岩石的深度可根据岩石的性质确定,但不得小于 0.2m;墙垛厚度不得小于 0.8m。在煤巷构筑反向风门时,风门墙体四周必须掏槽,掏槽深度见硬帮硬底后再进入实体煤不小于 0.5m。通过反向风门墙垛的风筒、水沟、板输送机道等,必须设有逆向隔断装置。

人员进入工作面时必须把反向风门打开、顶牢。工作面放炮和无人时,反向风门必须关闭。

3)安设挡栏

为降低放炮诱发突出的强度,可根据情况在炮掘工作面安设挡栏。挡栏可以用金属、矸石或木垛等构成。金属挡栏一般是由槽钢排列成的方格框架,框架中槽钢的间隔为 0.4m,槽钢彼此用卡环固定,使用时在迎工作面的框架上再铺上金属网,然后用木支柱将框架撑成 $45°$的斜面。一组挡栏通常由两架组成,间距为 6~8m。可根据预计的突出强度在设计中确定挡栏距工作面的距离。

4)远距离爆破

井巷揭穿突出煤层和突出煤层的炮掘炮采工作面必须采取远距离爆破安全防护措施。石门揭煤采用远距离爆破时,必须制定包括放炮地点、避灾路线及停电、撤人和警戒范围等的专项措施。

在矿井尚未构成全风压通风的建井初期,在石门揭穿有突出危险煤层的全部作业过程中,与此石门有关的其他工作面必须停止工作。在实施揭穿突出煤层的远距离爆破时,井下全部人员必须撤至地面,井下必须全部断电,立井口附近地面 20m 范围内或斜井口前方 50m、内壁两侧 20m 范围内严禁有任何火源。

煤巷掘进工作面采用远距离爆破时,放炮地点必须设在进风侧反向风门之外的全风压通风的新风流中或避难所内。放炮地点距工作面的距离由矿山技术负责人根据曾经发生的最大突出强度等具体情况确定,但不得小于 300m;采煤工作面放炮地点距工作面的距离由矿山技术负责人根据具体情况确定,但不得小于 100m。

远距离爆破时,回风系统必须停电、撤人。放炮后进入工作面检查的时间由矿山技术负责人根据情况确定,但不得少于 30min。

5)工作面避难所或压风自救系统

突出煤层的采掘工作面应设置工作面避难所或压风自救系统。应根据具体情况设置其中之一或混合设置，但掘进距离超过 500m 的巷道内必须设置工作面避难所。

工作面避难所应当设在采掘工作面附近和爆破工操纵放炮的地点。根据具体条件确定避难所的数量及其距采掘工作面的距离。工作面避难所应当能够满足工作面作业人数最多时的避难要求，其他要求与采区避难所相同。

压风自救系统应当达到下列要求：

(1)压风自救装置安装在掘进工作面巷道和回采工作面巷道内的压缩空气管道上。

(2)距采掘工作面 25~40m 的巷道内、放炮地点、撤离人员与警戒人员所在的位置以及回风道有人作业处等都应设置至少一组压风自救装置。在长距离的掘进巷道中，应根据实际情况增加设置。

(3)每组压风自救装置应可供 5~8 人使用，平均每人的压缩空气供给量不得少于 $0.1m^3/min$。

二、矿尘防治技术

(一)预防煤尘爆炸的技术措施

预防煤尘爆炸的技术措施主要包括减尘、降尘，防止煤尘引燃，以及限制煤尘爆炸范围扩大等三个方面。

1. 减尘、降尘措施

减尘、降尘措施是指在煤矿井下生产过程中，通过减少煤尘产生量或降低空气中悬浮煤尘含量以达到从根本上杜绝煤尘爆炸的可能性。为达到这一目的，煤矿上采取了以煤层注水为主的多种防尘手段，此处重点介绍煤层注水。

煤层注水是采煤工作面最重要的防尘措施之一，在回采之前预先在煤层中打若干钻孔，通过钻孔注入压力水，使其渗入煤体内部，增加煤的水分，从而减少煤层开采过程中煤尘的产生量。煤层注水方式主要有以下 4 种：

(1)短孔注水，是在采煤工作面垂直煤壁或与煤壁斜交打钻孔注水，注水孔长度一般为 2.0~3.5m。在工作面前方的应力降低区的煤体中注水，裂隙发育，透水性较强，注水压力低。当煤层厚度小于 1.3m，或围岩有严重吸水膨胀性质，或地质情况复杂、煤层倾角变化较大，或煤的孔隙率小于 4%，透水性较差时，应考虑采用短钻孔注水方式。在采煤循环中，如果能安排出注水时间和具备注水条件时，可考虑采用短孔注水。

(2)深孔注水，是在采煤工作面垂直煤壁打钻孔注水，孔长一般为 5~25m。

(3)长孔注水，是从采煤工作面的运输巷或回风巷，沿煤层倾斜方向平行于工作面打上向孔或下向孔注水，孔长 30~100m。当工作面长度超过 120m 而单向孔达不到设计深度或煤层倾角有变化时，可采用上向、下向钻孔联合布置钻孔注水，还可采用伪倾斜孔(即"八"字形与倾斜联合钻孔)注水。当煤层厚度大于1.3m、没有或只有较小的走向断层、煤层埋藏稳定、煤层倾角变化小,或煤的孔隙率大于4%时,应优先考虑采用长钻孔注水方式。

(4)巷道钻孔注水,即由上邻近煤层的巷道向下煤层打钻注水或由底板巷道向煤层打钻注水。巷道钻孔注水采用小流量、长时间的注水方法,湿润效果良好,但打岩石钻孔不经济,而且受条件限制,所以极少采用。在有巷道或抽放瓦斯钻孔可利用的情况下,而且煤层较厚时,可考虑采用巷道钻孔注水。

2. 防止煤尘引燃的措施

防止煤尘引燃的措施与防止瓦斯引燃的措施大致相同,遵守《煤矿安全规程》的有关规定:严禁携带烟草和点火工具下井;井下禁止使用电炉,禁止打开矿灯;井口房、抽放瓦斯泵房以及通风机房周围20m内禁止使用明火;井下需要进行电焊、气焊和喷灯焊接时,应严格遵守有关规定;采用防爆设备;在有瓦斯或煤尘爆炸危险的煤层中,采掘工作面只准使用煤矿安全炸药和瞬发雷管;防止产生机械摩擦火花;采用抗静电难燃的聚合材料制品。特别要注意的是,瓦斯爆炸往往会引起煤尘爆炸。此外,煤尘在特别干燥的条件下可产生静电,放电时产生的火花也能自身引爆。

3. 限制煤尘爆炸范围扩大的措施

防止煤尘爆炸危害,除采取防尘措施外,还应采取降低爆炸威力、限制爆炸范围扩大的措施。最早采用撒布岩粉和设置普通岩粉棚,这两种措施虽然防止爆炸传播效果较好,但岩粉暴露在潮湿空气中,极易受潮而失去消焰剂功效,且频繁更换岩粉的工作量较大,因此我国煤矿现在几乎已不采用这两种方法,但国外有些国家还在普遍使用。20世纪90年代,煤炭科学研究总院重庆分院开发的隔爆水槽(脆性)和隔爆水袋,以水作为消焰剂,方便了煤矿安装和使用,在全国得到了广泛的推广应用,其中隔爆水袋的使用最为普遍。以下为限制煤尘爆炸范围扩大的措施:

(1)清除落尘。定期清除落尘,防止沉积煤尘参与爆炸,可以有效地降低爆炸威力,使爆炸由于得不到煤尘补充而逐渐熄灭。

(2)撒布岩粉。撒布岩粉是指定期在井下某些巷道中撒布惰性岩粉,增加沉积煤尘的灰分,抑制煤尘爆炸的传播。

惰性岩粉一般为石灰岩粉和泥岩粉。对惰性岩粉的要求是:①可燃物含量不超过5%,游离二氧化硅含量不超过5%。②不含有毒有害物质,吸湿性差。③粒度应全部通过50号筛孔(即粒径全部小于0.3mm),且其中至少有70%能通过200号筛孔(即粒径小于0.075mm)。

撒布岩粉时要求把巷道的顶、帮、底及背板后侧暴露处都用岩粉覆盖;岩粉的最低撒布量在鉴定煤尘爆炸的同时确定,但煤尘和岩粉的混合粉尘的不燃物含量不得低于80%;撒布岩粉的巷道长度不小于300m;如果巷道长度小于300m时,全部巷道都应撒布岩粉,对巷道中由煤尘和岩粉组成的混合粉尘,至少每3个月应化验一次,如果可燃物含量超过规定含量时,应重新撒布。

(3)设置水棚。水棚包括水槽棚和水袋棚两种,设置应符合下列基本要求:①主要隔爆棚应采用水槽棚,水袋棚只能作为辅助隔爆棚。②应设置在巷道直线部分,且主要水棚用水量不小于400L/m²,辅助水棚用水量不小于200L/m²。③相邻水棚中心距离为0.5~1.0m,主要水棚总长度不小于30m,辅助水棚总长度不小于20m。④首列水棚距工作面的距离,必须保持在60~200m范围内。⑤水槽或水袋距顶板、两帮距离不小于0.1m,其底部距轨面不小于1.8m。水内如混入煤尘量超过5%时,应立即换水。

(4)设置岩粉棚。岩粉棚分轻型和重型两类。它由安装在巷道中靠近顶板处的若干块岩粉台板组成,台板的间距稍大于板宽。每块台板上放置一定数量的惰性岩粉,当发生煤尘爆炸事故时,火焰前的冲击波将台板震倒,岩粉即弥漫于巷道中,火焰到达时,岩粉从燃烧的煤尘中吸收热量,使火焰传播速度迅速下降,直至火焰熄灭。

岩粉棚的设置应遵守下列规定:①按巷道断面面积计算,主要岩粉棚的岩粉量不得少于400kg/m²,辅助岩粉棚不得少于200kg/m²。②轻型岩粉棚的排间距为1.0~2.0m,重型岩粉棚的排间距为1.2~3.0m。③岩粉棚的平台与侧帮立柱(或侧帮)的空隙不小于50mm,岩粉表面与顶梁(顶板)的空隙不小于100mm,岩粉板距轨面不小于1.8m。④岩粉棚到可能发生煤尘爆炸的地点的距离不得小于60m,也不得大于300m。⑤岩粉板与台板及支撑板之间,严禁用钉固定,以利于煤尘爆炸时岩粉板有效翻落。⑥岩粉棚上的岩粉每月至少检查和分析一次,当岩粉受潮变硬或可燃物含量超过20%时应立即更换,岩粉量减少时应立即补充。

(5)设置自动隔爆棚。自动隔爆棚是利用各种传感器,将瞬间测量的煤尘爆炸时的各种物理参量迅速转换成电信号,指令机构的演算器根据这些信号准确计算出火焰传播速度后选择恰当时机发出动作信号,让抑制装置强制喷撒固体或液体等消火剂,从而可靠地扑灭爆炸火焰,阻止煤尘爆炸蔓延。

(二)矿山综合防尘技术措施

矿山综合防尘技术措施是指采用各种技术手段减少矿山粉尘的产生量,降低空气中的粉尘浓度,以防止粉尘对人体、矿山等产生危害的措施。多年来我国煤矿一直侧重于对矿尘污染的末端治理,多采用以风、水为主的防尘技术措施,随着科学技术的飞速发展,认识到从矿尘的源头抓起,控制矿尘源并减少矿尘源的产生以及实行生产的全过程控制是解决矿尘问题的根本途径。其具体操作过程:首先必须改革工艺设备和工艺操作方法,从根本上杜绝和减少有害物的产生以消除或控制尘源;在此基础上再采用合理的通风除尘措施,建立严格的检查管理制度,这样才能有效地防治粉尘。

大体上综合防尘技术措施包括技术措施和组织措施两个方面。其中技术措施的基本内容为通风除尘、湿式作业、密闭抽尘、净化风流、个体防护及一些特殊的除尘、降尘措施;组织措施的基本内容包括科学管理,建立规章制度,加强宣传教育,定期进行测尘和健康检查。下面主要讨论有关技术措施方面的内容。

1. 通风除尘

通风除尘是指通过风流的流动将井下作业点的悬浮矿尘带出，降低作业场所的矿尘浓度。因此，搞好矿井通风工作能有效地稀释矿尘，及时地排出矿尘。

决定通风除尘效果的主要因素是风速及矿尘密度、粒度、形状、湿润程度等。风速过低，粗粒矿尘将与空气分离下沉，不易排出；风速过高，能将落尘扬起，增高矿内空气中的粉尘浓度。因此，通风除尘效果是先随风速的增加而逐渐增加的，达到最佳效果后，如果再增大风速，效果又开始下降。排除井巷中的浮尘要有一定的风速。我们把使呼吸性粉尘保持悬浮并随风流运动而排出的最低风速称为最低排尘风速。同时，我们把能最大限度排除浮尘而又不致使落尘二次飞扬的风速称为最佳排尘风速。一般来说，掘进工作面的最佳排尘风速为 $0.4\sim0.7m/s$，机械化采煤工作面的最佳排尘风速为 $1.5\sim2.5m/s$。《煤矿安全规程》规定的采掘工作面最高允许风速为 $4m/s$，这不仅考虑了工作面供风量的要求，同时也充分考虑到煤、岩尘的二次飞扬问题。

随着掘进机械化水平的提高，掘进工作面的瓦斯涌出量和产尘量急剧上升，单一的压入式通风方式将会使大量的粉尘吹出工作面，造成有工人工作的巷道及回风系统被严重污染，直接影响工人的身体健康。由工作面吹出来的粉尘逐渐沉积下来也是矿井安全的一大隐患。故单一的压入式通风方式已不能适应除尘要求，可采用以下两种通风除尘系统：

1）长压短抽通风除尘系统

该系统以压入式通风为主，在工作面附近以短抽方式将工作面的含尘空气吸入除尘器就地净化处理。这种系统的优点是：通风设备简单，风筒成本低，管理容易；新鲜风流呈射流状作用到工作面，作用距离长，容易排除工作面局部积聚的瓦斯和滞留粉尘；通风和除尘系统相互独立，在任何情况下不会影响通风系统正常工作，安全性能好等。该系统的缺点是：巷道内仍有一定程度的粉尘污染，除尘设备移动频繁。这种系统主要适用于机械化掘进工作面。

2）长抽通风除尘系统

该系统以长距离抽风的方式将工作面的含尘空气抽出，经安置在巷道回风流中的除尘局部通风机净化排至巷道。如果回风巷是不行人的巷道，便可改用抽出式局部通风机直接将含尘风流抽入回风流。

2. 湿式作业

湿式作业是利用水或其他液体，使之与尘粒相接触而捕集粉尘的方法，它是矿井综合防尘的主要技术措施之一，具有所需设备简单、使用方便、费用较低和除尘效果较好等优点，缺点是增加了工作场所的湿度，恶化了工作环境，影响煤矿产品的质量。除缺水和严寒地区外，一般煤矿应用较为广泛。我国煤矿较成熟的经验是采取以湿式凿岩为主，配合喷雾洒水、水封爆破和水炮泥以及煤层注水等防尘技术措施。

1）湿式凿岩、钻眼

该方法的实质是指在凿岩和打钻过程中,将压力水通过凿岩机、钻杆送入并充满孔底,用以湿润、冲洗和排出产生的矿尘。在煤矿生产环节中,井巷掘进产生的粉尘不仅量大,而且分散度高,而掘进过程中的矿尘又主要来源于凿岩和钻眼作业。据实测,干式凿岩产尘量约占掘进总产尘量的80%～85%,而湿式凿岩的降尘率可达90%左右,并能提高凿岩速度15%～25%。因此,湿式凿岩、钻眼能有效降低掘进工作面的产尘量。

2) 洒水及喷雾洒水

洒水降尘是用水湿润沉积于煤堆、岩堆、巷道周壁、支架等处的矿尘。当矿尘被水湿润后,尘粒间会互相附着凝集成较大的颗粒,附着性增强,矿尘就不易飞起。在炮采炮掘工作面爆破前后洒水,不仅有降尘作用,而且还能消除炮烟、缩短通风时间。煤矿井下洒水,可采用人工洒水或喷雾器洒水。对于生产强度高、产尘量大的设备和地点,还可设自动洒水装置。降尘技术多用于湿式凿岩、湿式钻眼等作业和煤岩的装、运作业。

喷雾洒水是用水捕捉悬浮于空气中矿尘的技术措施。喷雾洒水的工作机理是:将压力水通过喷雾器(又称喷嘴),在旋转或(及)冲击的作用下,使水流雾化成细微的水滴喷射于空气中;在雾体作用范围内,高速流动的水滴与浮尘碰撞接触后,尘粒被湿润,在重力作用下下沉;高速流动的雾体将其周围的含尘空气吸引到雾体内湿润下沉;将已沉落的尘粒湿润黏结,使之不易飞扬。影响喷雾洒水捕尘效率的主要因素包括雾体的分散度、水滴与尘粒的相对速度、水压、单位体积空气的耗水量、粉尘的密度、空气含尘浓度和粉尘的湿润性等。主要包括采掘机械的内、外喷雾洒水和井巷定点喷雾洒水。

3) 水炮泥和水封爆破

水炮泥就是将装水的塑料袋代替一部分炮泥,填于炮眼内,爆破时水袋破裂,部分水借助于爆破产生的压力压入煤层裂隙中湿润煤体,部分水在高温高压下汽化;爆破后,温度降低,水蒸气冷却成雾滴,碰撞、湿润尘粒,从而达到降尘的目的。采用水炮泥比单纯用土炮泥的矿尘浓度低20%～50%,尤其是呼吸性粉尘的含量有较大的减少。水炮泥的塑料袋是用无毒、不燃的聚乙烯塑料薄膜热压成型的,有一定的强度。水袋封口是关键,目前使用的自动封口水袋,装满水后,和自行车内胎的气门芯一样,能将袋口自行封闭。

水封爆破是将炮眼的爆药先用一小段炮泥填好,然后再将炮眼口用一小段炮泥填好,两段炮泥之间的空间,插入细注水管注水,注满后抽出注水管,并将炮泥上的小孔堵塞。

3. 净化风流

净化风流是使井巷中含尘的空气通过一定的设施或设备,将矿尘捕获的技术措施。目前使用较多的是水幕净化风流和湿式除尘装置。

1) 水幕净化风流

水幕是在敷设于巷道顶部或两帮的水管上间隔地安上数个喷雾器喷雾形成的。喷雾器的布置应以水幕布满巷道断面为原则,并尽可能靠近尘源,缩小含尘空气的弥散范围。净化水幕应安设在支护完好、壁面平整、无断裂破碎的巷道段内。一般安设位置为:①矿井总入风流净化水幕,位于距井口20～100m巷道内。②采区入风流净化水幕,位于风流分叉口支流里侧 20～50m 巷道内。③采煤回风流净化水幕,位于距工作面回风口 10～20m 回风巷内。④掘进、回风流净化水幕,位于距工作面 30～50m 巷道内。⑤巷道中产尘源净化水幕,位于尘源下风侧 5～10m 巷道内。

水幕的控制方式可根据巷道条件,选用光电式、触控式或各种机械传动的控制方式。选用的原则是既经济合理又安全可靠。在徐州董庄矿曾做过试验,在距掘进工作面 20m、40m 和 60m 处各设了一道水幕,工作面含尘风流经第一道水幕后降尘率为 59.0%～60.5%,经第二道水幕后降尘率为 78.2%～80.0%,经第三道水幕后,矿尘浓度只有 0.78mg/m²,降尘率达到 98.6%。

2) 湿式除尘装置

除尘装置(或除尘器)是指把气流或空气中含有的固体粒子分离并捕集起来的装置,又称集尘器或捕尘器。根据是否利用水或其他液体,除尘装置可分为干式和湿式两大类。煤矿一般采用湿式除尘装置,其工作原理是通过尘粒与液滴的惯性碰撞进行除尘。

4. 个体防护

个体防护是指通过佩戴各种防护面具以减少人体吸入粉尘的一项补救措施。个体防护的用具主要有防尘口罩、防尘风罩、防尘帽、防尘呼吸器等,其目的是使佩戴者能呼吸净化后的清洁空气而不影响正常工作。

矿井要求所有接触粉尘作业人员必须佩戴防尘口罩,对防尘口罩的基本要求是阻尘率高、呼吸阻力与有害空间小、佩戴舒适、不妨碍视野。普通纱布口罩阻尘率低,呼吸阻力大,潮湿后有不舒适的感觉,应避免使用。防尘安全帽防治效果较好,它可以截留 99% 以上的粉尘。此外,压风呼吸器是一种隔绝式的新型个人和集体呼吸的防护装置。它利用矿井压缩空气,再经离心力作用脱去油雾和活性炭吸附过滤等净化过程后,经减压阀同时向多人均衡配气以供呼吸。

个体防护不可以也不能完全代替其他防尘技术措施。鉴于目前绝大部分矿井尚未达到国家规定的卫生标准的情况,采取一定的个体防护措施是必要的。

5. 物理化学降尘技术

自 20 世纪 60 年代在国外井下矿山应用表面活性剂降尘以来,物理化学降尘技术得到了迅猛发展。我国是从 20 世纪 80 年代开始试验并推广应用湿润剂等物理化学降尘技术的,目前已在井下进行实验与应用的物理化学防尘方法主要有水中添加湿润剂降尘、泡沫除尘、磁化水降尘及黏尘剂降尘等。

1) 水中添加湿润剂降尘

在以水为主体的湿式综合防尘中,因粉尘具有一定的疏水性,水的表面张力又较大,$2\mu m$ 粒径粉尘捕获率只有 1%～28%,$2\mu m$ 粒径以下的粉尘捕获率更低。为了提高水对呼吸性粉尘的捕获率,国内外很重视对湿润剂除尘的研究,并取得了一定进展,且湿润剂除尘的应用日益广泛。

水中添加湿润剂除尘机理:湿润剂是由亲水基和疏水基两种不同性质基团组成的化合物,溶于水后其分子完全被水分子包围,亲水基一端被水分子吸引,疏水基一端被水分子排斥,在水溶液表面形成吸附层界面,而使水与空气接触面积大大缩小,导致水的表面张力降低,同时伸向空气的疏水基与粉尘粒子之间有吸附作用,把尘粒带入水中,得到充分湿润。

水中添加湿润剂降尘技术还可应用于其他各种湿式作业生产环节,如用于喷雾降尘。

2) 泡沫除尘

20世纪70年代中期,英国最先开展了有关泡沫除尘的研究,此后,美国、苏联、日本等国相继进行了试验与研究,取得了一定的成果。近年来,我国已在潞安、汾西、铁法等矿区进行了研究与试验,取得了良好效果。

泡沫除尘原理:利用表面活性剂的特点,使其与水一起通过泡沫发生器,产生大量的高倍数的空气机械泡沫,利用无空隙的泡沫体覆盖和遮断尘源。泡沫除尘原理包括拦截、黏附、湿润、沉降等,几乎可以捕集所有与之相遇的粉尘,尤其对微细粉尘具有很强的聚集能力。泡沫的产生有化学方法和物理方法两种,除尘的泡沫一般是通过物理方法产生的,属机械泡沫。泡沫除尘可应用于综采机组、掘进机组、带式运输机以及尘源较固定的地点。一般泡沫除尘效果较好,可达90%以上,尤其是对降低呼吸性粉尘的效果显著。

3) 磁化水降尘

目前,国内外对水系磁化技术的应用日趋广泛,水系磁化这门边缘学科引起各领域的高度重视。苏联最先进行了磁化水除尘试验,并与普通水降尘率进行了对比,其平均降尘率可提高8.15%~21.08%。我国是从20世纪80年代开始在井下进行有关实验研究的。

磁化水降尘原理:水经磁化后,物理化学性质可发生暂时的变化。水的黏度降低,吸附能力、溶解能力及渗透能力增加,再加上水珠变小,有利于提高水的雾化程度,增加与粉尘的接触概率,提高降尘效率。

磁化水除尘的优点:设备简单,安装方便,性能可靠,成本低,易于实施。

除上述物理化学除尘方法外,国内外一些粉尘研究部门还在探讨超声波除尘、电离水除尘、电水雾降尘技术等,均取得了一定的进展和成果。

三、矿井水害防治技术

(一) 矿井防水技术

矿井防水的目的是防止矿井水害事故发生,减少矿井正常涌水,降低煤炭生产成本,在保证矿井建设和生产的安全前提下使国家的煤炭资源得到充分合理的回收。为达到上述目的,根据产生矿井水害的原因,采取不同的对策措施。

矿井防水是利用各种工程设施防止矿井大量涌水,特别是防止发生灾害性突水事故。主要措施有:减少矿井充水水源或渗入矿井的水量,疏放对矿井有威胁的地下水并对其降压阻止水进入井巷;充分利用井田地质、水文地质条件构筑必要的工程,减少或防止突水事件的发生。矿井防水分为地面防水和井下防水两种。

1. 地面防水

地面防水是指在地表修筑各种防排水工程,防止或减少大气降水和地表水涌入工业广场或渗入井下,它是保证矿井安全生产的第一道防线,特别是对于以大气降水和地表水为主要充水水源的矿井显得尤为重要。地面防水主要由以下 5 种方法。

(1)河流改道。矿区范围内有常年性河流流过且与矿井直接充水含水层接触,河水渗漏量大,是矿井的主要充水水源,会给生产带来影响。属该情况可在河流进入矿区的上游地段筑水坝,将原河流截断,用人工河道将河水引出矿区。若因地形条件不允许改道,而河流又很弯曲,可在井田范围内将河道截弯取直,缩短河道流经矿区的长度,减少河水下渗量。

(2)铺整河底。矿区有季节性河流、冲沟、渠道,当水流沿河或沟底裂缝渗入井下时,则可在渗漏地段用黏土、料石、水泥修筑不透水的人工河床,制止或减少河水渗漏。如四川南桐煤矿长兴灰岩出露地表且沟谷发育,通过铺整河底、修筑人工河床,雨季涌水量减少了 30%~50%。

(3)填堵通道。矿区范围内,因采掘活动引起地面沉降、开裂、塌陷等,经查明是矿井进水通道时,应用黏土或水泥填堵。对较大的溶洞或塌陷裂缝,下部填碎石、上部盖以黏土分层夯实,且略高出地面,以防积水。

(4)挖沟排(截)洪。地处山地或山前平原区的矿井,因山洪或潜水流入井下,构成水害隐患或增加矿井排水量,可在井田上方垂直来水方向沿地形等高线布置排洪沟、渠拦截洪水和浅层地下水,并通过安全地段引出矿区。

(5)排除积水。有些矿区开采后引起地表沉降与塌陷,长年积水,且随开采面积增大,塌陷区范围越广,积水越多,此时可将积水排掉,造地复田,消除隐患。

上述这些方法,从施工角度来看都是可行的,但采取何种方法应视矿区具体条件而定,可以采用单一方法,也可采用多种方法综合防治。

2. 井下防水

井下防水主要是预防井下突然涌水的应急措施,有防水闸门、防水墙和防水煤(岩)柱等。

(1)防水闸门与防水墙。防水闸门与防水墙是井下防水的主要安全设施。凡受水患威胁严重的矿井,在井下巷道布置、生产矿井开拓延伸或采区设计时,应在适当地点预留防水闸门和防水墙的位置,使矿井分翼、分水平或分区隔离开采,在水患发生时达到分区隔离、缩小灾情、控制水势危害、确保矿井安全的目的。

(2)防水煤(岩)柱。在水体下、含水层下承压含水层上或导水断层附近采掘时,为防止地表水或地下水溃入工作面,在可能发生突水处的外围保留最小宽度的矿柱不采,以加强岩层的强度和增加其质量阻止水突入矿井。这种保证地下采矿地段的水文地质条件不致明显变坏的最小宽度矿柱,叫做防水煤(岩)柱。

(二)矿井探放水技术

生产矿井周围常存在有许多充水小窑、老窑、富水含水层以及断层。当采掘工作面接近这些水体时,可能发生地下水突然涌入矿井,产生水患事故。为了消除隐患,生产中常使用探放水方法,查明采掘工作面前方的水情,并将水有控制地放出,以保证采掘工作面安全生产。但在很多情况下,由于受勘探手段和客观认识能力的限制,对地下含水条件掌握不够清楚,不能确保没有水害威胁,这样就需要推断出可能产生水害的疑问区,并采取措施。为了预防水害事故,当巷道到含水体一定距离或在疑问区内掘进时,必须坚持超前钻探,探明情况或将水放出,消除威胁后再掘进,保证矿井安全生产。为此,《煤矿安全规程》规定:"矿井必须做好水害分析预报和充水条件分析,坚持预测预报、有疑必探、先探后掘、先治后采的防治水原则。"实践证明,"有疑必探,先探后掘"的原则是防止煤矿井下水害事故的基本保证。在有水害威胁的地区进行采掘工作,都应坚持这一原则,绝不可疏忽大意,更不能存有侥幸心理,置水害情况于不顾,一意蛮干。采掘工作面遇到下列情况之一时,必须确定探水线进行探水:

(1)接近水淹或可能积水的井巷、老空或相邻煤矿时。

(2)接近含水层、导水断层、溶洞和导水陷落柱时。

(3)打开隔离煤柱放水时。

(4)接近可能与河流、湖泊、水库、蓄水池、水井等相通的断层破碎带时。

(5)接近有出水可能的钻孔时。

(6)接近有水的灌浆区时。

(7)接近其他可能出水地区时,经探水确认无突水危险后,方可前进。

(三)疏放降压技术

所谓疏放降压,是指受水害威胁和有突水危险的矿井或采区借助于专门的疏水工程(疏水石门、疏水巷道、放水钻孔、吸水钻孔等),有计划、有步骤地将煤层上覆或下伏强含水层中的地下水进行疏放,使其水位(压)值降至某个水平安全采煤时水位(压)值以下的过程。该技术的目的是预防地下水突然涌入矿井、避免灾害事故、改善劳动条件、提高劳动生产率,它是煤矿防治水的一种重要措施。

矿井疏放可分为疏放勘探、试验疏放和经常疏放 3 个程序,应与矿井的开发工作密切配合。

疏放工程按进行时间可分为超前疏放和平行疏放。超前疏放是在井巷开拓前进行;平行疏放是在井巷开拓过程中进行,一直到矿井全部采完为止。疏放方式按其疏放工程所处位置来分,有地表疏放、地下疏放和联合疏放 3 种方式。

(四)矿井注浆堵水技术

当涌水量很大,仅仅依靠排水已不可能或不经济时,可以先注浆堵截水源通道,然后再进行排水。

注浆堵水就是将水泥浆或化学浆通过管道压入井下岩层空隙、裂隙或巷道中,使其扩散、凝固和硬化,从而岩层具有较高的强度、密实性和不透水性,达到封堵截断补给水源和加固地层的作用,是矿井防治水害的重要手段之一。目前,注浆堵水已广泛用于矿井井筒注浆、封堵突水点、恢复被淹矿井、井巷堵水过含水层或导水断层、帷幕注浆堵水截流、减少矿井涌水量、底板注浆加固防止突水等方面,已取得良好的效果。

(五)底板含水层注浆改造技术

在承压区含水层的富水区,强径流带或底板不完整的工作面,采用疏水降压和帷幕注浆难度大、经济不合理时,可通过薄层灰岩含水层注浆改造。煤层底板注浆改造含水层,是沿工作面上下平巷大面积布置注浆钻孔,通过注浆钻孔注浆来充填底板灰岩含水层的岩溶裂隙和导水裂隙,从而大大减弱含水层的富水性并切断水源补给通道,使受注含水层被改造为不含水层或弱含水层,实现工作面不突水开采。山东肥城和河南焦作等矿区通过多年的实践探索,总结出在下面两个条件下采用注浆改造方法可取得较好效果:

(1)煤层底板薄层灰岩含水层富水性强,单位降深疏水量大于$5(m^3 \cdot h^{-1})/m$;突水系数在复杂地段超过 0.06MPa/m,在正常地段超过 0.1MPa/m。

(2)工作面存在构造破裂带、导水裂缝带等。

四、顶板事故及冲击地压防治技术

(一)顶板灾害防治

顶板事故是指在地下采煤过程中,因为顶板意外冒落造成的人员伤亡、设备损害、生产中止等事故。在实行综采以前,顶板事故在煤矿事故中占有很高的比例,高达75%。随着液压支架的使用及对顶板事故的研究和预防技术的逐步完善,顶板事故所占的比例有所下降,但仍然是煤矿生产的主要灾害之一。随着采深增加和巷道断面加大,工作面与巷道的顶板事故预防更加重要。

1. 厚层难垮顶板大面积切冒事故的防治

大面积切冒又称大面积塌冒,曾称大面积来压,是指采空区内大面积悬露的坚硬顶板短时间内突然塌落而造成的大型冒顶事故。

当煤层顶板是整体厚层硬岩(如砂岩、砂砾岩、砾岩等,其分层厚度大于 5m)时,它们要悬露几千平方米、几万平方米,甚至十几万平方米才冒落。这样大面积的顶板在极短时间内冒落下来,不仅由于重力的作用会产生严重的冲击破坏力,而且更严重的是会把采空的空气瞬时挤出,形成巨大暴风,产生极强的破坏力。

大面积切冒可以用微震仪、地音仪和超声波地层应力仪等进行预测,因为厚层坚硬岩层的破坏过程,长的在冒顶前几十天就出现声响和其他异常现象,短的在冒顶前几天,甚至前几小时才会出现预兆。因此,根据仪器测量的结果,再结合历次冒顶预兆的特征,可以对大面积切冒进行较准确的预报,避免造成灾害。

防止和减弱大面积切冒危害的原则是:改变岩体的物理力学性质,以减小顶板悬露及冒落面积,减小顶板冒落高度,降低空气排放速度。具体的做法有以下几种:

(1)顶板高压注水,就是从工作面平巷向顶板打深孔,进行高压注水。注水泵最大压力达15MPa。顶板注水可起弱化顶板和扩大岩层中的裂隙及弱面的作用。

(2)强制放顶,就是用爆破的方法人为地将顶板切断,使顶板冒落一定厚度形成矸石垫层。切断顶板可以控制顶板冒落面积,减弱顶板冒落时产生的冲击力;形成矸石垫层则可以缓和顶板冒落时产生的冲击波及暴风。

对厚层难垮顶板来说,不论是采取高压注水还是强制放顶,也不论是在采空区处理还是超前工作面处理,所应处理的顶板厚度均应为采高的2～3倍(包括直接顶在内),其目的就是使处理下来的岩块基本上能填满采空区,从而保证安全生产。

2. 复合型顶板推垮型冒顶事故的防治

推垮型冒顶是指因水平推力作用使工作面支架大量倾斜而造成的冒顶事故。主要从以下方面进行防治:

(1)应采用伪俯斜工作面,并使垂直工作面方向的向下倾角为4°～6°。
(2)掘进上下平巷时不破坏复合型顶板。
(3)工作面初采时不要反推。
(4)控制采高,使软岩层冒落后能超过采高。
(5)尽量避免上下平巷与工作面斜交。
(6)灵活地应用戗柱、戗棚,使它们迎着岩体可能推移的方向支设。
(7)在开切眼附近与控顶区内,系统地布置树脂锚杆。但是,在采用这个措施时,应考虑采煤工作面中打锚杆钻孔的可能性和顶板硬岩层折断垮落时由于没有已垮落软岩层作垫层,来压是否会过于强烈等问题。

此外,在使用摩擦支柱和金属铰接顶梁的采煤工作面中,还应采取以下措施:

(1)用拉钩式连接器把每排支柱从工作面上端至工作面下端连接起来,由于在走向上支架已由铰接顶梁连成一体,这就在采煤工作面中组成了一个稳定的可以阻止岩体下推的"整体支架"。

(2)必须提高单体支柱的初撑力,使初撑力不仅能支撑住顶板下位软岩层,而且能把软岩层贴紧硬岩层,让其间的摩擦力足够阻止软岩层下滑,从而支柱本身也能稳定。

(二)冲击地压的防治

根据发生冲击地压的成因和机理,防治冲击地压的基本措施有两个方面:一是降低应力的集中程度;二是改变煤岩体的物理力学性能,以减弱积聚弹性能的能力和释放速率。

1. 降低应力的集中

减弱煤层区域内矿山压力值的方法有以下几种：

(1)超前开采保护层。

(2)无煤柱开采，在采区内不留煤柱和煤体突出部分，禁止在邻近层煤柱的影响范围内开采。

(3)合理安排开采顺序，避免形成三面采空状态的回采区段或条带和在采煤工作面前方掘进巷道，必要时应在岩石或安全层内掘进巷道，禁止工作面对采和追采。

(4)对已形成冲击危险或具有潜在冲击危险的地段采取解危措施，包括煤层爆破卸压、钻孔卸压和诱发爆破等。

2. 改变煤层的物理力学性能

改变煤层的物理力学性能主要有高压注水、放松动炮和钻孔槽卸压等方法。

(1)高压注水，是通过注水人为地在煤岩内部造成一系列的弱面，并使其软化，以降低煤的强度，增加塑性变形量。注水后，煤的湿度平均增加 1.0%～2.2% 时，可使其单向受压的塑性变形量增加 13.3%～14.5%。

(2)放松动炮，是通过放炮人为地释放煤体内部集中应力区积聚的能量。在采煤工作面中使用时，一般是在工作面沿走向打 4～6m 深的炮眼，进行松动爆破。它的作用是可以诱发冲击地压和在煤壁前方经常保持一个破碎保护带，使最大支撑压力转入煤体深处，随后即便发生冲击地压，对采煤工作面的威胁也大为降低。

(3)钻孔槽卸压，是用大直径钻孔或切割沟槽使煤体松动，以达到卸压效果。卸载钻孔的深度一般应穿过应力增高带，在掘进石门揭开有冲击危险的煤层时，应距煤层 5～8m 处停止掘进，使钻孔穿透煤层，进行卸压。

3. 其他应注意的问题

(1)开采有冲击地压的煤层，冲击危险程度和采取措施后的实际效果都可采用钻屑法、地音法、微震法或其他方法确定。对有冲击地压危险的煤层，可根据预测预报等实际考察资料和积累的数据划分煤层的冲击地压危险程度等级，以便按其等级制定冲击地压的综合防治措施。

(2)对有冲击地压的煤层，应根据顶板岩性确定巷宽或沿采空区边缘掘进巷道，巷道支护应采用可缩性支架，严禁采用混凝土、金属等刚性支架。

(3)在有严重冲击地压的厚煤层中，所有巷道都应布置在应力集中圈外。煤巷双巷掘进时，两条平行巷道之间的煤柱不得小于 8m，联络巷道应与两条平行巷道成直角。

(4)开采有冲击地压的煤层，应用垮落法控制顶板，并提高切顶支架的工作阻力，采空区中所有支柱必须回净。

(5)开采有冲击地压的煤层，在一个或相邻的两个采区中，同一煤层的同一区段，在应力集中的影响范围内，不得布置两个工作面同时相向或相背回采。如果两个工作面相向进行，在相距 30m 时，必须停止其中一个掘进工作面，以免引起严重冲击危险；停产 3 天以上的采煤工作面，恢复生产的前一班，应鉴定冲击地压危险程度，以便采取安全措施。

五、矿井热害防治技术

(一)通风降温

1. 合理的通风系统

按照矿井地质条件、开拓方式等选择进风风路最短的通风系统，可以减少风流沿途吸热，降低风流温升。在一般情况下，对角式通风系统的降温效果要比中央式通风系统好。

地热型的高温矿井，从降温角度考虑，宜采用能缩短进风路程、分区进风的混合式通风系统。混合式的进风路程最短，因而它的风温最小，它是专为解决高温井的一种多风井进风的开拓方式。

另外，采用后退式回采，防止采空区漏风，提高工作面的有效风量；把进风巷布置在导热系数较低的岩石中，开掘专用的巷道把热水、热空气单独送入回风巷；尽量采用全负压的掘进通风方式以及改单巷掘进为双巷掘进等，都有利于降温。

2. 改善通风条件

增加风量，提高风速，可以使巷道壁对空气的对流散热量增加，风流带走的热量随之增加，而单位体积的空气吸收的热量随之减少，使气温下降。与此同时，巷道围岩的冷却圈形成的速度又得到加快，有利于气温缓慢升高。适当加大工作面的风速，还有利于人体对流散热。

在可能的条件下，可以采用采煤工作面下行风流、使工作面运煤方向与风流方向相同和缩短工作面的进风路线等措施。实践证明，采用这些措施，有利于降低工作面的气温。

另外，采煤工作面的通风方式也影响气温。在相同的地质条件下，由于 W 型通风方式比 U 型和 Y 型能增加工作面的风量，降温效果较好。

3. 利用调热巷道通风

利用调热巷道通风一般有两种方式，一种方式是在冬季将低于 0℃ 的空气由专用进风道通过浅水平巷道调热后再进入正式进风系统。在专用风道中应尽量使巷道围岩形成强冷却圈，若断面许可还可洒水结冰，储存冷量。当风温向 0℃ 回升时，即予关闭，待到夏季再启用。淮南九龙岗矿曾利用用 -240m 水平的旧巷作为调热巷道，冬季储冷，春季封闭，夏季使用，总进风量的一部分被冷却，使 -540m 水平井底车场降温 2℃。另外一种方式是利用开在恒温带里的浅风巷作调温巷道。

4. 其他通风降温措施

采用下行风对于降低采煤工作面的气温有比较明显的作用。

对于发热量较大的机电硐室,应有独立的回风路线,以便把机电设备所发热量直接导入采区的回风流中。

在局部地点使用水力引射器或压缩空气引射器,或使用小型局部通风机,以增加该点风速可起降温的作用。向风流喷洒低于空气湿球温度的冷水也可降低气温,且水温越低效果越好。

（二）矿内冰冷降温

矿井降温系统一般分为冰冷降温系统和空调制冷降温系统。其中,空调制冷降温系统为水冷却系统。所谓冰冷降温系统,就是利用地面制冰厂制取的粒状冰或泥状冰,通过风力或水力输送至井下的融冰装置,在融冰装置内,冰与井下空调回水直接换热,使空调回水的温度降低。20世纪80年代中后期,在南非的一些金矿开始采用冰冷降温系统进行井下降温。1985年南非东兰德矿山控股公司在梅里普鲁特一号井建成了冰冷系统,冷却功率为29MW。冰冷降温对深井降温效果明显。

（三）矿井空调技术

目前,国内外常见的冷冻水供冷、空气冷却器冷却风流的矿井集中空调系统基本由制冷、输冷、传冷和排热4个环节所组成。由这4个环节的不同组合,便构成了不同的矿井空调系统。这种矿井空调系统,若按制冷站所处的位置不同来分,可以分为以下3种基本类型。

1. 地面集中式空调系统

地面集中式空调系统将制冷站设置在地面,冷凝热也在地面排放,而在井下设置高低压换热器将一次高压冷冻水转换成二次低压冷冻水,最后在用风地点上用空气冷却器冷却风流。

这种空调系统还可有另外两种形式:一种是集中冷却矿井总进风,在用风地点空调效果不好,而且经济性较差;另一种是在用风地点采用高压空气冷却器,这种形式安全性较差。实际上这两种形式在深井中都不可采用。

2. 井下集中式空调系统

井下集中式空调系统如按冷凝热排放地点又可分为两种不同的布置形式:

(1)制冷站设置在井下,并利用井下回风流排热。这种布置形式优点是系统比较简单,冷量调节方便,供冷管道短,无高压冷水系统;缺点是由于井下回风量有限,当矿井需冷量较大时,井下有限的回风量就无法将制冷机排出的冷凝热全部带走,致使冷凝热排放困难,冷凝温度上升,制冷机效率降低,制约了矿井制冷能力的提高。由上述优缺点可知,这种布置形式只适用于需冷量不太大的矿井。

(2)制冷站设在井下,冷凝热在地面排放。这种布置形式虽可提高冷凝热的排放能力,但需在冷却水系统增设一个高低压换热器,系统比较复杂。

3. 井上、井下联合式空调系统

井上、井下联合式空调系统布置形式是在地面和井下同时设置制冷站,冷凝热在地面集中排放。它实际上相当于两级制冷,井下制冷机的冷凝热借助于地面制冷机冷水系统冷却。

第二节 地铁建设施工与运营安全技术措施

一、明(盖)挖施工安全技术措施

1. 土体开挖施工安全技术措施

土体开挖施工前,要编制土方工程施工方案,主要包括施工准备、围护结构施工、开挖方法、降(排)水、放坡或边坡支护等。施工前,应通过建设单位组织的工程周边环境资料及其交底,了解地下管线、人防工程及其他构筑物情况和具体位置;作业过程中,应尽量避开管线和构筑物,当地下构筑物外露或者下穿构筑物时,需进行加固保护。在电力、通信电缆和燃气、热力、给水排水等管线的安全保护范围内挖土时,需征得管线单位同意,并在主管单位人员监护下采取人工开挖。

基坑开挖时应遵循"分层分段、先撑后挖、严禁超挖、对称限时"的原则,其挖土方法和支撑顺序应符合设计要求。加强对基坑及周边环境的监测,并根据监测信息及时调整开挖方案,实施信息化的动态施工。

若开挖槽、坑、沟深度超过1.5m,须根据土质和深度情况按规定进行放坡或加可靠支撑。开挖前,应验算边坡的稳定性,根据规定计算确定挖土机和堆土离边坡的安全距离。遇边坡不稳、有坍塌危险征兆时,需立即撤离现场,并及时报告施工负责人,采取安全可靠排险措施后,方可继续挖土。石方爆破时应遵守爆破作业的有关规定。当开挖深度超过2m时,需在周边设置牢固的防护栏杆,并立挂安全网。

合理安排施工项目,防止挖方超挖或铺填厚度超标。挖土过程中遇有古墓、地下管线或其他不能辨认的异物、液体或气体时,应立即停止作业,并报告施工负责人,待查明处理后,方可继续挖土。夜间施工时,施工现场应根据需要安设照明设施,在危险地段应设置红灯警示。

从竖井吊运土石至地面时,钢丝绳索、滑轮、钩子、吊斗等垂直运输设备、工具应完好牢固。起吊、垂直运送时,下方不能站人。配合机械挖土清理槽底作业时,严禁进入铲斗回转半径范围。须待挖掘机停止作业后,方准进入铲斗回转半径范围内清土。

2. 围护(支护)结构施工安全技术措施

(1)为防止边坡开挖过程中周围土体坍塌,开挖中遇有下列情况之一时,应设置坑壁支护结构:①因放坡开挖工程量过大而不符合技术经济要求。②因附近有建(构)筑物而不能放坡开挖。③边坡处于容易丧失稳定的松散土或饱和软土地段。④地下水丰富而又不宜采用井点降水的场地。

(2)常见的基坑围护结构有连续墙、桩(钢板桩、钢筋混凝土预制桩或灌注桩、旋喷桩、搅拌桩等)和喷锚(杆、索),应根据基坑周边环境、开挖深度、工程地质与水文地质、施工作业设备和施工季节等条件进行选择。软土场地可采用深层搅拌、注浆、间隔、换填或全部加固等方法对局部或整个基坑底土进行加固,或采用降水措施提高基坑内侧被动抗力。内支撑常见的有钢管支撑、钢筋混凝土支撑或两者结合,在地质条件复杂、周边环境沉降控制严格的场合,内支撑的第一道或多道宜采用钢筋混凝土支撑。应限制使用木支撑,可用时也只能用松木或杉木。

(3)钢支撑应严格按设计要求的材料、尺寸进行加工制作、安装和拆卸;根据工程所处环境特点和钢支撑布置形式合理选择钢支撑的吊装和施加力的设备,做好设备进场、安装、调试等工作;进场钢支撑应有合格证,拼装和检测合格后方可投入使用。基坑施工时应按先撑后挖的原则,及时安装。对需要预加力的钢支撑,按设计轴力施加,同时根据监测情况、支护结构变形情况等及时调整预加力。施工期间不能对支撑施加其他荷载,以免钢支撑侧向失稳。对支撑需采取可靠的拉吊措施,防止因支护(或围护)结构变形和施工撞击而发生支撑脱落。随着开挖的进行,支撑结构可能发生变形,故应经常检查,如有松动、变形迹象时,应及时进行加固或更换。

(4)采用钢板桩、钢筋混凝土预制柱或灌注桩作支护结构时,根据地质情况选择合适的类型;柱的制作、运输,打桩或灌注桩的施工安全要求应按相关规范的要求执行。施工过程中尽量减少振动和噪声对邻近建(构)筑物、仪器设备和环境的影响;开挖时应防止柱身、支撑受到损伤或碰落;采用钢筋混凝土灌注桩时,应在桩的混凝土强度达到设计强度等级后再挖土;拔除桩后的孔穴应及时回填和夯实。

(5)连续墙施工应按地下工程安全规程实施,挖槽的平面位置、深度、宽度和垂直度需符合设计要求;成槽开孔时设专人指挥,在开挖前应对作业影响范围内地下管线、地下构筑物的分布情况进行详细了解,并检查施工电缆线是否损伤,转向时注意尾部的电源线是否有碰撞现象;成槽中暂停作业时,把抓斗提到地面停放,长时间暂停时应将设备转移到离槽段10m以外区域;抓斗入槽和出槽提升速度不应太快,防止抓斗钩住导墙根部造成事故;整个施工过程要注意泥浆恶化,特别是大雨天气等要及时调整泥浆比重,避免塌孔;潜水电钻等水下电气设备应有安全保险装置,严防漏电,电缆收放应与钻进同步进行,严防拉断电缆造成事故;钻进速度和电流大小应严格控制,遇有地下障碍物要妥善处理,禁止超负荷强行钻进。

(6)锚杆(索)施工时,锚杆(索)选用的材料和规格应符合设计要求,使用前应清除油污和浮锈,以便增强黏结的握裹力;钻孔时不能损坏已有的管沟、电缆等地下埋设物;应经常检查锚头是否紧固和锚杆(索)周围的土质情况。

(7)用旋喷桩、搅拌桩作支护结构时,施钻前摸清地下管线埋设情况,以防止管线受损进而发生事故;压缩机管道的耐久性应符合要求,管道连接应牢固可靠,防止软管破裂、接头断开,导致浆液飞溅和软管甩出伤人;操作人员需戴防护眼镜,防止浆液射入眼睛内,如有浆液射入眼睛时,需进行充分冲洗,并及时到医院治疗;使用高压泵前,应对安全阀进行检查和测定,其运行须安全可靠;施工完毕或下班后,需将机具、管道冲洗干净。

(8)采用锚杆喷射混凝土作支护结构时,施工前应检查和处理锚喷支护作业区的危石;施工机具应设置在安全地带,各种设备应处于完好状态,张拉设备应牢靠,张拉时应采取防范措施,防止夹具飞出伤人;机械设备的运转部位应有安全防护装置;喷射混凝土施工用的工作台应牢固可靠,并应设置安全栏杆。另外还应避免操作人员的皮肤与速凝剂等直接接触。

锚杆钻机应安设安全可靠的反力装置,防止钻机反弹伤人;在有地下承压水的地层中钻进,孔口需安设可靠的防喷装置,一旦发生漏水、涌砂时能及时堵住孔口。喷射机、水箱、风包、注浆罐等应进行密封性能和耐压试验,合格后方可使用。向锚杆孔注浆时,注浆罐内应保持一定数量的砂浆,以防罐体放空,砂浆喷出伤人。喷射作业中处理堵管时,应将输料管顺直,须紧按喷头防止摆动伤人,疏通管管路的工作风压不能超过 0.4MPa。喷射混凝土施工作业中,应采取措施,防止钢纤维扎伤操作人员,还要经常检查出料弯头、输料管、注浆管和管路接头等有无磨薄、击穿或松落现象,发现问题,应及时处理。处理机械故障时,需使设备断电、停风;向施工设备送电、送风前,应通知有关人员。

施工中,还应定期检查电源电路和设备的电器部件;电器设备应设接地、接零,并由持证人员操作,电缆、电线需架空。总之,要严格遵守规范的有关规定,确保用电安全。

(9)支护结构拆除。开挖完成后拆除支撑前,主体结构强度应达到设计和规范的要求,并按设计要求完成传力构造的施工。按结构回筑或土体回填的次序依次拆除支撑,多层支撑应自下而上逐层拆除。当采用爆破法拆除混凝土支撑时,宜先将支撑端部与围檩交接处的混凝土凿除,以避免支撑爆破时的冲击波通过围檩和围护结构直接传到坑外。

支撑拆除应先拆除联系杆件,后拆主要受力杆件。在拆除支撑的同时,应加强对支护结构、主体结构、周围环境的监测,发现问题及时调整施工方案。

在拔除钢板桩、SMW工法型钢时,应注意对周围建(构)筑物的保护。若附近有重要建筑物或地下管线时,应对拔出后的空洞注入水泥浆等填充,使土体密实,以减少对周围环境的影响。

(10)此外,采用盖挖法施工时还要注意,结构顶板或铺盖系统坐落在支护结构上,地面荷载通过顶板或铺盖传递到支护结构上。所以,支护结构既受侧压力,又承受竖向荷载作用,基坑支护设计时应进行支护桩(墙)侧压力和竖向荷载验算;采用钢筋混凝土灌注桩或连续墙时,应在桩的混凝土强度达到设计强度等级后,方可挖土。

二、暗挖施工安全技术措施

(一)超前支护安全技术措施

1. 总体要求

对于围岩自稳时间小于初期支护完成时间的地段,应根据地质条件、开挖方式、进度要求、使用机械情况,对围岩采取超前锚杆支护或小导管超前支护、小导管周边注浆等安全技术措施。当围岩整体稳定难以控制或上部有特殊要求时,可采用大管棚支护。

采用超前锚杆支护时,一般宜采用钻孔注浆锚杆支护,其孔位布设、长度、夹角、材料规格、锚杆预加拉力等参数应符合设计要求。当采用导管超前支护时,导管既作为注浆导管,又起超前锚杆作用。导管规格、间距、长度、外插角及注浆要求应符合设计规定;导管施工前应将工作面封闭严密、牢固、清理干净,并测定钻孔位置后方可施工。当采用管棚超前支护时,一般用钻机成孔或将管棚随钻直接打入地层;管棚施工前应封闭工作面,并测定孔位;管棚管钢规格、管棚孔位、间距、钻孔深度、角度及注浆材料需符合设计要求。

施工期间,尤其在注浆时,应对支护的工作状态进行检查。当发现支护变形或损坏时,应立即停止注浆,并采取措施;注浆结束 4h 后,方可进行掌子面的开挖。浆液配置或存放过程中应设专人管理,对有腐蚀性的配剂应严格按操作规程试配。注浆前应对注浆管路、压力表、注浆设备等进行认真检查;注浆时应按设计压力分级逐步升压,根据注浆量、注浆压力进行双控以确定结束注浆时间;拔出注浆管时不能将管口朝向操作人员,注浆液不慎溅入眼中应尽快用清水冲洗或寻求医生帮助。注浆过程中,严格控制注浆压力,保证浆液的渗透范围,防止出现结构变形、串浆危及地下、地面建(构)筑物的异常现象。钻孔作业中,不能靠近钻杆和机械传动部分;钻孔中遇到障碍,需停止钻进作业,待采取措施并确认安全后,方可继续钻进。钻孔中发生大量突泥涌水时,应集中全力及时注浆封堵。加强统一指挥,在钻注作业中发生异常情况时,要及时处理,确保安全。

2. 超前锚杆支护

在未扰动而破碎的岩层、结构面裂隙发育的块状岩层或松散渗水的岩层中,宜采用钻孔注浆超前锚杆支护,锚杆的尾部支撑需坚固可靠。锚杆间距应根据围岩状况确定,地质情况变化时,锚杆参数也应改变。

3. 小导管注浆超前支护

当在软弱、松散岩土层中开挖隧道时,需先加固地层,而后开挖。

导管安设前应先测定出钻设位置后方可施工。采用钻孔施工时,其孔眼深度应大于导管长度;采用锤击或钻机顶入时,其顶入长度不小于管长的 90%。注浆前应喷射混凝土封闭作业面,防止漏浆,喷层厚度不宜小于50mm。选择注浆材料应根据地质条件、注浆目的和注浆工艺等全面考虑。注浆结束后应检查其效果,不合格时应补注浆。注浆达到需要的强度后方可进行开挖。注浆施工期间应监测地下水是否受污染,应该防止注浆浆液溢出地面或超出注浆范围,如有污染应采取措施。

4. 大管棚超前支护

在软弱土层围岩、破碎岩层中开挖浅埋大跨度地下洞室时,应采用大管棚超前支护技术。

管棚钢管环向布设间距对防止上方土体坍落及松弛有很大影响,施工中须根据结构埋深、地层情况、周围结构物状况等选择合理间距。在铁路、公路等正下方施工时,要采用刚度大的大、中直径钢管连续布设。

在软弱破碎地带,为避免钻进过程产生塌孔,常以钢管代替钻杆,在钢管前端镶焊钻具直接钻进,并随钻进深度接钢管,直至设计深度。大管棚钢管接长时需连接牢固。钻孔完毕应检查其位置、方向、深度、角度是否符合设计要求,并做好检查记录,符合要求后方可安装管棚。管棚安装后,应及时隔孔向钢管内及周围压注水泥浆或水泥砂浆,使钢管与周围岩体密实,并增加钢管的刚度。注浆时钢管尾部应设止浆塞,并在止浆塞上设注浆孔和排气孔,当排气孔出浆后,应立即停止注浆。

(二)隧道开挖安全技术措施

1. 土质隧道开挖安全技术措施

土质隧道开挖方法应根据围岩级别、断面大小、埋置深度及地面环境等条件,经过技术、经济比较后确定,必要时根据现场监测结果调整开挖方案。

地下水位较高时,可在隧道开挖前采用降水井降水,设排水沟抽水,注浆、水泥搅拌桩或旋桩加固地层等方式降水或堵水,以确保隧道开挖掌子面和隧道底部的土体稳定及施工安全。

开挖过程中,应加强开挖面的地质素描和超前地质预报工作。隧道开挖应连续进行,每次开挖长度应严格按照设计要求、土质情况确定,并严格控制。停止掘进时,对不稳定的围岩应采取临时封堵或支护措施;开挖后,应及时进行初期支护。采用分部开挖时,应在初期支护喷射混凝土强度达到设计强度的70%以上后,方可进行下一分部的开挖。

同一隧道内相对开挖的两开挖面距离为2倍洞跨且不小于10m时,一端应停止掘进,并保持开挖面稳定。两条平行隧道(含导洞)相距小于1倍洞跨时,其开挖面前后错开距离不能小于15m。

隧道施工严格控制超挖、欠挖。超挖部分应及时同级混凝土回填并注浆,以尽快稳定围岩变形,欠挖部分应挖除。当隧道底部地质软弱、下沉超限时,应及时对隧道底部进行加固处理。隧道开挖过程中,监控测量工作应及时跟进,实施信息化施工。

2. 爆破开挖安全技术措施

爆破作业需按现行国家标准《爆破安全规程》要求,编制爆破设计方案,制定相应的技术措施。方案应经过专家评审和施工单位技术负责人、监理项目部总监审批。爆破作业应根据地形、地质和施工地区环境的具体情况,采取相应的防护措施。

钻眼前,应检查工作环境的安全状态,清除开挖工作面浮石及瞎炮。凿岩机的支架在碴堆上钻眼时,应保持碴堆的稳定;用电钻钻眼时,不能用手导引回转的钎子或用电钻处理被夹住的钎子,不能在残眼中钻眼。

爆破器材应由装炮负责人按一次需用量提取,随用随取。放炮后的剩余材料,应经专人检查核对后,及时交还入库。

装药前,非装药人员应撤离装药地点;装药区内禁止烟火;装药完毕,应检查并记录装炮个数、地点;不能使用金属器皿装药;起爆药包应在现场装药时制作。

起爆前应做好下列防护工作:起爆应由值班人员监督和统一指挥;洞内爆破时,所有人员需撤离,撤离的安全距离应为独头隧道内不小于 200m,相邻上下隧道内不小于 100m,相邻隧道、横通道及横洞间不小于 50m,双线上半断面开挖时不小于 400m,双线全断面开挖时不小于 500m。

爆破后需加强通风排烟,在施工方案确定的时间(一般为 15min)后检查人员方可进入开挖面检查。检查内容包括:有无瞎炮,有无残余炸药或雷管,顶板及两帮有无松动围岩,支撑有无损坏与变形。

两个相向贯通开挖的开挖面之间的距离只剩下 15m 时,只允许从一个开挖面掘进贯通,另一端应停止工作并撤走人员和机具设备,在安全距离处设置警告标志。

3. 变断面开挖安全技术措施

暗挖隧道在辅助通道与正线连接段、正线不同工法转换连接段、人防段等存在隧道断面变化的情况,隧道变断面施工应编制专项施工方案,加强施工监测,严格控制拱顶坍塌及结构失稳,确保隧道断面衔接和工法转换顺利过渡。

针对隧道断面变化的不同形式,采用大断面向小断面过渡或小断面向大断面过渡的方法。大断面向小断面变化难度较小,将大断面隧道施工到设计里程后,喷射混凝土封闭掌子面,再破口进入小断面施工。对Ⅰ、Ⅱ级围岩,采用锚杆、钢筋网、喷射混凝土封闭掌子面;对Ⅲ—Ⅴ级围岩,采用系统锚杆或超前小导管注浆、型钢拱架、钢筋网、喷射混凝土封闭掌子面。

若小断面向大断面变化的幅度不大,可采用提前渐变和逐渐抬高、加宽即可实现;若变化幅度较大,则要采用增加横通道、小导洞的方式,转换施工顺序为由大到小施工,再对大断面反向施工等措施进行处理。在Ⅲ—Ⅴ级围岩地段,必须采取大管棚或超前小导管、加密钢架、加密监测等加强措施。

(三)穿越建(构)筑物安全技术措施

1. 总体要求

地铁穿越工程指地铁施工时,需上穿、下穿或侧穿地铁既有线、铁路隧道、铁道线路、立交桥梁、人行天桥、房屋、地下管线、城市道路或其他城市建(构)筑物等所进行的施工工程。

地铁穿越工程应按被穿越工程的重要程度、穿越类型、周边环境条件等情况分成不同等级,并针对不同等级设计监测方案。对于不同的既有建(构)筑物和不同的穿越条件将穿越工程的环境风险划分为 4 个等级。

施工时应将建(构)筑物的安全监测作为监测重点,施工前需制定可靠的专项施工方案和应急预案,施工时遵循"短进尺、强支护、勤量测"的原则,应先超前支护和注浆加固土体,并经检验强度符合设计要求后方可开挖。施工支护参数、施工工序和测量等要紧密结合,确保施工过程和建(构)筑物安全。

2. 地表建(构)筑物变形防范措施

对建筑物的保护主要是控制基坑与建筑物之间的土体变形位移,采用注浆方法加固土体或加隔离桩、墙,提高基础抵抗变形能力,确保建(构)筑物结构安全。施工时应严格施工工艺,采取小分块、短进尺、快封闭的手段,以减少对地层的扰动,对隧道拱脚变形采取注浆加固或其他有效措施,拱部采用管棚和小导管联合超前支护形式,并采用全断面注浆覆盖;及时进行初支及二衬背后注浆处理;加强监控量测,变形过大时及时调整加固措施,如适当减小格栅钢架间距、增加临时支撑强化支护手段、径向设导管注浆等。

3. 地下管线的安全保护变形防范措施

施工单位应根据建设单位提供的地下管线资料,在施工前对施工影响范围使用管线探测仪进行核查,再利用人工挖槽等方法进一步明确有无其他管线通过,确定管线的各种参数。地下管线的保护根据管线的类型和风险大小分别采取不同的保护方式。

对于具备迁改条件的管线可以对其进行迁改,对于不能迁改的地下管线保护措施有地层加固、支托或悬吊保护等方式。管线保护须从控制施工引起的地层变形入手,将管线的被动变形控制在允许范围内,这是保护受地层变形影响管线的关键。同时,加强地面沉降监测,尤其对沉降敏感的管线要单独布点监测,并根据监测结果及时分析评估施工对管线的影响,根据施工和变形情况调节观测的频率,及时反馈信息指导施工,确保管线保护管理工作在可控状态下有效进行。

(四)穿越江河的安全技术措施

穿越江河时应截流或导流,水底隧道的围岩需结构紧密、自稳能力强。施工前应按要求将围岩节理裂隙进行填充封闭,对松散软弱岩层进行预加固,施工中应遵循"超前探、严注浆、弱爆破、短进尺、强支护、重排水"的原则。

将超前地质预报作为施工工序纳入施工管理。超前探明隧道前方地质情况,特别是渗水情况,为制定防止涌水事故措施提供依据。也可以通过超前钻探探明地质条件,依据探孔中的渗水量确定采取何种方式进行注浆堵水,将渗水量控制在规定范围内,确保隧道施工安全。注浆堵水措施包括隧道超前小导管注浆、超前帷幕注浆、围岩壁面的裂缝或裂隙注浆、初支背后回填注浆、二衬背后回填注浆等。

隧道内要安设高扬程、大流量的排水设备,并考虑备用设备和需维修设备的数量,为施工排水和可能出现的涌水提供安全保障,确保施工安全。

三、盾构施工安全技术措施

(一)安全技术措施的总体要求

(1)盾构施工前,应详细核对设计、图纸和相关技术文件,同时对施工现场进行调查研究,对盾构工程制定相应的安全技术措施。盾构施工通过风险较大的地段时,应对施工安全技术措施做专题研究,采取切实可靠的技术、设备和防护措施;单项工程开工前应制定安全操作细则,向施工人员进行安全技术交底。对于盾构机进出洞、开仓换刀等风险大的施工,应进行施工前条件验收。

(2)盾构工程施工的辅助结构、临时工程及大型设施等,均应按有关规定做好安全防护措施,安全防护设施完成后,需经检验合格。

(3)起重吊装作业安全防护措施。起重作业属于特种作业,信号司索工、司机应持建设行政主管部门颁发的建筑施工特种作业人员操作资格证。同时,应安排专人进行安全监控;设吊装作业警戒区,无关人员不能进入。

在进行起重吊装作业前,应对钢丝绳、钢丝夹、吊钩等索具装备进行检查,根据索具受损程度对其起吊能力进行折减和检算,对磨损严重的索具及时更换,以保证施工过程中的吊装安全。

吊装作业时应严格执行"十不吊"的规定,即:①起重机支腿不全伸不准吊;②斜面、斜挂不准吊;③吊物质量不明(含埋地物件、斜拉物件)或超负荷不准吊;④散物捆扎不牢或物料装放过满不准吊;⑤吊物上有人不准吊;⑥指挥信号不明不准吊;⑦起重机安全装置失灵或带病不准吊;⑧现场光线阴暗,看不清吊物起落点不准吊;⑨棱刃物与钢丝绳直接接触无保护措施不准吊;⑩六级以上强风等恶劣天气不准吊。

吊装过程中提升和降落速度要均匀,动作要平稳,严禁忽快忽慢、突然制动和左右回转;严禁在运行中对起重机进行修理、调整和保养作业;在起重满负荷或接近满负荷时不能同时进行两种动作。使用汽车吊时,起重机行驶和工作的场地应平坦坚实,保证在工作时不沉陷;视土质情况,起重机的作业位置应离盾构井有必要的安全距离。

(4)焊接作业安全防护措施。焊接作业人员需是经过电焊、气焊专业培训和考试合格,取得特种作业操作资格证的电焊工、气焊工并持证上岗;电焊作业人员作业时应使用头罩或手持面罩,穿干燥工作服、绝缘鞋和耐火、绝缘防护手套等安全防护用品。电焊机应安装二次侧降压保护器,气瓶应经定期检测合格。施工现场应配备两个以上的合格灭火器,派人现场监控。

电焊作业时,如遇到以下情况应切断电源:改变电焊机接头,更换焊件需要改接二次回路,转移工作地点搬运焊机,焊机发生故障需要进行检修,更换保险装置,工作完毕或临时离开操作现场。气焊作业前,明火作业区外 2m 内和作业点下部应清除易燃物,电缆、管线及可燃或怕热物体需用阻燃布严密覆盖;作业时氧气瓶与焊炬、割炬及其他明火的距离应大于 10m,与乙炔瓶的距离不小于 5m。

(5)施工现场用电安全防护措施。施工现场用电应严格执行《施工现场临时用电安全技术规范》(JGJ 46)等有关安全用电规定和规范标准,电工每天对现场用电设备、设施、线路进行 2 次例行巡视检查,发现问题及时停电并监护,同时报电气管理人员处理。

(6)盾构机选型。盾构机的性能及其与地质条件、工程条件的适应性是盾构隧道施工成败的关键。盾构机选型是盾构施工的第一步,也是盾构施工最基础和最关键的一步,往往决定着盾构施工的成败。盾构机选型应充分考虑地质水文条件、现场施工环境条件、施工水平、安全要求、环境保护、当地法律法规等各种因素,应注意以下几个方面:①盾构机选型前,应充分收集工程的工程地质及水文地质等工程现场资料,对盾构机厂商所生产的盾构机在同类或类似工程的使用情况进行详细的实地考查,组织经验丰富的盾构土建、机械、电气等专业技术人员根据工程实际情况编制盾构技术性能需求文件,必要时邀请专家进行评审。②采用盾构机的类型、动力驱动设备、主轴承、密封系统、注浆系统、应急设备应作为盾构机选型的关键要素。③盾构机选型需适应地质条件和水文条件,地下水位较高环境应优先选用泥水平衡型盾构机。

(7)盾构端头井土体加固。盾构端头井土体加固质量效果往往直接影响盾构始发或接收的成败。因此,加强盾构端头井土体加固施工管理和加固质量效果检验是盾构施工安全管理中一项重要任务,主要有以下措施:①熟悉设计图纸及文件,对端头土体、地质情况进行详细调查、勘察,分析加固方案的预期加固效果,特别是边角部位的加固效果,分析加固效果对盾构施工的影响,并根据实际情况建议调整设计或制定应急措施。②盾构端头井土体加固的方法很多,有冻结法、旋喷加固、静压注浆、素桩、玻璃纤维桩、钢板桩及各种组合方法,以适应不同的地质条件。应根据实际情况及设计要求选择其中适用的方法。③施工前应根据设计资料及现场实际勘察编制详细、可行、可靠的施工方案,对于高水位及重大工程盾构端头土体加固方案应请经验丰富的专家进行论证,所有方案需施工单位技术负责人和总监审批后执行。④在施工过程中严格按要求进行施工,采取中间检验和旁站监督的方式对过程施工质量进行严格控制。⑤盾构端头井土体加固完成且龄期达到设计要求后,按照设计文件或施工方案设计的检验方法进行加固效果检测。经检测验收合格后方可进行盾构始发或接收的工作。检测不合格的,应制定补强加固方案,按规定程序申报审批后进行补强加固,直至强度及渗透系数等参数达到规定的要求。⑥盾构始发或接收过程中,应派专人 24h

巡视端头加固土体有无异常变化，如有异常现象，应立即停止掘进，研究并采取应急措施防止情况恶化。⑦盾构端头井处地下水位较高时，加固段内外一定距离处应设置水位观测孔，及时观测水位变化，并制定应对措施。

(二)盾构进场及组装安全技术措施

1. 盾构机进场

盾构机进场运输前，应制定盾构机进场方案，成立盾构机进场指挥小组，委托有资质的大件运输公司承担盾构机进场运输任务，组织运输公司调查清楚运输线路沿线桥梁、道路的限高、限宽、限重，道路的拐弯半径和坡度以及架空管线的限高等条件，选择合适的运输车辆；对现场构配件存放地的基础进行预处理，清除影响吊装存放的障碍物。

盾构机吊装(盾构机构件装卸车、下井)作业的安全要求见本节的"安全技术措施的总体要求"部分。

2. 盾构机组装

盾构机组装前应由相关技术和生产管理人员编制可行性施工方案，内容包括吊车配置、吊点的设置、吊装设备的组装顺序、吊装平面布置图。在组装前应召开组装交底会，明确施工人员的职责和任务以及需要注意的事项，对新型盾构机应征询盾构机制造商的意见。组装前安排好设备的组装顺序，并严格按顺序进行组装。

(三)盾构始发作业安全技术措施

1. 始发基座安装

始发基座安装前需进行平面位置和高程的精确测量定位，避免由于始发基座安装位置的偏差引起安全隐患。新型的基座应进行详细设计和受力计算，强度和稳定性应符合规范和盾构机始发要求。应严格控制基座的焊接质量，确保盾构始发安全。

2. 反力架施工

反力架是提供盾构机始发反力的重大构件，其安全性直接影响盾构的始发安全，在安装和使用过程中需确保反力架的安全。反力架应根据现场使用受力状态进行受力和变形核算，核算安全合格后方可使用；反力架定位和焊接质量直接影响盾构始发的安全，需对其严格把关。

反力架施工中，施工作业人员除应满足总体要求中对施工作业人员的要求外，在高于2m(含2m)的高空作业时，还需系好合格的安全带。同时，盾构端头井边1m以内不能堆土堆料、停置机具，四周应设高1.2m以上的安全栏杆。

3. 洞口密封施工

洞口密封是盾构施工进出洞防止流砂流水的关键设施,对始发安全非常重要。

洞口密封的安装应严格按设计的技术要求和质量要求进行施工;需对现场施工人员进行进场安全教育和安全考核;严格按照施工交底各步骤执行,确保施工安全;井边及墙体禁止悬挂杂物,严禁在孔口临边堆料、摆放机具;轨道平台表面用大板或方木铺严绑实,无探头板。

4. 始发推进

受基座、反力架及洞口端头土体加固情况等诸多因素的影响,同时施工操作人员对地层也需要一个适应过程,盾构始发推进时,盾构机的姿态往往不稳,盾构的合理施工参数尚需摸索。这个阶段是盾构施工的关键环节,其安全性至关重要。

盾构始发应制定专项方案,必要时还应进行专家论证;始发前应对盾构机操作人员和其他现场操作人员进行技术交底和安全交底。盾构始发期间,项目经理和总工程师需时刻关注始发参数,特别是关注始发推力和出土量;始发期间如有紧急情况发生,应立即停机,经排除故障和采用妥善措施后方可继续推进。

（四）盾构机掘进风险控制措施

1. 推进施工

盾构机操作手与施工人员需经培训合格后方可持证上岗。盾构机操作手原则上应具备大专以上学历。与操作无关的人员严禁进入主控室,非司机人员严禁操作任何操作手柄及按钮。在掘进过程中,受地质条件变化、盾构机自身设备状态和地表沉降变化等影响,需要对盾构机施工参数(出土量、上土压、推进速度、注浆量、注浆压力)进行大的调整时,应按施工组织设计规定的程序进行,如有必要,尚需召开专家论证会,严禁擅自调整。

2. 管片吊运及拼装

管片拼装机需由专人负责,严格执行"三定"制度(定机、定人、定岗位)和操作规程,其他人员禁止操作;所有动力设备在接通电源前,液压控制阀的手柄应在"终止"位置上;在隧道内用管片吊车运输管片时,需保证吊具与管片连接牢固;在吊运管片时要注意检查吊具是否完好,防止吊具在吊装或拼装时脱落、断裂;定期对管片吊具进行检查,以保证吊具的安全性;管片在运至拼装区过程中,管片运输区内严禁站人;启动拼装机前拼装机操作人员应对旋转范围内空间进行观察,在确认没有人员及障碍物时方可操作,拼装机作业前先进行试运转,确认安全后方可作业;在拼装管片时,非拼装作业人员应退出管片拼装区,拼装机工作范围内严禁站人;如拼装机在操作中发生异常,应立即停止拼装作业,查明原因,进行处理,使其恢复至正常工作状态后方可继续施工。

3. 背后注浆（同步注浆）

背后注浆也称同步注浆。盾构施工过程中，在盾构开挖外径与盾构机外壳之间一般有20~40cm的间隙，它是盾构施工中地层损失的主要组成部分，在掘进过程中需要对管片外侧的环形空隙进行注浆。同步注浆是控制地表沉降的关键工序，其安全管理措施主要有：

(1) 设计和优化浆液的配合比，使其与地层状况和推进参数相匹配。

(2) 严格按设计和施工方案确定的同步注浆压力、注浆量等参数进行施工，并根据洞内管片衬砌变形和地面及周围构筑物变形监测结果，及时进行信息反馈，修正注浆参数和施工方法，发现情况及时解决，保证施工质量。

(3) 需有专人维护注浆设备及仪器仪表的正常运转，确保同步注浆连续正常进行。

(4) 停止注浆或设备损坏需长时间停用注浆设备时，应立即派人员及时清理注浆设备及管道，防止浆液堵塞管路。

(5) 注浆设备的易损件应备足，以便损坏后及时更换。

(6) 采用加大注浆泵压力疏通管道时，畅通的瞬间，管道内的砂浆将会高速喷出，极易对周围的人员造成伤害，因此，在管道出口处要选用结实、坚固的编织物或加帆布，并用铁丝绑扎牢固，操作人员不可求快，压力要逐渐增加，不可突然急剧加压。

(7) 检查注浆压力表准确、有效。注浆中常常发生堵管造成压力表失效，致使一些注浆操作是在没有压力表这个"眼睛"的情况下"盲"注或仅凭经验来完成的。如果注浆压力大幅度超出容许范围，将会造成管片错台、开裂和漏水，重者会直接将管片压脱掉入隧道中，造成严重事故。

(8) 由于背后注浆不到位、掘进过程中地层局部沉降形成地层内局部空洞等原因，在盾构机通过一定距离后，可能会使地面沉降过大甚至坍陷。因此，宜在盾构机通过地段进行地层空洞的探测和处理。

4. 土体改良

为改善盾构机刀盘前方土体的可塑状态，减少对刀具、刀盘及泥渣输送设备的磨损，维护刀盘前方土体压力稳定，盾构机刀盘前方通常需加入添加剂对土体进行改良。土体改良效果较差时，会造成刀具、刀盘磨损较大，刀盘前方较难建立土压，从而使推进困难。为有效地使用好添加剂，保证土体改良效果，应注意以下几方面的事项：

(1) 应根据具体的工程地质、土质、水文情况选择添加剂。要注意即使产品属同一类型但属不同产地或厂商的，有时差异性也会较大，应通过适配试验选择适应工程的产品。

(2) 由于盾构机掘进过程中地质情况在不断变化，应根据地质条件分段选择适用的添加剂和配合比或发泡率。

(3) 施工过程中应对添加剂配合比和发泡率情况进行记录和分析，根据使用情况由技术管理人员进行调整。

(4) 每个工程施工完成后，应及时分析和总结添加剂使用情况，以供后续工程参考。

5. 纠偏、线形控制及曲线段推进控制

由于各种条件的限制,盾构隧道不总是直线形,但常需要盾构机在曲线上推进。同时,施工过程中由于盾构机推进受地层、液压系统、管片拼装误差等各种因素影响,会使隧道的线形在一定程度上偏离隧道设计轴线。所以,需要严格控制推进线形,通过纠偏来控制推进线路,特别是在曲线段,避免超出设计允许误差。盾构线形控制主要靠控制测量、推进、管片拼装等作业的精度及纠偏来实现。线形控制及曲线段推进控制的措施如下:

(1)为确保隧道沿设计轴线推进,需建立一套严密的人工测量和自动测量控制系统,严格控制测量精度。

(2)盾构隧道控制性测量数据及输入计算机的测量数据,需按程序进行审核,审批数据输入计算机时要实行"双人确认制"。

(3)合理设置洞内的测量控制点及导线,根据工程的实际情况合理控制测量和复核的频率。

(4)在掘进过程中严格控制千斤顶的行程、油压和油量,根据测量结果及时调整盾构机和管片的位置和姿态。

(5)按"勤纠偏,小纠偏"的原则,通过计算合理选择和控制各千斤顶的行程量,使盾构机和隧道轴线沿设计轴线在容许偏差范围内水平推进,切不可纠偏幅度过大。

(6)盾构机进入曲线段前,不可通过在外侧超挖来实现转弯施工,否则易造成盾构机偏出外侧曲线。

(7)在曲线段施工时,尽量利用盾构机自身千斤顶的纠偏能力进行纠偏,只有在小半径曲线下才允许使用仿形刀进行超挖纠偏。

(8)在曲线段掘进时,管片单侧偏压受力易变形,因此应及时进行同步注浆,可用快凝早强混合浆液。

6. 防喷涌

喷涌发生后,一方面会造成盾构机前方泄压,使前方工作面不稳定,可能引发掘进面上方塌方;另一方面,喷涌发生后在管片拼装区淤积大量的泥渣,清理工作量极大,往往需要较长时间,而长时间无法恢复管片拼装和正常推进会引发注浆系统堵塞等其他问题。在盾构施工过程中,应采取以下措施防止喷涌发生:

(1)在盾构机选型和制造时,应注意防喷涌应急装置的设置。

(2)选择适当的土体改良添加剂,调整土体的可塑状态,防止渣土含水量过大而增加喷涌的风险。

(3)控制推进质量,防止强推猛推使前方工作面土压力过大而产生喷涌的风险。

(4)操作螺旋输送机等渣土输送设备时,开口速率应稳定而平缓地增加,不能猛开猛关。

(5)开启螺旋输送机时,在渣土出口处应有专人监督,发现喷涌预兆时,及时发信号给操作室,要求立即关闭螺旋输送机。

(6) 发生喷涌时,应立即关闭螺旋输送机,及时清理喷涌渣土,尽快恢复推进。

7. 防盾尾漏浆、漏水

当盾尾或盾尾处其他密封装置损坏后,盾尾会出现漏浆、漏水现象,浆液流失引起注浆不实,导致地面产生较大沉降,严重时会造成盾尾涌浆、涌水,引发无法正常推进或淹没盾构机的事故。防止盾尾漏浆及漏水的主要措施如下:

(1) 在盾构机选型时,选择声誉较好和质量有保证的盾构机厂商和盾构机,选择可靠和耐用的后尾密封。

(2) 盾构机组装和使用过程中,要防止损坏盾尾密封装置,损坏后应及时更换。防止异物进入盾尾中,当有异物进入盾尾时应及时清理。

(3) 在地下水位较高的工程中,盾构机应考虑设有可靠的盾尾应急密封装置,有条件时应设置多道防线。

(4) 当盾构施工距离较长,需中途更换盾尾刷等盾尾密封装置时,更换的地点、时机应提前做好计划,更换的盾尾密封装置需保证质量。

(5) 同步注浆时禁止采用过大的注浆压力,以免注坏盾尾密封装置。

(6) 盾构掘进过程中,应派专人对盾尾注脂系统进行查看和维护,及时加注油脂。注入的油脂需保证质量,不能使用有杂质和劣质的油脂产品。

(7) 盾构推进过程中,避免纠偏量过大造成盾尾密封装置受挤压破坏。

8. 压气作业

盾构机更换刀具或出现故障时,人员需要进入前舱作业。为平衡外侧土体压力,需向刀盘舱内注入空气,使其压力升高。操作人员进入这样密闭的环境中工作时,由于刀盘舱内空间狭窄,压入空气的质量也可能含有一定的杂质,工作面环境温度很高,操作人员很容易出现不适。因此,压气作业是盾构安全施工中值得特别注意的风险源。

盾构施工中尽量避免和减少在不良地质条件下进入刀盘舱的作业,尽可能在基本可以自稳的地层中进行开舱作业,这样可以不用压气作业。压气作业也要根据地质条件的变化,选择适当的时机,提前或推迟进入刀盘舱内,预见性地安排更换刀具。

要挑选身体健康、强壮的工人作为进入刀盘舱的操作人员,并经过职业病医院严格的身体检查,确保对恶劣环境的抵抗力。一般压气作业一人一天不宜超过 4h。

压气作业务必选用无油型空压机,确保空气质量,并准备好通信工具,不间断地保持联络。此外,还应做好应急准备,必要时要能在减压舱(刀盘与盾构前体间的密封过渡通道)内抢救伤员,并与有关医院签好急救协议。有条件的要配备专用的流动医疗舱,以使在送往医院的过程中,保持伤员所受体外压力差基本一致。

9. 刀具更换

更换刀具时,需要操作人员进入刀盘舱。刀盘舱内空间狭窄,不能多人同时作业,也很难借助机械；刀盘舱内往往又比较湿滑，刀盘舱下部充满泥土或泥浆，刀盘开口处还可能有不稳定岩土掉入。因此，刀盘舱存在较大的安全风险。在岩石强度较高的地层中，要更换滚刀时，由于滚刀质量大、四周光滑、没有固定点、搬运困难，其安装和拆卸刮刀、割刀等更困难，安全风险更大。另外，如果作业人员在搬运刀具过程中遇岩土掉块等意外打击，极易失衡，轻则将刀具掉入刀盘舱内，要花费相当长的时间才能打捞上来，重则人被滚刀碰伤，甚至有可能滑入刀盘舱底部，被滚刀二次击伤，造成严重后果。因此，进入刀盘舱内更换刀具是盾构施工过程中一项相对比较危险的作业。

在刀具更换作业前，应制订详细的作业方案，对刀具更换的每个细节进行部署，并由技术负责人进行交底。作业前应切断盾构机的驱动电源，主控室和刀盘舱作业区均须有人监护。

当地质条件不好、开挖面地层有可能失稳时，应预先采取注浆或在洞内加支撑等办法对地层进行加固处理，防止岩土掉块对作业人员的伤害。此外，还要对刀盘舱内的积土、淤泥或泥浆进行清理，尽量保持刀盘舱内作业空间位置，搭设稳固的临时支架和作业平台，并提供充足的照明（包括行灯等局部照明工具）。

应选派技术娴熟、配合默契的作业人员进行刀具更换以尽量缩短盾构机停止时间，防止土体失稳。软土地层中盾构机停止时间一般不要超过 2 天。如有土体严重失稳，可分次完成刀具更换。一般此时土体强度不大，盾构机可掘进数环后再更换另一批刀具。

应尽量借助机械装置安装和拆卸滚刀，比如合理运用葫芦等起重装置、滑轨等移动装置以及支架等固定装置。刀盘舱内潮湿、水气大，随着温度的升高会产生雾化现象，对电器、电线绝缘性能要求高，故应选用 24V 以下的安全电压。刀盘意外转动伤人在盾构施工过程中屡有发生，因此，重新启动盾构机时应确认刀盘舱内没有操作人员而且工具材料已全部回收。

10. 施工用电

盾构机掘进用电一般是采用双回路专供电缆，供电电压达 10kV。隧道内环境潮湿，随着盾构向前不断推进，高压电缆也要经过多次连接，接头应选用优质的专用接驳器。电缆要在隧道内固定好，并留有一定的活动余地，悬挂高度合适，至少要比运输车辆高，防止运输车辆脱轨后击断电缆，造成严重后果。

除了盾构机用电之外，盾构隧道施工其他临时用电也很多，需采用"三级配电、二级保护"，尤其要配备足够的分配电箱。电箱要用铁皮制作，不能用木板或胶板等其他材料代替。要真正做到"一机、一闸、一箱、一漏"。一箱多机、一箱多闸等现象极易合错闸，从而导致触电事故。

11. 隧道运输

和隧道其他工法施工不同，中小直径的盾构隧道几乎均采用轨道运输系统。由于盾构机的掘进速度很快，运输往往是限制施工速度的一个瓶颈。因此，运输车辆一般设计得很长,渣土斗也设计得很大,占用了隧道很大空间。管片底部为圆弧形,对轨枕的稳定性有一定影响,运输车辆容易脱轨,有可能威胁人行道上人员的安全,尤其是碰到盾构机专用高压电缆时,后果更是不堪设想。因此,轨道运输系统要严格按有关技术规范执行,对轨距、轨道高差、弧度、接缝等重要参数要重点检查;轨枕应保证足够的刚度,并和管片上的螺栓保持固定或焊接,避免滑动变形。

隧道内运输容易引发事故,且一旦发生安全事故,后果大多比较严重。因此,严禁各类人员搭乘管片车进出隧道,严禁人员挤在操作室内。如隧道距离较长,应设计、使用专门的人员运输车辆,车辆应外设围栏。在盾构机位置,电瓶车与盾构机之间几乎没有空隙,非常狭窄,稍不注意,人员易被挤卡在中间,应尤其注意。

吊运管片的吊带应认真保管,专物专用,不能用于吊运其他构件(尤其是铁件),以免损坏。管片吊运时,其他小件不应在管片上放置随同吊运下井。吊运构件时应支垫稳妥,捆绑牢固。

水平运输发车前,应检查并确认电瓶车和平板车拖挂装置、制动装置、电缆接头等连接良好,经试运行情况良好方可进行操作。禁止运载超宽物体,禁止两辆板车同时运载同一超长物体。

12. 隧道通风及防噪声

盾构机仅推进系统往往就要消耗1000kW以上的功率,机内持续高温,当遇到较硬或耐磨性较高的岩石时,机内温度可超过50℃。隧道内环境具有湿、闷、热的特点,在南方施工时尤为突出。尽管盾构机配备了送风系统以降低温度,但隧道内温度与地面作业相比还是要高很多。如有必要,除送风系统外,可增设抽风系统或冷却系统,加强空气对流。

盾构机在推进过程中,噪声常达到80dB以上,作业人员长时间处于高噪声环境下易产生疲劳感而诱发安全事故。因此,作业人员要佩戴耳塞,并保证足够的休息时间,上班不超过8h。

13. 不良地质条件下的施工

(1)地下水。在富水地层盾构施工时,应勘察地下水的埋深、水压、流速和地层的渗流系数等,制定专项施工方案,必要时经专家论证、技术负责人审批后再实施。盾构施工过程中,应加强盾构姿态、排土和注浆的控制,防止盾尾刷的磨损和流砂的喷涌。

(2)孤石。在盾构施工前,发现孤石时,应尽可能调查出孤石的位置、大小、强度等影响盾构施工的因素,有条件的尽可能提前进行处理;需穿过时,应制定专项施工方案,必要时经专家论证、技术负责人审批后再实施。在盾构施工过程中,应密切注意盾构机施工参数的变化,研究采取相应措施。

(3)砂卵石地层。卵石坚硬、不易破碎,砂中的石英对刀具的磨损较严重,渣土不易改良。砂卵石地层中盾构掘进是盾构施工的一大难题。

在盾构施工前,应尽可能调查砂卵石地层位置、层厚,砂卵石级配和最大粒径等影响盾构施工的因素,以便采取相应的应对措施。掘进过程中应根据经验和盾构施工的参数提前选择换刀具的合理位置,不能让盾构机带病工作。盾构施工过程中,要加强盾构掘进参数的管理,发现异常需立即停机分析原因,排除故障后方可继续推进。须进行刀具更换时,应想尽办法更换完刀具后才能施工。

(4)厚回填土。回填土土质松散,易坍塌,地层沉降传播到地表的速度快,盾构在厚回填土中施工安全风险较大。

在盾构施工前,应尽可能调查厚回填土地层位置、层厚等影响盾构施工的因素,以便采取相应的应对措施。若条件允许,宜对回填土进行加固处理,加固的范围和强度以不影响盾构施工为准。在回填土层盾构施工时,不应在渣土改良剂中加过多的水和液体质剂。宜在不引起过大的地表隆起和管片受力允许的情况下适当提高总推力,以提高土仓及工作面的压力,维持土体的稳定。在盾构施工期间,应加强地面的监测和巡视,发现异常应立即研究采取相应的应急措施。

(5)瓦斯。若施工区域的地层中富含瓦斯时,所有用于盾构地下施工用的机械设备及用电设备等,需具有防爆和防瓦斯的功能。所有下井工作人员的用具和服装需符合防瓦斯规范要求,下井和作业需按防瓦斯相关规范进行,禁止携带火源和易燃、易爆物品下井,应有专项管理制度和专门的监管人员进行严格管理。施工中加强通风管理工作,确保施工工作面瓦斯浓度不超标。设专职的瓦斯检查员,按规范对各工作面进行瓦斯检测,一旦超标,应立即通知作业人员停止作业并撤离。

(6)有毒气体及污染土。在盾构施工前,对可能存在有毒气体及污染土的地层,应采取调查和勘察等各种手段,将有毒气体及污染土的地层位置、深度、范围、数量、浓度等调查清楚。对有毒气体及污染土地层,应请专门的部门处理完成并经检验合格后方可进场施工。有毒气体及污染土地层处理,应有安全措施和防止二次污染的措施。在施工中应设专人进行有毒气体及污染土的地层检测工作,检查出有毒气体及污染土应立即上报并采取处理措施。除此之外,应有防止有毒气体及污染土地层的应急措施,要配备防毒面罩等防有毒气体及污染土地层的装备、设备设施。

14. 穿越工程周边环境的施工

盾构施工法因在控制地表沉降方面具有独特优势,而在地铁隧道需穿越道路、重要管线、危旧民房、铁路、桥梁、高压线塔、文物、河流及湖泊等风险源地段时常被采用。尽管如此,盾构穿越这些地段时,仍应高度关注。

在盾构施工前,应对盾构沿线工程周边环境进行调查、分析和分级管理。对于重大风险源,施工前建设单位宜请有经验和资质的单位对建筑物和构筑物进行评估,并提出沉降控制指标和建议处理措施;施工单位应编制专项施工方案,并与产权单位、建设单位、设计单位及监理单位会审,必要时应请专家进行论证。在有条件时,宜进行建(构)筑物地基基础或地层的预加固处理,以提高建筑物及构筑物本身的抗沉降变形的能力。

在盾构施工过程中,应严格控制盾构的掘进参数,加强建(构)筑物及地表的监控量测和巡视管理,监控量测数据和巡视信息应及时反馈,以指导施工,一旦发现建(构)筑物异常应立即研究采取相应的应急措施。

(五)盾构机到达及解体运输安全技术措施

1. 盾构机到达

盾构接收施工主要包括接收端土体加固、接收基座安装、接收洞门密封和止水设施安装、洞门桩凿除和接收段推进施工。在整个接收过程中应加强对各参数的观察与控制,发现异常及时汇报,待确认安全后再继续施工。

在接收端土体的加固经检验达到设计强度合格后,才能开始进行此段的掘进施工;接收施工阶段实行地面隆沉的24h监控,并应尽快将结果送达项目经理及总工,确保及时调整施工参数。接收基座在盾构到达前要提前安装好;接收洞门密封和止水设施的安装经验收合格后,方可进行盾构接收作业;盾构刀盘距接收洞门5m前搭好洞门凿桩的脚手架,将洞门松动物清凿干净,并确认洞门防水物件已做好保护,盾构刀盘距接收洞门小于5m以后须确保接收门四周5m范围内不能有人。

盾构从刀盘出洞门的围护桩开始须停止转动,之前需解除盾构推进与刀盘转动的连锁。从盾构出洞门至全部被推上接收基座的整个过程都须慢速前进,且需有专人指挥。技术员、专职安全员应旁站观察盾构的姿态、接收基座的状态、洞门密封装置状态、盾尾管片间隙(不小于12mm),发现异常情况立即通知盾构停止前进。需经技术员、专职安全员对盾构接收基座的位置、固定情况最终核实符合要求后,盾构方可进入基座。盾构在被推上基座过程中,距盾构接收基座5m范围内不能有人;洞门注浆作业前须进一步紧固洞门密封装置,确保其不漏浆,并撤出洞门5m范围内的人员,盾尾出洞门密封装置前1m,须全部完成注浆作业,之后盾构应及时全部出洞,以防盾尾被浆液固住。

2. 盾构机解体运输

将各台车间的连接放松并将各台车进行可靠定位后,方可解除台车间的管线连接,以确保其解除时台车不会滑移。台车一般不随盾构主机同步移动,若需移动时,应由电瓶车牵引或推移,移动前后注意检查两者的连接和台车的固定,以确保台车不发生滑移、跑车;在拆除皮带架、拉杆及管片运输架前需确认已有可靠的吊拉设施吊住,并确保拆除过程中不会坠落;盾构调头过程中须有专人指挥,不能随意靠近盾构设备,并须有专人观察设备在调头过程中的状态,发现异常或不安全现象须立即停止移动,待处理安全后方可继续作业;电缆的拆除应由持有上岗证的专业电工完成,拆除电缆前应先确认已经断电。有压力管道、设备拆除时需先松动连接,待压力释放后方可拆除连接,作业人员面部不能正对接口。

在台车运输通道内运输设备、行车时,运输段通道内不能有人,且有信号工指挥,发现对接口异常情况立即停止前进;进入盾构隧道运输道内作业需经当班负责人同意,并按其安排的时间及范围进行作业,作业过程中须有专人注意观察,发现异常立即将人员撤至安全地点;隧道内严禁吸烟,使用明火作业(如气割、电焊)需经当班负责人批准并清除作业点10m范围内易燃物品(如油等)后方可作业,作业前还须准备好灭火器材,并有专人负责消防工作。

第三节 石油化工安全技术措施

一、压力容器与管道安全技术

(一)压力容器的安全装置

压力容器的安全装置专指为了承压容器能够安全运行而装设在设备上的一种附属装置,又常称为安全附件。压力容器的安全装置,按其使用性能或用途可以分为以下四大类型:

(1)连锁装置,指为了防止操作失误而设的控制机构,如连锁开关、联动阀等;

(2)报警装置,指设备在运行过程中出现不安全因素致使其处于危险状态时,能自动发出报警信号的仪器,如压力报警器、温度监测仪等;

(3)计量装置,指能自动显示设备运行中与安全有关的工艺参数的器具,如压力表、温度计等;

(4)泄压装置,指设备超压时能自动排放压力的装置。

在压力容器的安全装置中,最常用而且最关键的是防止压力容器终极事故(压力容器超压爆炸)的装置——安全泄压装置。它是压力容器安全装置中的最后一道防线。

(二)管道安全技术

1. 管道的防腐

管道通常由管子、阀门和法兰连接而成,统称配管。炼化企业需要的配管数量很大,故很难做到在各种使用条件下对各种配管进行充分保养,因而也就很容易造成不规则的腐蚀和磨损。由于腐蚀造成泄漏而引起火灾和爆炸的案例在化工厂和炼油厂屡见不鲜。

防止腐蚀主要依靠合理选材,还有采用合理的防腐措施,如涂层防腐、衬里防腐、电化学防腐和使用缓蚀剂防腐等。其中涂层防腐应用最广泛,而在涂层防腐中又以涂料防腐用得最多,在石油炼制生产中,防腐涂层应根据输送流体的性质和工作温度等条件进行选择。

2. 管道(设备)的绝热

在石油炼制生产中,为了工艺条件的需要,很多管道和设备都需要保温、加热保护和保冷,这 3 种类型都属于管道和设备的绝热范围。

1)保温

管道、设备在控制或保持热量的情况下应予保温,为了减少介质由于日晒或外界温度过高而引起蒸发,管线、设备需保温;当泵的操作温度高于 200℃时必须保温。对于温度高于 65℃而工艺不要求保温的管道、设备,在操作人员可能触及的范围内应予保温,作为防烫保护;噪声大的管道和设备,如排空管、带烧嘴的加热炉等,应加绝热层以隔音,绝热层的最小厚度为 50mm。

2)加热保护

加热保护分为蒸汽伴管、加套管及电热带 3 种类型。对于连续或间断输送具有下列特性的流体的管道,应采用加热保护:

(1)流体凝固点高于环境温度的管道;

(2)流体组分中能形成有害操作的冰或结晶;

(3)含有硫化氢、氯化氢、氯气等气体,能出现冷凝或形成水合物的管道;

(4)介质在环境温度下黏度很大的管道;

(5)水管道的死端、备用段和间断操作的管道。

3)电热带

电热带是一种效率很高的热保护,它常用在设备和管道、阀门因环境限制不便利用蒸汽加热的局部或工艺要求温度较高的部分。

4)绝热材料

不论是管道保温、保冷还是热保护,都离不开绝热材料,石油化工企业常用的管道绝热材料有毛毡、石棉、玻璃棉、矿渣棉、珠光砂、石棉水泥、岩棉及各种绝热泡沫塑料等。

衡量保温材料性能好的标准是:①材料的导热系数小;②材料容量即单位体积的质量大;③吸水性低;④性质稳定,不燃烧,耐腐蚀,有一定的强度,价格便宜;⑤能满足环保要求。

二、锅炉安全技术

(一)锅炉主要安全装置

1. 安全阀

安全阀是锅炉不可缺少的安全附件。每台锅炉必须安装灵敏可靠的安全阀,当锅炉压力超过规定的压力时,安全阀就会自动开启,排出蒸汽;锅炉压力降低到规定的工作压力以下时,安全阀会自动关闭,使锅炉能维持运行。

(1)每台锅炉至少应装设两个安全阀(不包括省煤器安全阀)。符合下列规定之一的,可只装一个安全阀:额定蒸发量小于或等于 0.5t/h 的锅炉;额定蒸发量小于 4t/h 且装有可靠的超压连锁保护装置的锅炉。可分式省煤器出口处、蒸汽过热器出口处、再热器入口处和出口处以及直流锅炉的启动分离器,都必须装设安全阀。

对于额定蒸汽压力小于或等于 0.1MPa 的锅炉可采用静重式安全阀或水封式安全装置。水封装置的水封管内径不应小于 25mm,且不得装设阀门,同时应有防冻措施。

(2)过热器和再热器出口处安全阀的排放量应保证过热器和再热器足够冷却。直流锅炉启动分离器的安全阀排放量应大于锅炉启动时的产汽量。省煤器安全阀的流道面积由锅炉设计单位确定。

(3)对于额定蒸汽压力小于或等于 3.8MPa 的锅炉,安全阀的流道直径不应小于 25mm;对于额定蒸汽压力大于 3.8MPa 的锅炉,安全阀的流道直径不应小于 20mm。

(4)安全阀应垂直安装,并应装在锅筒(锅壳)、集箱的最高位置,引出管宜短而直。在安全阀与锅筒(锅壳)之间或安全阀与集箱之间,不得装有取用蒸汽的出气管和阀门。几个安全阀如共同装在一个与锅筒(锅壳)直接相连接的短管上,短管的流通截面积应不小于所有安全阀流道面积之和。采用螺纹连接的弹簧式安全阀,其规格应符合《安全阀的一般要求》(GB/T 12241—2005)的要求。此时,安全阀应与带有螺纹的短管相连接,而短管与锅筒(锅壳)或集箱的筒体应采用焊接连接。

(5)安全阀应装设排气管,排气管应直通安全地点,并有足够的流通截面积,保证排气畅通。同时排气管应予以固定,排气管的固定方式应避免由于热膨胀或排气反作用而影响安全阀的正确动作。无论冷态或热态都不得有任何来自排气管的外力施加到安全阀上。如果因为排气管露天布置而影响安全阀的正常动作时,应加装防护罩。防护罩的安装应不妨碍安全阀的正常动作与维修。安全阀排气管底部应装有接到安全地点的疏水管。在排气管和疏水管上都不允许装设阀门。省煤器的安全阀应装排水管,并通至安全地点。在排水管上不允许装设阀门。

(6)安全阀排气管上如装有消音器,应有足够的流通截面积,以防止安全阀排放时所产生的背压过高影响安全阀的正常动作及其排放量。消音板或其他元件的结构应避免因结垢而减少蒸汽的流通截面。排气管和消音器均需有足够的强度。

(7)安全阀上必须有下列装置:杠杆式安全阀应有防止重锤自行移动的装置和限制杠杆越出的导架。弹簧式安全阀应有提升手把和防止随便拧动调整螺钉的装置。

(8)在用锅炉的安全阀每年至少应校验一次。检验的项目为整定压力、回座压力和密封性等。安全阀的校验一般应在锅炉运行状态下进行。如现场校验困难或对安全阀进行修理后,可在安全阀校验台上进行,此时只对安全阀进行整定压力调整和密封性试验。安全校验后,其整定压力、回座压力、密封性等检验结果应记入锅炉技术档案。安全阀经校验后,应加锁或铅封。严禁用加重物、移动重锤、将阀瓣卡死等手段任意提高安全阀警定压力或使安全阀失效。锅炉运行中安全阀严禁解列。为防止安全阀的阀瓣和阀座黏住,应定期对安全阀做手动的排放试验。

2. 连锁保护装置

为保证锅炉安全经济运行,锅炉应设置连锁保护装置。

(1)额定蒸发量大于或等于 2t/h 的锅炉,应装设高低水位报警装置(须能区分高、低水位警报信号)和低水位连锁保护装置。额定蒸发量大于或等于 6t/h 的锅炉,还应装蒸汽超压的报警和连锁保护装置。低水位连锁保护装置最迟应在最低安全水位时动作。超压连锁保护装置动作整定值应低于安全阀较低整定压力值。

(2)用煤粉、油或气体作燃料的锅炉,应装有下列功能的连锁装置:①全部引风机断电时,自动切断全部送风和燃料供应;②全部送风机断电时,自动切断全部燃料供应;③燃油、燃气压力低于规定值时,自动切断燃油或燃气的供应。

(3)用煤粉、油或气体作燃料的锅炉,必须装设可靠的点火程序控制和熄火保护装置。在点火程序控制中,点火前的总通风量应不小于从炉膛到烟囱入口烟道总容积的 3 倍,且通风时间对于锅壳锅炉至少应持续 20s,对于水管锅炉至少应持续 60s,对于发电用锅炉一般应持续 3min 以上。单位通风量一般应保持额定负荷下总燃烧空气量,对于发电用锅炉一般应保持额定负荷下的 25%~30%的总燃烧空气量。

(4)有再热器的锅炉,应装有下列功能的保护装置:①再热器出口气温达到最高允许值时,自动投入事故喷水;②根据机组运行方式、自动控制条件和再热器设计,采用相应的保护措施,防止再热器金属壁超温。

(5)直流锅炉,应有下列保护装置:①任何情况下,当水流量低于启动流量时的报警装置;②锅炉进入纯直流状态运行后,中间点温度超过规定值时的报警装置;③给水断水时间超过规定的时间时自动切断锅炉燃料供应的装置。

(6)锅炉运行时保护装置与连锁装置不得任意退出停用。连锁保护装置的电源应可靠。

(7)几台锅炉共用一个烟道时,在每台锅炉的支烟道内应装设烟道挡板。挡板应有可靠的固定装置,以保证锅炉运行时,挡板处在全开启位置,不能自行关闭。

(二)锅炉安全运行

1. 锅炉运行

(1)锅炉运行中,应严密监视汽包水位、蒸汽温度、蒸汽压力、炉膛负压、排烟温度,控制引风机、鼓风机电流不超规定值。

(2)为保持锅炉内部的清洁,避免汽水共腾及蒸汽品质下降等现象,必须对锅炉系统进行排污,以除去锅炉内部的沉积物,降低锅炉炉水的含盐量。

(3)每月应进行事故放水阀试验、燃油速断阀试验、水位报警信号试验等。安全阀应做手拉通汽试验。

(4)锅炉运行过程中,保护装置及连锁装置不得停用。需要检验或维修时,需经有关领导批准。

2. 锅炉停炉

停炉分正常停炉和紧急停炉(事故停炉)两种。

1)正常停炉

正常停炉是计划内的停炉。停炉操作应按规定的次序进行。

停炉中应注意的主要问题是防止降温降压速度过快,避免锅炉元件因降温收缩不均匀而产生过大的热应力。停炉后,锅炉应缓慢冷却,停炉 4~6h 内,应紧闭所有孔门及鼓风机、引风机入口挡板,以免锅炉急剧冷却。

锅炉停炉 6h 内,如发现排烟温度不正常升高或有再燃烧的可能时,应立即投入尾部蒸汽灭火,此时严禁通风。

2)紧急停炉

锅炉遇有下列情况之一时,应紧急停炉:①锅炉水位低于水位计的下部可见边缘;②不断加大给水及采取其他措施,但水位仍继续下降;③锅炉水位超过最高可见水位(满水),经放水仍不能见到水位;④给水泵全部失效或给水系统故障,不能向锅炉进水;⑤水位表或安全阀全部失效;⑥设置在汽空间的压力表全部失效;⑦锅炉元件损坏且危及运行人员安全;⑧燃烧设备损坏、炉墙倒塌或锅炉构架被烧红等严重威胁锅炉安全运行;⑨其他异常情况危及锅炉安全运行。

紧急停炉的步骤:立即停止送燃料和送风,减弱引风,解列锅炉。锅炉通风,发生二次燃烧时禁止通风;因缺水紧急停炉时,严禁给锅炉上水,并不得开启空气阀及安全阀快速降压。

当锅炉运行中发现受压元件泄漏、炉膛严重结焦、受热面金属超温又无法恢复正常以及其他重大问题时,经请示,应停止锅炉运行。

三、储运安全技术

(一)储存安全技术

液态烃、液氨、液氯等都是石油化工企业的常见物料,它们一般都储存在压力容器中。由于储存压力高,一旦出现事故,会给设备本身带来相当严重的破坏,甚至造成人员中毒、冻伤、死亡。因此,必须运用好液化气体储存的安全技术,以保障设备、人身安全。液态烃、丙烷、丙烯是储存量最大、应用最广泛的液化气体,在此重点介绍其储存的安全技术。

1. 液化气体罐区设计

(1)球罐宜布置在本单位或本地区全年最小频率风向的上风侧,并选择通风良好的地点单独设置。

(2)球罐或球罐区在布置时,应与其他的建筑、堆场、明火或火花散发地点保持一定的防火间距,不能与其他易燃或可燃液体油罐同组布置。

(3)球罐底部开口应最小化,如有可能只要一根接管。

(4)球罐区宜设不高于 0.6m 的防火堤,防火堤距球罐不应小于 3m,堤内严禁绿化,应铺设水泥地坪,并坡向四周。

(5)球罐应设现场和远传(带高低液位报警)的液面计,不推荐选用玻璃板液面计。

(6)球罐区应按规定安装可燃气体报警仪。报警仪应灵敏可靠,并定期进行校验,要特别注意其安装高度和位置。

(7)液态烃、丙烷、丙烯泵宜露天或半露天布置。在室内布置时,泵房地面不宜设地沟或地坑;泵房内应有防止可燃气体积聚的措施。

(8)球罐的承重重钢支柱外应覆盖耐火层,其耐火极限不应低于1.5h。

(9)球罐底部出入口管线应设紧急切断阀,紧急切断阀应与球罐高低液位报警连锁。

2. 安全泄压装置

球罐应设两个安全阀,每个都应能满足事故状态下最大释放量的要求。安全阀下应设手动切断阀,其口径应与安全阀一致,保持全开状态并加铅封固定。安全阀排放口原则上应接到火炬系统,当受条件限制时,可直接排入大气,但排放口应高于罐区中最高球罐顶2m以上。当排放量较大时,应引至安全地点排放。安全阀应每年校验一次,其定压值不得随意更改。

3. 事故顶水设施

为紧急处理球罐事故,应在球罐底部的管线上或液化气体泵的入口增加注水线,该线平时与系统分开(阀门或盲板)。发生泄漏事故时,开泵向球罐内注水,注水后液化气体和水分层,水在下部,液化气体液面升高,泄漏点被置于水面以下,可以减少或终止液化气体的泄漏,为堵漏创造条件。

4. 工艺操作

(1)上游工序要严格控制好液化气中硫化氢等腐蚀性介质的浓度,球罐应定期化验分析硫化氢等腐蚀性介质的含量。

(2)球罐所有垫片要使用带有金属保护圈的缠绕垫片,法兰应选用对焊法兰。

(3)球罐操作严禁超压、超温、液位超高,夏季适时开启喷淋水对球罐进行降温。

(4)定期对罐区消防设施、罐底注水泵试运行,发现问题及时解决。

5. 设备管理

(1)球罐应严格按《压力容器安全技术监察规程》的有关要求定期检测及水压试验,对检测后安全技术等级达Ⅳ级及以上者,禁止继续使用。

(2)每年应对球罐的防腐情况、密封情况、基础是否下沉、支柱耐火层是否脱落等情况进行详细检查,并做好记录。

6. 罐区管理

(1)球罐区要封闭管理,严格控制机动车辆进入罐区,执行机动车辆进入审批制度,并且进入的车辆必须有合格的防火帽。

(2)罐区作业(指动火、维修、保温等)要严格执行作业票制度,严禁无票作业、超范围作业。罐区出现紧急情况时,操作人员有权责令停止各种作业。

(3)运行中的球罐防火堤内一般不允许用火,如确属生产需要时,必须执行特级用火管理。

(二)装卸与运输安全技术

根据运输工具的不同,油品运输有公路运输、铁路运输、水路运输和管道运输4种方式。其特点分别是:公路运输具有深入城乡、灵活、简便等优点,但费用最高;铁路运输速度快,活动范围广,但费用较高;水运(尤其是海运)运量大,费用低,但速度太慢;管道运输运量最大,费用最低,速度最快,虽然一次性投资较大,但从长远的经济效果来看,是油品运输的发展方向。在此仅介绍公路运输、水路运输和管道运输3种方式。

1. 公路运输

公路运输的专用工具是汽车油罐车。如果是满桶整装发运,其运输工具还有载重汽车,但应对其排气管进行改造,佩戴防火帽并配备必要的灭火器材。

1)汽车油罐安全技术条件

(1)罐体内应装有防波板,以减轻油料在行车时的震荡冲击,防波板应带有孔眼并镀锌,数量不应少于2个,防波板把罐体分割成3个可以相通的间隔,以消除油罐内积聚的静电。

(2)罐体上面应设有安全阀,以防止因暴晒引起罐体压力增高而导致破裂。

(3)车上应设有静电接地链和装卸油品时连接静电接地线的线柱,以便消除静电。

(4)罐车上必须配备一定数量的干粉灭火器,并不少于2台,以保证着火时急用。

(5)所运载的油品闪点特别低时,应加惰性气体保护。

2)汽车油罐车装卸安全

汽车油罐车装卸是一个火灾危险性很大的过程。装卸油的方法大多是利用罐车与地下油罐的高位差,采用泵装油和敞开自流卸油,也有少数用罐车的油泵卸油。不论采取何种方式装卸,都会有大量的油蒸气从油罐进油口等处逸出。这些油蒸气很容易与空气形成爆炸性混合物,遇到火源就会起火或爆炸,同时,在装卸油时,还会产生静电。因此在装卸油时,必须严格按照规程操作,注意以下几点。

(1)为了减少太阳暴晒,减轻油气挥发,汽车罐车在装轻质油品时,应在装车棚内进行。

(2)操作人员应掌握本岗位的操作技术和防火要求,精心操作,防止油品渗漏、溅洒。同时,在操作之前,首先应消除人身静电,机动车熄火。

(3)油罐车卸油时,其他车辆不得进入,并应有专人监护。

(4)为了防止装卸油时冒顶跑油,油品装卸应有计量措施,计量精度应符合国家有关规定。汽车油罐车宜采用定量装车控制方式,且为了减少静电产生,应控制装卸油速度并采用下部装卸车的方式。

(5)为了防止油气挥发带来的火灾危险,油品装卸最好采取密闭的方式。

(6)汽车油罐车必须保持有效长度的接地拖链。在装卸油前,要先接好静电接地线。

3)汽车油罐车运输安全

为了保证汽车油罐车行驶安全,应采取以下防范措施:

(1)汽车应配有固定的驾驶员,驾驶员要懂得石油产品的物理化学特性、公路运输安全知识以及罐车的技术性能,装卸作业的操作规程,防火、灭火知识及发生事故的处理方法等。

(2)行驶过程中,严格遵守交通规则,必须按当地公安交通管理部门规定的线路、时间、车速行驶,且不准带挂车,车上严禁吸烟,严禁携带其他易燃、易爆危险品等。

(3)在通过隧道、涵洞和立交桥时,要注意标高,限速行驶。

(4)汽油罐车内温度达 40℃时,应采取降温措施;存满汽油的罐车不得进入车库存放,且在运输过程中停放时,驾驶员不得远离车辆。

(5)如途中发生火灾,应立即采取灭火措施,同时向当地公安消防部门报警,将车辆转移到安全的地方。

2. 水路运输

水路运输的主要工具是油船。

1)油船的安全防火

油船的安全防火主要有以下内容:①油船要严格火源管理措施。②油船要有防止形成自由液面的措施。应保持航行平稳,在结构上应用 1~2 道纵舱壁和 1~3 道横舱壁。③油船的气密性要好。油船、油管各部位不得有渗漏。④安全使用电气。泵舱、燃油间、蓄电池间等部位,必须使用符合防爆标准的防爆型灯具。⑤要防止和注意消除静电。⑥油舱与其他舱之间应有防火隔离措施。⑦输油管路应设置必要的闸阀。⑧通气管、观察孔口、呼吸阀应设阻火器。⑨必须装有固定的灭火装置。⑩要有喷淋降温装置和防雷装置。

2)油码头安全技术

油码头安全技术主要有以下内容:①油码头的布置应符合现行规范规定的防火间距要求。油品装卸油船应设置独立的装卸码头和作业区,且应布置在港口的边缘地带和下游。②锚地和固定停泊场距沿海或内河上游码头应有不小于 100m 的安全距离。③应有远离明火措施。④在航行和停泊时均应有向油舱充填惰性气体的措施。⑤应设有明显醒目的红灯信号装置。⑥油码头应设有为油船跨接的防静电接地装置,且在岸边视需要设置安全围障。⑦照明灯柱和变电间、配电间与油船装卸设备应保证一定的防火安全距离。沿海、内河油码头的照明灯柱和变电间、配电间的位置,应设立在距离油船注入口水平方向 15m、垂直方向 75m 以外的位置。⑧油码头应设置一定的消防设施。

3. 管道运输

管路运输油品的管道,根据所输送油品的种类,分为原油管道、汽油管道、柴油管道等。管道输送油品,从始发站到终点站,有大量的建筑物、构筑物,且分散面积较大,难于管理,一且发生事故,影响油品前后输送,涉及面广,经济损失大,政治影响大,故必须认真落实安全保护措施。

1)管道安全

为了确保管道运输安全,根据地形地貌和设备情况,主要做好以下几个方面的保护工作。

(1)自然地貌的保护。为了确保管道安全,管道两侧应规定一定宽度的防护带,在防护带内不准建立任何生活设施,不准挖土、种植深根植物等。

(2)穿越、跨越管段的保护。输油管道的穿越、跨越管道部分是线路部分的薄弱环节,应加强保护。热油管道的河流跨越管段,管外壁一般都设防腐保护层,同时应采用加强级绝缘等措施,增加管道的防腐蚀能力。

(3)输油管道的防雷、防静电保护。重点是输油泵站和输油管道的连接处。

(4)阴极保护。埋设于地下的金属管道,如不采取合理的防腐措施,都有可能引起管道腐蚀穿孔,造成泄漏事故,甚至使管道报废。为防止管道被流散电流所腐蚀,地下埋设的输油管道应采用阴极保护措施。阴极保护效果的好坏,主要取决于防腐绝缘层质量、土壤腐蚀特性和阴极保护参数3个因素。

(5)加强管道系统及设备的自动控制与保护,输油管道应每隔5~10km设置阀门站,但最远不应超过30km,输油管道两端均应设置截断阀,且安装在交通便利、检修方便的位置,并应设立保护措施。

2)输送管道维修和抢修安全措施

输油管道运输事故,主要有管道穿孔、破裂以及伴随上述事故可能出现的跑油、火灾等事故。对于管道的事故处理,可根据事故的具体情况,采取不同的措施和方法。

(1)管道穿孔。管道穿孔一般有腐蚀穿孔、砂眼孔、缝隙孔和裂缝孔等。事故特点是漏油量小,起初阶段对输油运行影响微小,不易发现。对这类事故,处理措施比较简单,常用的处理措施有:①管道降压后,先用木楔把孔堵死,然后带油外焊加强板;②当漏油量较大、漏油处有一定压力显示时,一般需采用胶囊式封堵器等专用的抢修器材。

(2)管道破裂。管道破裂主要是管道强度、韧性不够,焊接不牢或受到严重破坏时出现的。管道破裂的特点一般是漏油量大。根据管道的破裂情况可采用不同的抢修方法:①对小裂缝,可用带引流口的引流封堵器;封堵时,将管道的满油从封堵器的引流口引出,以便进行管道封堵补焊;管道补焊好后,将引流口用丝堵封闭。②对管道不规则的裂缝,可用由内衬耐油橡胶垫和薄钢板构成的封堵器进行封堵;封堵时用卡具把封堵器固定卡紧在管道上,然后根据凹凸情况,分别拧紧各部顶丝,使胶垫、钢板紧贴漏油处,封住漏油,再进行抢修补焊。

第四节　工民建筑与道路桥梁施工安全技术措施

一、安全帽、安全带、安全网

进入施工现场必须戴安全帽,登高作业必须系安全带。建筑工人称安全帽、安全带、安全网为救命"三宝"。目前,这3种防护用品都有产品标准。在使用时,也应选择符合建筑施工要求的产品。

1. 安全帽

当前安全帽的产品种类很多,制作安全帽的材料有塑料、玻璃钢、竹、藤等。无论选择哪个种类的安全帽,它必须满足下列要求。

(1)耐冲击。将安全帽在50℃及-10℃的温度下或用水浸的3种情况下处理后,然后将5kg重的钢锤自1m高处自由落下,冲击安全帽,最大冲击力不应超过500kg(5000N或5kN),因为人体的颈椎只能承受500kg冲击力,超过时就易受伤害。

(2)耐穿透。根据安全帽的不同材质可采用在50℃、-10℃或用水浸3种方法处理后,用3kg重的钢锥自安全帽的上方1m的高处自由落下,钢锥穿透安全帽,但不能碰到头皮。这就要求,选择的安全帽在戴帽的情况下,帽衬顶端与帽壳内面的每一侧面的水平距离保持在5~20mm之间。

(3)耐低温性能良好。当在-10℃以下的气温中,帽的耐冲击性和耐穿透性不能改变。

(4)侧向刚性能达到规范要求。

2. 安全带

建筑施工中的攀登作业、独立悬空作业,如搭设脚手架和吊装混凝土构件、钢构件及设备等,都属于高空作业,操作人员都应系安全带。

(1)安全带应高挂低用,注意防止摆动碰撞。使用3m以上长绳应加缓冲器,自锁钩用吊绳例外。

(2)缓冲器、速差式装置和自锁钩可以串联使用。

(3)不准将绳打结使用,也不准将钩直接挂在安全绳上使用,应挂在连接环上使用。

(4)安全带上的各种部件不得任意拆掉。更换新绳时要注意加绳套。

(5)安全带使用2年后,按批量购入情况,抽验一次。围杆带做静负荷试验,以2206N拉力拉5min,无破断可继续使用。悬挂安全带冲击试验时,以80kg质量做自由坠落试验,若不破断,该批安全带可继续使用。对抽试过的样带,必须更换安全绳后才能继续使用。

(6)使用频繁的绳,要经常做外观检查,发现异常时,应立即更换新绳。带子使用期为

3～5年,发现异常应提前报废。

3. 安全网

安全网由网体、边绳、系绳和筋绳构成。网体由网绳编结而成,具有菱形或方形的网目。编结物相邻两个绳结之间的距离称为网目尺寸。网体四周边缘上的网绳,称为边绳。安全网的尺寸(公称尺寸)即由边绳的尺寸而定。把安全网固定在支撑物上的绳,称为系绳。此外,凡用于增加安全网强度的绳,则统称为筋绳。

1)分类、标志

根据安装形式和使用目的,安全网可分为平网和立网两类。

(1)平网。安装平面不垂直水平面,主要用来挡住坠落人和物的安全网。

(2)立网。安装平面垂直水平面,主要用来防止人或物坠落的安全网。

以类别和公称尺寸标志安全网,字母 P、L 分别表示平网和立网。

2)技术要求

(1)同一张安全网上的所有绳(线),应采用同一种材料,所有绳(线)的湿干强力比不得低于 75%。

(2)平网的宽度不得小于 3m,立网的高度不得小于 1.2m,每张网的质量一般不宜超过 15kg。

(3)菱形网目的安全网,其网目对角线应与对应的网边平行。方形网目的安全网,其网目对角线或边成与对应的网边平行。

(4)网目边长不得大于 10cm。

(5)边绳与网体连接必须牢固,其直径至少为网绳直径的 2 倍,但不得小于 7mm。平网边绳断裂强力不得低于 7400N,立网边绳断裂强力不得低于 3000N。

(6)系绳直径至少为网绳直径的 2 倍,但不得小于 7mm。平网系绳断裂强力不得低于 7400N,立网系绳断裂强力不得低于 3000N。

(7)网绳的直径和断裂强力应根据安全网的材料、结构形式、网目大小等因素合理选用,断裂强力一般宜为 1500～2000N。

(8)必须用网绳(线)制作试验绳,每张网上的试验绳不得少于 8 根,每根不得短于 1.5m,在绳端涂上永久性的对比度明显的颜色作为标志,涂颜色的长度不得小于 20m。试验绳应松弛地穿过网目,并将其端部连接在边绳上。

(9)筋绳分布必须合理,相邻两根筋绳的最小距离不得小于 30cm,筋绳的断裂强力不得大于 3000N。

(10)安全网上的所有绳结或节点必须固定。

(11)安全网承受 100kg、底面积 2800cm^2 的模拟人形砂包冲击后,网绳、边绳、系绳都不允许断裂(允许筋绳撕裂)。

各类安全网的冲击试验高度为:平网 10m,立网 2m。

二、基坑开挖安全技术

基坑开挖之前,要在基坑顶面边坡以外的四周开挖排水沟,并保持畅通,防止积水灌入基坑,引起坍塌。处在土石松动坡脚下的基坑,开挖前应做好防护措施,如排除危石、设置挡护墙等,防止土石落入坑内。开挖基坑时,要按照规定的坡度,分层下挖到符合基坑承载力要求的设计标高为止,严禁采用局部开挖深坑,再由底层向四周掏土的方法施工。基坑底部用汇水井或井点排水时,应保持基坑不被浸泡。在基坑开挖过程中需遵循以下要求。

(1) 在开挖阶段,如果出现地面疏松时,应视情况夯实。对于黏性土地基,要在基坑底面夯填一层厚 10～15cm 的碎石,以提高地基承载力,抵御地下水浸泡。

(2) 基坑顶面安设机械和堆放料具、弃土,均应在安全距离(1.0～1.5m)之外。引起地面振动的机械,安全距离更要严格控制,一般在 1.5～2.0m 之外。

(3) 人力出土时,要按照有关脚手架的规定,搭好出土通道。基坑较深时,还应搭好上下跳板和梯子,其宽度、坡度及强度应符合有关规定。

(4) 使用机械开挖基坑,要按照有关机械操作规程和规定信号,专人指挥操作;吊机扒杆和土斗下面严禁站人。

(5) 遇到涌水、涌砂、边缘坍塌等异常情况时,必须采取相应的防护措施之后,方可继续施工。

(6) 在高寒地区采用冻结法开挖基坑时,必须根据地质、水文、气象等实际情况,制定施工安全技术措施,并严格执行。在施工过程中,要注意保护表面冷冻层,使之不被破坏。

(7) 采用钢筋混凝土围圈护壁时,除顶层可以一次整体灌注外,往下应根据土质情况,控制开挖高度和长度,并随开挖随灌注,钢筋混凝土围圈顶面应高出地面 0.5m。

(8) 基坑开挖需要爆破时,要按国家现行的爆破安全规程办理。

(9) 当基坑开挖接近设计标高时,应注意预留 10～20cm,待下一道工序准备就绪,在灌注混凝土之前挖除,挖除后立即灌注混凝土。

三、基坑支护工程安全技术

(1) 基坑支护结构,应根据开挖深度、土质条件、地下水位、邻近建(构)筑物、施工环境和方法等情况进行选择和设计。大型深基坑可选用钢木支撑、钢板桩围堰、地下连续墙、排桩式挡土墙、旋喷墙等作结构支护,必要时应设置支撑或拉锚系统予以加强。在地下水丰富的场地,宜优先选用钢板桩围堰、地下连续墙等防水较好的支护结构。

(2) 基坑开挖遇有下列情况之一时,应设置坑壁支护结构:①因放坡开挖工程量过大而不符合技术经济要求;②因附近有建(构)筑物而不能放坡开挖;③边坡处于容易丧失稳定的松散土或饱和软土上;④地下水丰富而又不宜采用井点降水的场地;⑤地下结构的外墙为承重的钢筋混凝土地下连续墙。

(3)采用钢(木)坑壁支撑时,应随挖随撑,且加以撑牢。坑壁支撑宜选用正式材料,木支撑应采用松木或杉木,不宜采用杂木条。随着土压力的增加,支撑结构将发生变形,故应经常注意检查,如有松动、变形现象时,应及时进行加固或更换。加固方法可用三角木楔打紧受力较小的横撑,或增加立木及横撑等。在雨季或化冻期更应加强检查。

(4)钢(木)支撑的拆除,应按回填次序进行。多层支撑应自下而上逐层拆除,随拆随填。拆除支撑时,应防止附近建筑物和构筑物等产生下沉和破坏,必要时采取加固措施。

(5)采用钢(木)板桩、钢筋混凝土预制桩或灌注桩作坑壁支撑时,应符合下列要求:①应尽量减少打桩时产生的振动和噪声对邻近建筑物、构筑物、仪器设备和城市环境的影响;②桩的制作、运输、打桩或灌注桩的施工安全要求应按相关规范的有关要求执行;③当土质较差,开挖后土可能从桩间挤出时,宜采用啮合式板桩;④在桩附近挖土时,应防止桩身受到损伤;⑤采用钢筋混凝土灌注桩时,应在桩的混凝土强度达到设计强度等级后,方可挖土;⑥拔除桩后的孔穴应及时回填和夯实。

(6)采用钢(木)板桩、钢筋混凝土桩作坑壁支撑并加设锚杆时,应符合下列要求:①锚杆宜选用螺纹钢筋,使用前应清除油污和浮锈,以便增强黏结的握裹力,防止发生意外;②锚固段应设置在稳定性较好的土层或岩层中,长度应大于或等于计算规定;③钻孔时不得损坏已有的管沟、电缆等地下埋设物;④施工前应做抗拔试验,测定锚杆的抗拔拉力,验证可靠后,方可施工;⑤锚固段应用水泥砂浆灌注密实;⑥应经常检查锚头紧固和锚杆周围的土质情况。

(7)采用旋喷或定喷的防渗墙作基坑开挖的支护时,应事先提出施工方案,旋喷注浆的施工安全应符合下列要求:①施钻前,应对地下埋设的管线调查清楚,以防地下管线受损发生事故;②高压液体和压缩机管道的耐久性应符合要求,管道连接应牢固可靠,防止软管破裂、接头断开,导致浆液飞溅和软管甩出的伤人事故;③操作人员必须戴防护眼镜,防止浆液射入眼睛内,如有浆液射入眼睛时,必须进行充分冲洗,并及时到医院治疗;④使用高压泵前,应对安全阀进行检查和测定,其运行必须安全可靠;⑤电动机运转正常后,方可开动钻机,钻机操作必须专人负责;⑥应有防止高压水或高压浆液从风管中倒流进入储气罐的安全措施;⑦施工完毕或下班后,必须将机具、管道冲洗干净。

(8)采用锚杆喷射混凝土作深基坑开挖的支护结构时,其施工安全和防尘措施,应符合下列要求:①施工前,应认真进行技术交底,应认真检查和处理锚喷支护作业区的危石。施工中应明确分工,统一指挥;②施工机具应设置在安全地带,各种设备应处于完好状态,张拉设备应牢靠,张拉时应采取防范措施,防止夹具飞出伤人。机械设备的运转部位应有安全防护装置;③在Ⅳ、Ⅴ类围岩中进行锚喷支护施工时,应遵守下列要求。(a)锚喷支护必须紧跟工作面;(b)应先喷后锚,喷射混凝土厚度不应小于50mm;喷射作业中,应有专人随时观察围岩变化情况;(c)锚杆施工宜在喷射混凝土终凝3h后进行。④施工中,应定期检查电源电路和设备的电器部件;电器设备应设接地、接零,并由持证人员安装操作,电缆、电线必须架空,严格遵守《施工现场临时用电安全技术规范》中的有关规定,确保用电安全。⑤锚杆钻机应安设安全可靠的反力装置。在有地下承压水的地层中钻进时,孔口必须安设可靠的防喷装置,一旦发生漏水、涌砂时能及时堵住孔口。⑥喷射机、水箱、风包、注浆罐等应进行密封性能和耐压试验,合格后方可使用。喷射混凝土施工作业中,要经常检查出料弯头、输料管、注浆管和管路接头等有无磨薄、击穿或松脱现象,发现问题,应及时处理。⑦处理机械故障时,必须使设备断电、停风。向施工设备送电、送风前,应通知有关人员。⑧喷射作业中处理堵管时,应将输料管顺直,必须紧按喷头防止摆动伤人,疏通管路的工作风压不得超过0.4MPa。⑨喷射混凝土施工用的工作台应牢固可靠,并应设置安全护栏。⑩向锚杆孔注浆时,注浆罐内应保持一定数量的砂浆,以防罐体放空,砂浆喷出伤人。⑪非操作人员不得进入正在进行施工的作业区。施工中,喷头和注浆前方严禁站人。⑫施工前操作人员的皮肤应避免与速凝剂、树脂胶泥直接接触。严禁树脂胶接触明火。⑬钢纤维喷射混凝土施工中,应采取措施,防止钢纤维扎伤操作人员。

四、钢筋、混凝土工程安全技术

(1)钢筋加工场地应平整,操作台要稳固,照明灯具须加网罩。
(2)用机械调直、切断、弯曲钢筋时,必须遵守所用机械的安全技术操作规程。
(3)对焊机应指定专人负责,非操作人员禁止操作。
(4)焊接人员在操作时,应站在所焊接头的两侧,以防焊花伤人。
(5)焊接现场应注意防火,不得堆放易燃、易爆物品,并应配备足够的消防器材。特别是高仓位及栈桥上进行焊接或气割,更应防止火花下落引起下部设施起火。
(6)配合焊接工作时应戴有色眼镜和防护手套。焊接时不得用手直接接触钢筋。
(7)搬运钢筋时要注意前后左右,以免碰伤人、物。多人抬运时要用同一肩膀,步调一致,上、下肩要轻起轻放,不得投扔。
(8)由低处向高处(2m以上)传送钢筋时,一般每次传送一根。多根一起传送时,应捆扎结实,并用绳子扣牢提吊。传送人员不得站在所送钢筋的垂直下方。
(9)吊运钢筋必须绑扎牢固,并设稳绳。钢筋不得与其他物品混吊。吊运中严禁在施工人员上方回转和通过,以防止钢筋弯钩钩人、钩物或掉落而发生事故。吊运钢筋网或钢筋构件前,应检查焊接或绑扎的各个节点,如有松动或漏焊,须经处理后方能吊运。
(10)吊运钢筋,应防止碰撞电线,二者之间应保护安全距离。施工过程中,严禁钢筋与电线或焊线碰撞,以防触电。
(11)用车辆运输钢筋时,钢筋必须与车身绑扎牢固,防止运输时钢筋滑落伤人。
(12)施工现场的交通要道,不得堆放钢筋。需在脚手架或平台上存放钢筋时,不得超载,并须经有关施工人员同意。
(13)绑扎钢筋和安装骨架,遇有模板、拉杆及予埋件等妨碍时,不得擅自拆除、割断,以防发生事故,必须拆除时,应取得施工负责人的同意。
(14)起吊钢筋骨架,下方禁止站人,必须待骨架降落到离就位点1m以内,才准靠近。就位时必须支撑好,方可摘钩。

(15)用手推车运送混凝土,应遵守下列规定:①运输道路应平坦,斜道坡度不得超过8%;②推车时应注意平衡,掌握重心,不准猛跑和溜放;③向料斗倒料,应有挡车设施,倒料时不得撒把;④推车途中,前后车距在平地不得少于2m,下坡不得少于10m;⑤用井架垂直提升时,车把不得伸出笼外,车轮前后要挡牢;⑥跑道要经常清扫,冬季施工应有防滑措施。

(16)在震捣过程中,要经常观察模板、支撑、拉筋是否变形,如发现变形有倒塌危险时,应立即停止工作,并及时报告有关指挥人员。

(17)使用电动震捣器,须有触电保安器或接地装置。搬动震捣器或中断工作时,必须切断电源。

(18)不得将运转中的震捣器放在模板或脚手架上。

(19)湿手不得接触震捣器电源开关,震捣器的电缆不得破皮漏电。

(20)电气设备的安装拆除或在运转过程中的故障处理,均应由电工进行。

五、模板工程安全技术

(1)工人进入施工现场必须戴好安全帽,严禁穿拖鞋、硬底鞋、高跟鞋和赤脚上班,高处作业必须系好安全带。

(2)经医生检查认为不适宜进行高处作业的人员,不得进行高处作业。

(3)严格执行安全技术操作规程,不得违章指挥、违章作业,不得在工作中嬉笑打闹,严禁酒后上岗。

(4)特殊工种必须持证上岗,严禁无证者代替操作。

(5)上班前应检查所要使用的工具是否牢固,操作地点是否安全,防护措施是否完善,确认无误后方可进行施工。工作时要思想集中,防止钉子扎脚和空中滑落。

(6)安装与拆卸5m以上的模板,必须搭设脚手架并设防护栏杆,防止上下在同一点,确认安全后方可进行操作。

(7)遇6级以上大风时,应暂停室外的高空作业。大风过后检查操作地点,确认安全后方可进行操作。

(8)抬运模板时要相互配合,协调工作。传递模板工具应用运输工具或绳子系牢后升降,不得乱抛。高空拆模时应有专人指挥,并在下面标识出工作区域,暂停人员过往。

(9)不得在脚手架上堆放大批模板和其他施工材料。

(10)模板支撑不得使用毛刺变形的钢管,顶撑要垂直,底端平整夯实,并加垫木,木楔要钉牢,并用横顺拉杆和剪刀撑拉牢。

(11)模板应按工序进行,模板未经技术负责人签字验收合格,不得进行下一道工序。

(12)支设4m以上的立柱模板,必须顶牢,操作时要搭设工作台,不足4m的,可用马凳操作。禁止利用拉杆支撑攀登上下。

(13)支设对立梁模应设临时工作台,不得站在柱模上操作和在梁底模上行走。

(14)拆除模板时申请经技术负责人批复后,方可拆除模板。操作时应按顺序分段进行,严禁猛撬、硬砸或大面积撬落和拉倒。完工前,不得留下松动和悬挂的模板,拆下的模板应及时清运到指定地点集中堆放,防止钉子扎脚。

(15)拆除模板一般用长撬棒,人不允许站在正在拆除的模板上。在拆除楼板模板时,要防止整块模板掉下。

(16)装拆模板时,作业人员要站在安全地点进行操作,禁止上下同一垂直面工作。

(17)拆模必须一次性拆清,不得留下无撑模板。拆除的模板要及时清理整齐,不得在临时棚内使用电炉、煤油炉等,不得任意设灶。操作人员要增强自我保护和相互保护的安全意识。

(18)现场电源开关和电路照明工具机械设备,非操作人员不得使用。

(19)夜间施工应有足够的灯光,照明工具应架高使用,导线绝缘应良好,灯具不得挂在金属架上。

六、吊装施工安全技术

(1)凡参加施工的人员,必须熟悉起吊方法和工程内容,按方案要求进行施工,并严格执行规程规范。

(2)在施工过程中,施工人员必须具体分工,明确职责。在整个吊装过程中,要切实遵守现场秩序,服从命令听指挥,不得擅自离开工作岗位。

(3)在吊装过程中,应有统一的指挥信号,参加施工的全体人员必须熟悉此信号,以便各操作岗位协调动作。

(4)吊装时,整个现场由总指挥人员指挥调配,各岗位分指挥人员应正确执行总指挥的命令,做到传递信号迅速、准确,并对自己职责的范围负责。

(5)在整个施工过程中要做好现场的清理,清除障碍物,以便于操作。

(6)施工中凡参加登高作业的人员,必须经过身体检查合格后方可上岗,操作时系好安全带,并系在安全的位置。工具应有保险绳,不准随意往下扔东西。

(7)施工人员必须戴好安全帽,如冬季施工,应将防护耳放下,以使听觉不受阻碍。

(8)带电的电焊线和电线要远离钢丝绳,带电线路距离应保持在 2m 以上,或设有保护架。电焊线与钢丝绳交叉时应隔开,严禁接触。

(9)缆风绳跨过公路时,距离路面高度不得低于 5m,以免阻碍车辆通行。

(10)在吊装施工前,应与当地气象部门联系了解天气情况,一般不得在雨雪天、露天或夜间工作,如必须进行时,须有防滑、充分照明措施,同时经领导批准。严禁在风力大于 6 级时吊装,大型设备不得在风力大于 5 级时吊装。

(11)在施工过程中如需利用构筑物系结索具时,必须经过验算,能够安全承受且经批准后才能使用。同时要加垫保护层,以保证构筑物和索具不致磨损,但对下列构筑物不得使用:①输电塔及电线杆;②生产运行中的设备及管道支架;③树林;④不符合使用要求或吨位不明的地锚。

(12)吊装前应组织有关部门根据施工方案的要求共同进行全面检查,其检查内容为:①施工机索具的配置与方案是否一致;②隐蔽工程是否有自检、互检记录;③设备基础地脚螺栓的位置(指预埋螺栓)是否符合工程质量要求,与设备裙座或底座螺孔是否相符;④基础周围的土方是否回填夯实;⑤施工现场是否符合操作要求;⑥待吊装的设备是否符合吊装要求;⑦施工用电是否能够保证供给;⑧了解人员分工和指挥系统以及天气情况;⑨其他的准备工作如保卫、救护、生活供应、接待等是否落实。

经检查后确认无误后,方可下达起吊命令,施工人员进入操作岗位后,仍须再对本岗位进行检查,经检查无误后,方可待命操作,如需隔日起吊,应组织人员进行现场保卫。

(13)在起吊前,应先进行试吊,检查各部位受力情况,情况正常方能继续起吊。

(14)在起吊过程中,未经现场指挥人员许可,不得在起吊重物下面及受力索具附近停留和通过。

(15)一般情况下不允许有人随同吊物升降,如特殊情况下确需随同时,应采取可靠的安全措施,并须经领导批准。

(16)吊装施工现场,应设有专区派员警戒,非本工程施工人员严禁进入,施工指挥人员和操作人员均需佩戴标记,无标记者一律不得入内。

(17)在吊装过程中,如因故中断,则必须采取措施进行处理,不得使重物悬空过夜。

(18)一旦吊装过程中发生意外,各操作岗位应坚守岗位,严格保持现场秩序,并做好记录,以便分析原因。

七、临时用电安全技术

(1)安装、维修、拆除临时用电设施,必须由专业电工完成。

(2)各类用电人员应做到以下几点:①掌握安全用电基本知识和所用设备性能。②使用设备前必须按规定穿戴和配备好相应的劳动保护用品,并检查电气装置和保护设备是否完好,严禁设备带故障运行。③停用的设备必须拉闸断电,锁好开关箱。④保护好所用设备的负荷线、保护零线和开关箱,发现问题及时报告解决。⑤搬迁或移动用电设备,必须经电工切断电源并作妥善处理后方可进行。

(3)施工现场专(兼)职安全员每天应对临时用电设施进行检查,对不安全因素必须即时处理,并应有相应记录。

(4)在建工程与外电线路的安全距离、防护措施应符合国家相关规范的要求。

(5)施工现场供配电系统应采用三相五线制,各用电设备的电源线路均应采用架空、埋地或保护管的方式进行敷设。

(6)保护零线不得装设开关或熔断器,且应单独敷设,不得他用,重复接地线应与保护零线相连接。保护零线的统一标志为黄、绿双色线,在任何情况下严禁使用黄、绿双色线作负荷线使用,保护零线的截面不应小于工作零线的截面。

(7)电气设备的正常情况下不带电的金属外壳、框架、部件、管道、轨道、金属操作台以及靠近带电部分的金属围栏、金属门等均应采用保护接零。

(8)各种用电设备,除作保护接零外,必须在设备负荷线的首端设置漏电保护装置。用电线路应采用绝缘导线,且导线绝缘良好,无破损。

(9)各机械设备均应按相关规范要求做好防雷措施。

(10)从配电箱到现场机具的线路严禁沿地面明设,并避免机械损伤和介质腐蚀。配电箱必须架高使用,安装高度为1.0~1.2m,按三级控制、两级保护设置,即总配电箱—分配电箱—开关箱,开关箱距离机具不能超过3m,开关箱实行一机一闸一漏电保护;配电箱内的电器必须完好,不准使用破损、不合格电器,箱内连接应采用绝缘导线,接头不得松动,不得有外露导电部分。箱体应做好保护接零;施工现场的配电箱,必须防雨、防尘;配电箱中必须装设漏电保护器;所有配电箱均应标明其名称、用途,并作出分路标化,配锁由专人负责;及时进行检查和维修,检查、维修人员应是专业电工。检查、维修时必须按规定穿绝缘鞋、戴绝缘手套,必须使用电工绝缘工具;对配电箱进行检查、维修时,必须将其前级相应电源开关分闸断电,并悬挂停电标志牌,严禁带电作业。

(11)所有配电箱在使用过程中必须按照下述操作顺序:①送电顺序为总配电箱—分配电箱—开关箱。②停电操作顺序为开关箱—分配电箱—总配电箱(出现电气故障的紧急情况除外)。

(12)施工现场所有电器设备和手持电动工具的使用检查和维修必须遵守下列规定:①建立和执行专人专机负责制,并定期检查和维护保养。②施工现场所有电器设备外壳应有可靠保护零线,保护零线的连接应符合相关规范要求,同时按相关要求装设漏电保护器。③电器设备和手持电动工具的电源线,必须按其负荷选用无接头的多股铜芯橡皮护套电缆,其中绿、黄双色线在任何情况下只能用作保护零线或重复接地线。

(13)每一台电器设备或手持电动工具的开关箱内,应装设过负荷、短路、漏电保护装置。焊接机械应放置在防雨和通风良好的地方,焊接现场不准堆放易燃、易爆物品。交流弧焊机应设空载自动断电保护器,一次侧电源线长度不应大于5m,进线处必须设置防护罩。

(14)使用焊机必须按规定穿戴防护用品,并应经常检查和维护。严禁露天冒雨从事电焊作业。

(15)电焊机的二次线宜采用防水橡皮护套铜芯多股软电缆,电缆长度不大于30m,其护套不得破裂,接头必须绝缘、防水性能好,不应有裸露带电部分。电焊机的二次地线不得用金属构件或结构钢筋代替。

(16)手持式电动工具的负荷线必须采用耐气候型的橡皮护套铜芯软电缆,并不得有接头,其外壳、手柄、负荷线、插头、开关等必须完好无损。使用前必须做好空载检查,运转正常方使用,而且必须设置漏电保护器,并经常检查其灵敏度。距控制箱距离不得超过3m。

(17)电器、灯具的相线必须经开关控制,不得将相线直接引入电器、灯具。

(18)宿舍内照明线路的敷设应符合规范要求,过墙板处应有保护管。宿舍内严禁使用电热毯、电炉、碘钨灯。床上方禁止使用小吊扇。

八、脚手架施工安全技术

(1)脚手架搭设人员必须是经过按现行国家标准《特种作业人员安全技术考核管理规则》等考核合格的专业架子工。上岗人员应定期体检,合格后方可持证上岗。

(2)搭设脚手架人员必须戴安全帽、系安全带、穿防滑鞋。

(3)脚手架的构配件质量与搭设质量,应按规定验收合格后方准使用。

(4)作业层上的施工荷载应符合设计要求,不得超载。不得将模板支架、缆风绳、泵送混凝土等固定在脚手架上。严禁悬挂起重设备。

(5)当有6级及以上大风和雾、雨雪天气时应停止脚手架搭设与拆除作业。

(6)脚手架使用中,应定期检查杆件的设置、连接:连墙件、支撑、门洞桁架等的构造是否符合要求;地基是否有积水,底座是否松动,立杆是否悬空;扣件是否松动;脚手架的垂直度偏差;安全防护措施是否符合要求;是否超载。

(7)在脚手架的使用期间严禁拆除主节点处的纵向、横向水平杆、扫地杆及连墙件。

(8)不得在脚手架基础及相邻处进行挖掘作业,否则应采取安全措施。

(9)在脚手架上进行电焊、气焊作业时,必须有防火措施和专人看守。

(10)搭拆脚手架时,地面应设围栏和警戒标志,并派专人看守,严禁非操作人员入内。

九、路基施工安全技术

(1)路基填筑前,应对填料密度、含水量、最大干密度进行测定,压实过程中应对填料的含水量严格控制,压实后应检查填料的密实度是否符合设计要求。

(2)路基在雨季施工时,应注意加强施工管理,做好临时防排水措施。在挖方边坡坡顶和填方边坡靠山侧应开挖临时排水土沟,将水引入附近沟谷或涵洞中;挖方边坡稳定性差的应在雨天采用防雨措施,减轻坡面冲刷;路基填筑时必须设置排水横坡;填方路基填筑前如发现路基底部有地下水时应及时通知设计代表进行处理,严禁不处理直接填筑。

(3)本部填方路基为土石混填或填石路基,填筑前应选择代表性路段进行压实试验,以确定正确的压实方法、各类压实设备的类型及组合工序、最佳组合下的压实遍数以及压实层厚度,用以指导路基的压实施工。

(4)填石路堤的码砌石料强度不应小于30MPa,最大粒径不宜超过层厚的2/3,并分层填筑、分层压实,上路堤分层松铺厚度不宜大于30cm,下路堤分层松铺厚度不宜大于40cm;填石路堤路床顶面以下80cm范围内应填筑符合路床要求的土并分层压实,填料最大粒径不大于10cm。

(5)原有耕地及人工填筑的场地,应清表回填,填筑前进行夯(压)实,清表厚度为30cm,路基基底压实度(重型)不小于90%。

(6)零填及挖方路段,应先将表面压实,使之达到要求的压实标准后再修筑路面,如压实度无法达到要求,应进行地基换填等处理。

(7)路堑施工应注意:①石质挖方路堑开挖时严禁采用大爆破,以免破坏基岩的整体稳定性,诱发次生危害,当开挖到接近边坡面2~3m时应采用预裂爆破或光面爆破。②路堑坡脚是应力集中部位,为减少对其扰动,挖方及挡墙基坑施工应分段间隔实施,开挖一段,防护一段,间隔施工;避免在土体较湿时进行大段落开挖及护墙基坑开挖。③对汇水较大的挖方边坡开挖前,应首先完成堑顶截水沟施工,整平夯实堑顶坡面,严防雨水浸入坡体或破坏坡面;对危及路基安全的冲沟水应及时引排出路基以外。④应避免在深路堑路段土体较湿时大段落挖方及开挖护墙基础;同时,施工过程中应加强巡视监测,发现路堑顶开裂或坡体移动等异常现象,应立即采取措施,以保证施工的安全。⑤光面爆破适用于边坡风化较轻、整体性较好的灰岩等硬质岩边坡,光面爆破后的坡面较平整,可以不再进行绿化。爆破中严禁用大、中型爆破施工,路堑石质边坡距设计坡面3~5m时,必须采用光面爆破或预裂爆破,保证边坡整齐,并立即清刷边坡。节理裂隙较发育地段及某些特殊地段采用预裂爆破。宜采用低密度、低爆速、高体积的威力大的炸药,以减少炸药爆轰波的破碎作用和延长爆破气体的膨胀作用时间,使爆破作用呈静态。

第五节 机械加工安全技术措施

一、金属切削加工安全技术

(一)车削加工安全技术

(1)断削。车床在切削钢件时,往往产生很长的铁屑,工人在清理时容易造成割破手或脚跟的事故。因此,采取措施使铁屑成为易清理的粒状、半环形状、螺旋状对预防事故至关重要。目前断屑主要从改变刀具几何形状来解决,大致有以下几种方法:①在车刀上磨断屑槽或台阶。②采用断屑器。③采用机械夹固不重磨硬质合金刀片。

(2)工作点加防护挡板(罩)。在高速切削时,切屑成为碎断形状后,容易崩跳出来伤人。因此,操作工人除应戴上防护镜外,还要用防护罩把工件罩住,以免造成伤害。一般使用的防护罩有下列几种:①玻璃挡屑板。②车床高速切削防护罩。③围屑式切削防护罩。

另外,在车削铸铁工作过程中,会产生大量的铁尘,为了防止操作者吸入铁尘,必须设置良好的吸尘设备。

(3)正确装好车刀。普通卧式车床上,用来装夹刀具的一般是四方刀架。车刀安装得是否正确,对安全生产有很大影响。车刀刀尖,应装得与工件中心线一样高。如果刀尖高于工件中心,会造成前角增大、后角减小,导致车刀切入工件困难,车刀容易折断。相反,如果刀尖低于工件中心,则前角减小、后角增大,车刀就容易损坏,切屑也不易排出。

此外，在安装车刀时，还必须注意车刀不能伸得太长，否则车削时会造成振动，影响表面粗糙度，甚至会使车刀折断。一般伸出长度不超过刀杆高度的 1.5 倍。

(4)装夹工具的防护。车床上装夹工件的拨盘、卡盘、鸡心夹等的旋转，是造成伤害事故的主要危险源。应采用防护和安全装夹方式将危险因素消除。

消除上述危险的安全装置如下：①安全性鸡心夹头与普通鸡心夹的区别在于它没有突出部分，周围有轮缘，旋转时不会钩住操作者衣服和其他部位。②安全拨盘结构简单，做成杯状，杯的边缘可以起保护作用。用安全拨盘时，可用一般鸡心夹，但是这种杯状拨盘的外表应光滑。③卡盘、花盘的防护装置。使用卡盘或花盘安装工件时，主要危险部分是卡盘爪，它在转动时可能钩住工人的衣服。另外，卡盘或花盘可能从主轴上脱落（尤其是开反车时）砸伤人。为防止卡盘爪钩住衣服，可在卡盘周围安装防护罩。

立式车床可装环形活动室防护罩。在立式车床的回转花盘周围，用薄钢板做成两个半圆形的防护罩，用铰链与机床连接，从而封闭回转花盘边缘，防止花盘的卡爪或突出的工件撞击工作者或将操作者衣服钩住，或铁屑飞出伤人。机床工作时，防护罩关闭，工人安装工件或调整机床时，可打开一个半圆形防护罩。如回转的大花盘与地板在同一水平面上，可安装铁管制成的防护栏杆。

大型立式车床上，应装随活动横梁升降的工作台，架体两边都要安装，工作台外侧应装栏杆，栏杆下面要有高 100mm 的护板，工作台地面应用防滑的花纹钢板制成。

(5)加工圆棒材料的防护。加工细长棒料要伸出主轴的背后时，因棒料在被加工时转速较高，容易甩弯伤人，伸出部分则要用托架支撑，还要装防护罩。

(二)钻削加工安全技术

为了工作时的安全，对钻床的设计、夹具的设计、钻头的刃磨等方面都要采取各种措施。夹装钻头的套筒外不可有突出的边缘；夹紧钻头的装置须保证把钻头夹紧牢固，对准中心并且装卸方便。

当零件经钻孔、纹孔、刮光孔底等一系列连接操作，而钻头需要时常装卸或钻不同直径的孔时，宜采用快速装卸式套筒。这种套筒在心轴回转时装卸钻头比较安全，并显著地提高了劳动生产率。

在操作中应防止钻头折断，钻头的折断主要是由下列原因引起的：①钻孔时，钻头碰到零件上的砂眼或硬块；②钻头上的螺旋槽充塞铁屑来不及排除。

用麻花钻头钻切非常厚的韧性金属时，从钻头排出的两条螺旋形铁屑随钻头一起回转，会使工人受到伤害。这种钻屑必须在钻切过程中使之碎断成碎片，可在钻头上做成断屑槽或使钻头定时继续进给，钻屑畅通，钻头就不宜折断。

(三)金属切削车间的安全措施

金属切削加工工作场地的合理布局主要考虑以下 5 个方面。

1. 机床布置方式

机床布置方式应保证不使零件或铁屑甩出伤人。一般后面机床卡盘应躲开前面机床的工作位置,这样才能比较安全。

2. 机床位置的朝向

机床位置的朝向应有利于采光,又不使操作者受日光直射,以免产生目眩。

3. 机床之间、机床与墙壁之间

机床之间、机床与墙壁之间应有适当的安全距离,以保证工人安全操作和行走。间距的大小由机床的尺寸和机床的工作条件来决定。最小安全距离可参照如下数值:机床侧面与墙壁或柱子之间无工作地时,间距为 400～500mm,有工作地时,间距为 1000～1200mm;机床之间无工作地时,间距为 800mm;机床某一边有工作地并有行人通过时,间距为 1200mm;机床两边均有工作地时,机床之间间距为 1500mm;机床两边均有工作地并有行人通过时,间距为 1800mm;排成 15°的自动机床的间距为 500～800mm。

4. 成品、半成品及铁屑的堆放

成品、半成品及铁屑的堆放,应便于吊运及清理,不干扰操作者及邻近机床的工作。成品、半成品堆放应整齐,不宜过高。

重型机械行业里,毛坯尺寸很大,可以建立与车间毗邻的露天库,把毛坯件放在露天库。需要加工时,由搬运工按作业计划运到车间内准备加工。

铁屑和工业垃圾应每天清理,作业现场交班前都要由当班者清扫,并向下一班交代。

毛坯件、半成品件、成品件的堆放要考虑工艺流程,要使流程最短,避免重复往返。节约起重吊运台班时间,提高效率,同时降低发生事故的概率。

5. 车间通道

车间通道要画出明显界限,不允许在人行道内摆放工件和垃圾箱等物。通道宽度也要符合相应的规定。

二、冲压作业安全技术

目前,许多企业在利用冲压方法加工制件时,仍旧沿用过去简单的手工作业方法,即用手直接在模区内装卸零件。在这种情况下,如果冲压设备和模具没有安全防护装置,就极易发生伤害事故。

冲压机床的安全防护装置,是指滑块下行时,设法将危险区与操作者的手隔开,或用强制的方法将操作者的手拨出危险区,以保证安全生产。安全防护装置的形式较多,按结构分为机械式、按钮式、光电式、感应式等。按工作原理分为两类：一类是机械类；另一类为自动保护类，它是指危险区周围设置光束、电场、电流等，一旦人的手或其他部分进入危险区，通过光、电、气的控制，使压力机床停止工作。

1. 防护罩

（1）固定式防护罩。这种防护罩一般固定在压力机床的工作台上模或下模上，其正面一般设有用透明材料（如有机玻璃）制作的窥视窗，以便操作者观察冲压状况。在防护罩上，通常还留有进出工件用的开口。

这种防护罩结构简单，可靠性强，特别是由于启动机构失灵而发生连冲时，效果就更为显著。但其缺点也是显而易见的，由于操作者与上、下模具之间始终有一机械障碍物在运动，因此对操作者的精神和视线会带来一定的不良影响，容易引起疲劳，进而引起事故的发生。

（2）活动可调式防护罩。这种防护罩在可能发生意外事故前，推或拉操作者离开危险区。该防护罩有一个能向外和向上的移动件，其顶高出操作者所站的地面上或平台上的距离绝不可小于1000mm。在移动件下空间安装一网栏。移动件由压力机滑块的一个连杆装置所带动，用来推操作者离开危险范围。

（3）连锁式防护罩。这种防护装置是将带有防护罩门的杠杆通过螺栓铰接在压力机的机身上，踩动踏板，通过防护罩踏板带动罩门下降，只有下降到安全位置（操作者手不能进入危险区）时，才可能通过离合器联锁装置带离合器拉杆，使离合器接合并完成冲压。

采用摩擦离合器的压力机床上用的连锁式防护罩，通常不可能用杠杆将防护罩连接到压力机上，此时可以将防护罩门连锁到电路。一般采用两个限位开关串联的方式接到控制系统的电路里，当防护罩门上升时，压力机的控制电路被切断，这时可进行送料和取件等作业，而滑块则不能启动。只有当防护罩门下降接通压力机的控制电路时，滑块才能启动。

2. 防护栅栏

内外摆动式防护栅栏是防护栅栏的一种，当滑块向下运动时，这种防护栅栏就由里向外摆出，从而将危险区遮住或将操作人员的手推出。当滑块上升时，栅栏由外向里运动，让开工作区，这时操作人员就可以进行送料操作。

3. 推（拉）手式安全装置

（1）推手式安全装置。在模区的前方安装推手板，操作时推手板往复摆动，可自动地将人的手推出模区，保证操作者的安全。它结构简单、可靠，但往复摆动的推手干扰工人视线，还会触及人的手，而且使工人操作紧张，时间过长会使工人手腕疼痛，且易疲劳。

推手防护装置的设计要点如下：①推手板应采用透明不碎材料制成，推手板与推杆连接部位应为橡胶垫之类的软衬垫，以减轻人手触碰时的疼痛。②推手板（棒）长度和摆动幅度应能灵活可靠地调节。③应根据压力机性能选用适当的推手板摆动幅度。④推手板的推动方向应按左右手操作习惯进行设计,一般设计成自右向左的推动方向,以符合多数人右手操作的习惯。此时,模具左侧的固定螺栓高出压板的部分应截去,以避免右手移动时触碰。

(2)拉手式安全装置。在操作者的手腕上带上用尼龙等材料编织而成的手腕扣,它通过拉手绳索和连杆机构与压力机的滑块联动,当滑块下行时,能把操作者的手从工作危险区拉出,从而防止事故的发生。一般用于行程往复次数小于 120 次/min 的压力机上,以防止对操作者的手臂产生过大的冲击,该装置和压力机动作相协调,所以不降低生产力。由于该装置与压力机滑块联动,即使滑块产生连冲事故,也能起保护作用。此装置结构简单,动作可靠,安装和调整方便。如与双手操作式安全装置并用就更安全。

(3)摆杆式拨手装置。拨手装置是在冲压时,将操作者的手强制性脱离危险区的一种安全保护装置。它通过一个带有橡皮的杆子,在滑块下行时,将手推出或拨出危险区。其动力来源主要是由滑块或曲轴直接带动。

(4)翻版式护手装置。其特点是,当压力机滑块向下运动时,安装在滑块上的齿条下行,驱动齿轮逆时针方向转动,同时带动翻板转动到垂直位置,将手推出冲模外。翻板可用有机玻璃制作,也可用开小缝的金属材料制成。

4. 安全启动装置

(1)安全电钮。压力机的安全电钮适用于压力机行程次数较低的冲压作业。滑块行程一次,按电钮一次,虽然在操作上增加了一次动作,但不会影响压力机的连续行程。其主要作用是保证滑块在信号装置的配合下,到达下死点前 100~200mm 处自动停止,防止伤手。在通常情况下,安全电钮在保证安全的前提下,不影响工作效率。

(2)双手按钮式保护装置。它是用双手开关和电器电路控制压力机的滑块运动,迫使操作者只有用双手按住开关电钮时,滑块才能运动,如果放开任一按钮,滑块应立即停止运动。

(3)双手柄安全装置。当操作者双手同时压下两根杠杆或一根杠杆和一个电钮时,压力机滑块才能启动。如果放开任一杠杆或电钮,压力机滑块就停止运动,从而保证操作人员双手的安全。

(4)手柄与脚踏板连锁组合装置。这种装置的工作原理为:压力机开始工作时,只有先将手柄按下,使插在启动杆上的销子拔出来,脚踏板才能踏下,这时启动装置才能接合,压力机开始工作,其结果是使手在压力机滑块下降前自然离开危险区,防止手在危险区时脚发生失误动作而造成事故的发生。

(5)按钮与脚踏板连锁组合装置。这种装置亦称按式电磁铁组合装置。电磁铁芯平时插在操纵杠杆的销孔内,使脚踏板不能踏下,压力机不动作。只有当双手按下两个按钮,接通电磁铁线路,使电磁铁产生吸力,将铁芯拉出时,才能踏下踏板,使压力机启动,从而起到安全保护作用。

(6)防打连车装置。防打连车装置用于防止刚性离合器失灵,避免一次行程时连车而发生人身事故。由踏板拉杆通过小滑块和钩使离合器结合,当压力机滑块到达下死点时,凸轮推动拉杆使钩脱开,离合器拉杆在弹簧的作用下复位,并在滑块回到上死点时使主轴与飞轮脱开。这样即使操作者的脚一直踩着踏板,压力机滑块也不能再次下行。只有当操作者松开踏板,使钩与离合器拉杆重新结合后,才开始下一行程。这种机构仅适用于装有刚性离合器的压力机。

三、木工机械安全技术

在木材加工诸多危险因素中,机械伤害的危险性大,发生概率高,火灾爆炸事故更是后果严重,有的危险因素对人体健康构成长期的伤害。这些问题应在木材加工行业的综合治理中统筹考虑。

在设计上,应使木工机械具有完善的安全装置,包括安全防护装置、安全控制装置和安全报警信号装置等,其安全技术要求如下:

(1)按照"有轮必有罩、有轴必有套"和"锯片有罩、锯条有套、刨(剪)切有挡"以及安全器送料的安全要求,对各种木工机械配置相应的安全防护装置,徒手操作者必须有安全防护措施。

(2)对生产噪声、木粉尘或挥发性有害气体的机械设备,应配置与其机械运转相连接的消声、吸尘或通风装置,以消除或减轻职业危害,维护职工的安全和健康。

(3)木工机械的刀轴与电气应有安全联控装置,在装卸或更换刀具及维修时,能切断电源并保持断开位置,以防误触电源开关或突然供电启动机械而造成人身伤害事故。

(4)针对木材加工作业中的木料反弹危险,应采用安全送料装置或设置分离刀、防反弹安全屏护装置,以保障人身安全。

(5)在装设正常启动和停机操纵装置的同时,还应专门设置遇事故需紧急停机的安全控制装置。按此要求,对各种木工机械应制定与其配套的安全装置技术标准。国产定型的木工机械,在供货的同时,必须带有完备的安全装置,并供应维修时所需的安全配件,以便在安全防护装置失效后予以更新。对早期进口或自制的、非定型的、缺少安全装置的木工机械,使用单位应组织力量研制和配置相应的安全装置,特别是对操作者有伤害危险的木工机械。对缺少安全装置或安全装置失效的木工机械,应禁止使用。以下为各种木工机械的安全装置。

1. 带锯机安全装置

带锯机的各个部分,除了锯卡和导向辊的底面到工作台之间的工作部分外,都应用防护罩封闭。锯轮应完全封闭,锯轮罩的外圆面应该是整体的。锯卡与上锯轮罩之间的防护装置应罩住锯条的正面和两侧面,并能自动调整,随锯卡升降。锯卡应轻轻附着锯条,而不是紧卡着锯条,用手溜转锯条时应无卡塞现象。

带锯机主要采用液压可调式封闭防护罩遮挡高速运转的锯条,使裸露部分与锯割木料的尺寸相适应,既能有效地进行锯割,又能在锯条"放炮"或断条、掉锯时,控制锯条崩溅、乱扎,避免对操作者造成伤害;同时可以防止工人在操作过程中手指误触锯条造成伤害事故。对锯条裸露的切割加工部位,为便于操作者观察和控制,还应设置相应的网状防护罩,防止加工锯屑等崩弹，造成人身伤害事故。

带锯机停机时，由于受惯性力的作用将继续转动，此时手不小心触及锯条造成误伤，为使其能迅速停机，应装设锯盘制动控制器。带锯机破损时，亦可使用锯盘制动器，使其停机。

2. 圆锯机安全装置

为了防止木料反弹的危险，圆锯上应装设分离刀（松口刀）和活动防护罩。分离刀的作用是使木料连续分离，使锯材不会紧贴转动的刀片，从而不会产生木料反弹。活动罩的作用是遮住圆锯片，防止手过度靠近圆锯片，同时也有效防止了木料反弹。

圆锯机安全装置通常由防护罩、导板、分离刀和防木料反弹挡架组成。弹性可调式安全防护罩可随其锯剖木料尺寸大小而升降，既便于推料进锯，又能控制锯屑飞溅和木料反弹；过锯木料由分离刀扩张锯口，防止因夹锯造成木材反弹，并有助于提高锯割效率。

圆锯机超限的噪声也是严重的职业危害，直接损害操作者的健康，为消除或减小这种危害，应安装相应的消声装置。

3. 木工刨床安全装置

刨床对操作者的人身伤害，一是徒手推木料容易伤害手指，二是刨床噪声产生职业危害。

平刨伤手为多发性事故，一直未能很好解决。较先进的方法是采用光电技术保护操作者，当前国内应用效果不理想。较适用有效的方法是在刨切危险区域设置安全挡护装置，并限定与台面的间距，可阻挡手指进入危险区域，实际应用效果较好。降低噪声可采用开有小孔的定位垫片，能降低噪声 10~15dB。

总之，大多数木工机械都有不同程度的危险或危害。有针对性地增设安全装置，是保护操作者身心健康和安全，促进和实现安全生产的重要技术措施。

木工机械事故中，手压平刨上发生的事故占多数，因此在手压平刨上必须有安全防护装置。为了安全，手压平刨刀轴的设计与安装须符合下列要求：

(1) 必须使用圆柱形刀轴，绝对禁止使用方刀轴。
(2) 压刀片的外缘应与刀轴外圆相合，当手触及刀轴时，只会碰伤手指皮，不会被切断。
(3) 刨刀刃口伸出量不能超过刀轴外径 1.1mm。
(4) 刨口开口量应符合规定。

四、热加工安全技术

（一）铸造安全技术措施

1. 防尘措施

(1) 应综合考虑工艺设备和生产流程的布置，使固定作业工位处于通风良好和空气相对洁净的地方。大型铸造车间的砂处理、清理工段尽量放置在单独的厂房内。合箱去灰、落砂、开箱、清砂打磨、切割、焊补等易产生大量粉尘的工序宜固定作业工位或场地,以便于采取防尘措施。应尽量采用不产生或少产生粉尘的工艺和设备。例如,采用水爆或水力清砂的方式进行清砂作业;采用金属型和压力铸造等不用砂的铸造方法;不用喷砂作业方式清理铸件表面等。

(2)凡产生粉尘污染的设备应附有防尘措施。如将混砂机、筛砂机、落砂机、喷砂机等产生尘粒多的设备密闭起来,并且安装通风除尘装置,将粉尘吸走。

(3)输送散粒状干物料时,应采用密闭化、管道化、机械化和自动化生产措施,并尽量减少转运点,缩短输送距离。如输送散粒干物料的带式输送机应设置头部清扫器、空段清扫器,加密闭氧。当采用了磁选皮轮时,应附有磁选清扫器,也可采用管道输送、气力输送各种材料,如黏土、煤粉等,最大限度地减少粉尘。

(4)尽量采用溃散性好、危害小的砂工艺,如树脂砂工艺等。进行技术改造,改进各种加热炉窑的结构、燃料和燃烧方法,以减少烟尘散发量。回用热砂应进行降温去灰处理。

(5)努力减少二次尘源。首先应注意使车间内部的建筑结构及机器设备结构尽可能避免积灰。如将车间的窗框设计得与内壁齐平(即没有窗台),或将窗台做成倾斜 60°~70°以减少积灰。上操作台的楼梯台阶要做成封闭的,尽量不采用格栅式地板或平台,以免人员走动时粉尘飞扬。机器设备的顶面宜做成倾斜状以免积灰。减少二次尘源的另一个措施是经常向地面洒水,保持湿润,以免经常扫除车间墙壁和设备的积灰,以减少和消除飞扬的粉尘。

(6)加强个人防护。

2. 防毒措施

(1)采用无毒害、低毒害的材料代替有害、高毒材料。如在熔炼铝合金时,采用无毒精炼剂代替有毒的氯化锌或六氯乙烷,可使炉气中一氧化碳和氮的氧化物的含量远远低于国家标准。此外,还可用无机黏合剂代替有机黏合剂等。

(2)容易逸散出有害气体与蒸气的操作过程(如制芯、造型、烘干、浇注和落砂等工艺操作时会散发有害气体),应实现生产设备、工艺的密闭化、机械化、自动化。

(3)采取通风措施进行排毒。当排放浓度超出标准时,应采用洗涤、吸附等净化措施。通风设施分局部通风和全面通风两种。全面通风的送排气量大,动力消耗大;局部通风的排毒效率高,动力消耗低,较为经济,如用于熔炼、浇注等工作点的通风大都采用局部通风。完善的局部排风系统由排风罩、风管、风机、净化设备、排气烟囱和其他辅助设备组成。

(4)在有毒气体的散发处,如熔炼、金属液变质处理等场合,操作人员应佩戴个人过滤式防毒面具和防毒口罩进行个人保护。

3. 防高温措施

(1)采用热反射、导热式、散热式、吸热式、复合隔热等装置来吸收和反射辐射热。例如在金属熔炼、运输、浇注等工序中,就是利用上述装置对熔化炉、加热炉和金属容器等进行绝热。这些装置大都是以空气、水以及空气和水的混合物为制冷剂的。

(2)改进工艺与设备,提高机械化、自动化程度,使操作者远离高温处。例如冲天炉加料机械化、自动化,清砂过程自动化等。

(3)加强车间的整体通风,强化个别高温处的局部通风降温措施。

(4)做好个人防护。高温环境防护用品,必须使用白矾布类隔热服,耐高温鞋,防强光、紫外线、红外线护目镜或面罩及安全帽,还可考虑使用反射膜类隔热服以及鞋罩、围裙、袖套、护肩帽,不可穿用的确良、尼龙等易着火焦结的衣物和聚氯乙烯塑料鞋。

(5)持续接触热的人员,其 WBGT 限值应符合国家有关规定。

4. 减振减噪措施

采用振动小、噪声较低的工艺设备。例如用造型机、刨砂机代替风锤;用射压、高压造型设备代替震击、微震压实造型机;用液压传动代替气动;用水力清砂、抛丸清理等代替风铲清理铸件表面,以降低车间振动与噪声。

(1)清除或减弱机器的噪声及切断噪声途径。如射芯机和射压造型机在射砂后排气时,由于空气以冲击波形成冲击排气孔,产生很大噪声;高压气力输送装置在卸料时,也会因冲击波而产生噪声。要消除这些噪声可在排气通道上加消音器。在震击造型机震击时,震动波可以沿地基传到远处,特别是大的震击造型机会产生很大的震动与噪声,如果在中间填以木屑填充物等,使震动波被地面的传递介质切断,就可防止震动波向四周传播,以减少振动与噪声。

(2)设置隔音层或者隔离室以隔离声源。在清理滚筒时,会产生很大的噪声。可将清理滚筒布置在车间外的小屋中(工作时工人离开);或在清理滚筒外面加隔离层,便可显著降低工作时的噪声;也可在滚筒装好料后,罩上隔音罩,待滚筒卸料时,再将隔音罩吊开,这样,不仅能降低噪声还能起到防尘作用。

冲天炉用鼓风机的噪声很大,一般可设置独立的鼓风机房,周围用隔音墙与车间隔开;也可用隔音物质(如软木等)做成隔音罩,以减少噪声对周围的影响;还可用消音器或改进鼓风机的结构等措施来降低和消除噪声。

有时由于工艺上的需要或经济原因,车间内噪声不能大幅度降低,这时可在造型机和落砂机旁边用隔音物质做成独立的隔音室,工人在隔音室中操纵各种手柄,控制设备的工作过程,以免除噪声的干扰。

(3)加强个人防护。如工作时用耳塞、耳罩,以降低噪声的干扰,但这使人的听觉不灵,容易发生事故。

5. 其他措施

(1)在车间应设卫生间、盥洗室、沐浴及更衣室等,长期接触油类、油膏、酸碱、污物等的工作人员应经常用水和肥皂冲洗。

(2)不得使用女工从事熔炼设备和甚高频、超高频电加热设备的操作,以及金属浇铸、铸件落砂、锤凿等作业。

(3)在有色金属铸造车间,严禁在处理有毒物质的工作区饮食。

(二)锻造安全技术措施

1. 要有合格的锻造工

鉴于锻压设备存在很多不安全因素,因此锻造工应掌握一定的设备保养知识,并遵守安全操作规程。锻造工必须经过培训考核合格,不然就不得单独操作锻压设备和加热设备。

2. 要有隔热降温措施

锻造时,金属加热温度达700~1300℃,强大的辐射热、灼热的料头、飞出的氧化皮等都会对人体造成伤害,必须采用隔热降温措施。

(1)采用加设隔热板、隔热罩及热屏障等办法,减少热辐射。

(2)提高机械化、自动化水平,使操作人员尽量远离热源。

(3)使用全面抽风排气和局部通风系统以及空调系统,应考虑利用天窗、烟囱和抽风机将热空气从车间上部排出。

(4)车间内加热炉上方设置伞形抽气罩。

(5)将加热炉和锻压设备尽可能布置成直线形式,避免加热炉口的热直接向锻造操作工辐射。

(6)在寒冷季节,为防止穿堂风吹到工作地,在车间大门入口处必须装设门斗、热空气帘。

(7)为降低辐射热,如不可能屏蔽时,采用集中供给冷空气进风是最合理的方法。

(8)在桥式起重机司机室、操纵台的密闭操作室内应供给去粉尘的新鲜空气或装备空调器。

3. 减少加热炉对操作人员造成热辐射的措施

加热炉在工作过程中,以加热炉火焰及高温锻件为热源,散发出大量辐射热,距离过近会灼伤人体表皮,过高的热辐射也会使人难以忍受,所以应尽力减小热辐射对操作人员的危害,通常应采取如下措施:

(1)加热炉炉体的砌筑要符合隔热要求,炉墙要有足够的厚度,外层要采取绝热性较好的保温砖,炉壳与保温砖之间要铺上石棉板,以减少金属炉壳向外不散发的热辐射。

(2)加热炉的炉壳、炉墙、炉门等要经常检查维修,以防止因损坏或变形而损失大量的热量以及散发过量的辐射热。

(3)在加热炉炉门装设水炉门、水幕或隔热板等以降低热辐射,可以取得较好的效果。

(4)操作中要保持炉内气压正常,维持微正压燃烧。所谓微正压燃烧是指炉内火焰从炉口少有外冒,这样既可以防止冷空气从炉口吸入炉膛,影响加热效果,又可避免由于火焰大量外冒而散失热量,辐射人体。

(5)炉门是散发热辐射的主要部位,所以提高炉门的密封性和提高炉门的开关速度是减少热辐射的一项重要措施。

(6)在工作地范围内不要放置热锻件,特别是大型热锻件,这不仅是考虑到热辐射的危害,同时还考虑万一工人被热锻件绊倒,其后果就更加严重。因此,对于锻后冷却的锻件,一定要合理堆放。对于专供锻后缓冷的保温坑或沙坑,一定要采取屏蔽措施或"画地为牢"。

(7)改善车间的自然通风条件,加强机械送风及局部强力吹风是减少热辐射、改善劳动环境的有效方法,特别是在夏季更应采取措施,以达到防暑降温的目的。

(8)加热炉的锻压设备尽可能布置成直线,使操作者不至于同时处于两个加热炉的辐射热范围之内。

4. 防噪减振措施

(1)采用噪声声级低的燃烧装置以降低加热炉内因燃料燃烧而产生的噪声。

(2)利用隔声间或隔声罩把噪声源与人隔离开。

(3)佩戴耳机、耳塞、耳罩等防护用品以减少噪声的危害。

(4)采用多种减振、隔振装置以减少振动所产生的不良影响。例如,在锻锤砧下采用直接隔振装置以减轻锻锤在锻击坯料时产生的较大的振动。

5. 使用防护罩等安全装置

使用防护罩等安全装置,提高自动化水平,防止机械伤害。锻压设备运转部分如飞轮、传动皮带、齿轮等部位,均应设置防护罩。水压机应有安全停车、自动停车与启动装置。蓄压器、导管和水压缸应分别装压力表,动力稳压器也必须备有安全阀。

6. 个人防护

锻造操作者在开始工作前必须穿戴好个人防护用品。

第七章　消防安全

部分生产作业生产流程复杂,设备种类繁多,工艺操作严格,控制参数多而苛刻,从原料、生产过程到成品等各个环节,都存在着非常大的火灾危险性,稍有不慎,就会酿成灾害。一旦发生火灾,将会造成重大的财产损失和人员伤亡,因此,做好消防工作显得尤为重要。学生需熟悉火灾危险性,掌握基本消防知识,提高自身的防火灭火能力。本章对于生产实习可能涉及企业的火灾危险性及特点、火灾原因、预防及其救援进行介绍。

第一节　矿山开采类企业

一、矿山火灾危险性及特点

矿井火灾的发生具有严重的危害性,除了与一般地面火灾危害相同以外,还表现在以下几个方面:

(1)经济损失。有些矿井火灾火势发展很迅猛,往往会烧毁大量的采掘运输设备和器材。暂时没被烧毁的设备和器材,由于火区长时间封闭和灭火材料的腐蚀,也都可能部分或全部报废,造成巨大的经济损失。另外,白白烧掉的煤炭矿物资源、矿井的停产都是巨大的经济损失,且其损失较一般地面火灾更为严重。

(2)污染环境。矿井火灾产生的大量有毒、有害气体,如一氧化碳、二氧化碳、二氧化硫等有毒有害气体和烟尘,会造成环境污染,而且难以冲淡和排除,导致大量井下人员中毒、窒息甚至死亡。

(3)人员伤亡。井下发生火灾时,因为矿井空间的限制,井下人员难以躲避,设备难以搬移,可燃矿物、坑木等可燃物质燃烧,释放出有害气体。此外,火灾诱发的爆炸事故还会对人员造成机械性伤害。

(4)救援困难。矿井火灾还可能产生局部火风压,造成局部风流逆转,使火焰、高温烟雾出现在原火灾前的一些侧旁风流或新鲜风流中,使灾情扩大,给灭火救灾和现场作业人员自救互救带来很大的困难。

(5)矿井生产持续紧张。井下火灾,尤其是发生在采空区或煤柱里的内因火灾,往往在短期内难以消灭。在这种情况下,一般都要采取封闭火区的处理方法,从而造成大量矿物冻结,矿井生产持续紧张。对于一矿一井一面的集约化生产矿井,这种封闭会造成全矿停产。矿井火灾还会烧毁矿井通风设施,使矿井通风系统紊乱,造成瓦斯积聚超限。火灾还会烧毁电气设备和电缆,造成提升、排水中断、通风停止,影响矿井安全生产和人员生命安全。

矿井火灾还可能成为引发瓦斯和煤尘爆炸的火源。用水灭火时,还可能引起煤矿中水煤气发生爆炸。这些情况使矿井灾害危险性更大,损失更加惨重。

二、矿山火灾分类

矿山火灾,是指矿山企业内所发生的火灾。根据火灾发生的地点不同,可分为地面火灾和井下火灾两种。凡是发生在矿井工业场地的厂房、仓库、井架、露天矿场、矿仓、储矿堆等处的火灾,叫地面火灾;凡是发生在井下硐室、巷道、井筒、采场、井底车场以及采空区等地点的火灾,叫井下火灾。当地面火灾的火焰或由它所产生的火灾气体、烟雾随同风流进入井下,威胁矿井生产和工人安全的,也叫井下火灾。

井下火灾与地面火灾不同,井下空间有限,供氧量不足。假如火源不靠近通风风流,则火灾只是在有限的空气流中缓慢地燃烧,没有地面火灾那么大的火焰,但却生成大量有毒有害气体,这是井下火灾易于造成重大事故的一个重要原因。另外,发生在采空区或矿柱内的自燃火灾,是在特定条件下,由矿岩氧化自热转为自燃引起的。

根据火灾发生的原因,可分外因火灾和内因火灾两种。

1. 外因火灾(也称外源火灾)

外因火灾是由外部各种原因引起的火灾。例如,明火(包括火柴点火、吸烟、电焊、氧焊、明火灯等)所引燃的火灾,油料(包括润滑油、变压器油、液压设备用油、柴油设备用油、维修设备用油等)在运输、保管和使用时所引起的火灾,炸药在运输、加工和使用过程中所引起的火灾,机械作用(包括摩擦、震动冲击等)所引起的火灾,电气设备(包括动力线、照明线、变压器、电动设备等)的绝缘损坏和性能不良所引起的火灾。

2. 内因火灾(也称自燃火灾)

内因火灾是由矿岩本身的物理、化学反应热所引起的。内因火灾的形成除矿岩本身有氧化自热特点外,还必须有聚热条件。当热量得到积聚时,必然会产生升温现象,温度的升高又导致矿岩加速氧化,发生恶性循环,当温度达到该种物质的发火点时,则导致自燃火灾的发生。

内因火灾的初期阶段通常只是缓慢地增高井下空气温度和湿度,空气的化学成分发生很小的变化,一般不易被人们所发现,也很难找到火源中心的准确位置。因此,扑灭此类火灾比较困难。内因火灾燃烧的延续时间比较长,往往给井下生产和工人的生命安全造成潜在威胁,所以防止井下内因火灾的发生与及时发现控制灾情的发展有着十分重要的意义。

三、矿山火灾原因

(一)外因火灾的发生原因

在我国非煤矿山中,矿山外因火灾绝大部分是由木支架与明火接触,电气线路照明和电气设备的使用与管理不善,在井下违章进行焊接作业、使用火焰灯、吸烟或无意、有意点火等外部原因所引起的。随着矿山机械化、自动化程度的提高,因电气原因所引起的火灾比例会不断增加,这就要求在设计和使用机电设备时,应严格遵守电气防火条例,防止因短路、过负荷、接触不良等原因引起火灾。矿山地面火灾则主要是由于违章作业、粗心大意所致。引起外因火灾的原因如下。

1. 明火引起的火灾与爆炸

在井下使用电石灯照明、吸烟或无意、有意点火所引起的火灾占有相当大的比例。电石灯火焰与蜡纸、碎木材、油棉纱等可燃物接触,很容易将其引燃,如果扑灭不及时,便会发生火灾。非煤矿山井下,一般不禁止吸烟,未熄灭的烟头随意乱扬,遇到可燃物是很危险的。据测定结果显示,香烟在燃烧时,中心最高温度可达 650~750℃,表面温度达 350~450℃。如果被引燃的可燃物是易燃的,有外在风流,就很可能酿成火灾。冬季的北方矿山在井下点燃木材取暖,会使风流污染,有时造成局部火灾。一个木支架燃烧,它所产生的一氧化碳就足够在一段很长的巷道中引起中毒或死亡事故。

2. 爆破作业引起的火灾

爆破作业中发生的炸药燃烧及爆破原因引起的硫化矿尘燃烧、木材燃烧,爆破后因通风不良造成可燃性气体聚集而发生燃烧、爆炸都属爆破作业引起的火灾。近年来,这类燃烧事故时有发生,造成人员伤亡和财产损失。其直接原因可以归纳为:在常规的炮孔爆破时,引燃硫化矿尘;某些采矿方法(如崩落法)采场爆破产生的高温引燃采空区的木材;大爆破时,高温引燃黄铁矿粉末、黄铁矿矿尘及木材等可燃物;爆破产生的碳氢化合物等可燃性气体积聚到一定浓度,遇摩擦、冲击或明火,便会发生燃烧甚至爆炸。

必须指出,炸药燃烧不同于一般物质的燃烧,它本身含有足够的氧,无需空气助燃,燃烧时没有明显的火焰,而是产生大量有毒有害气体。燃烧初期,生成大量氮氧化物,表面呈棕色,中心呈白色。氮氧化物的毒性比一氧化碳更为剧烈,严重者可引起肺水肿造成死亡,所以在处理炮烟中毒患者时,要分辨清楚是哪种气体中毒。在井下空间有限的条件下,炸药燃烧时生成的大量气体,因膨胀、摩擦、冲击等原因而产生巨大的响声。

3. 焊接作业引起的火灾

在矿山地面、井口或井下进行气焊、切割及电焊作业时,如果没有采取可靠的防火措施,由焊接、切割产生的火花及金属熔融体遇到木材、棉纱或其他可燃物，便可能造成火灾。特别是在比较干燥的木支架进风井筒进行提升设备的检修作业或其他动火作业时，因切割、焊接产生火花及金属熔融体未能全部收集而落入井筒，又没有用水将其熄灭，便很容易引燃木支架或其他可燃物，若扑灭不及时，往往酿成重大火灾事故。

据测定结果，焊接、切割及电焊时飞散的火花及金属熔融体碎粒的温度高达1500～2000℃，其水平飞散距离可达10m，在井筒中下落的距离则可大于10m。由此可见，这是一种十分危险的引火源。

4. 电气原因引起的火灾

电气线路、照明灯具、电气设备的短路、过负荷，容易引起火灾。电火花、电弧及高温赤热导体极易引燃电气设备、电缆等的绝缘材料。有的矿山用灯泡烘烤爆破材料或用电炉、大功率灯泡取暖、防潮，引燃了炸药或木材，造成严重的火灾、中毒、爆炸事故。

用电发生过负荷时，导体发热容易使绝缘材料烤干、烧焦，并失去其绝缘性能，使线路发生短路，遇有可燃物时，极易造成火灾。带电设备元件的切断、通电导体的断开及短路现象发生都会形成电火花及明火电弧，瞬间达到1500℃以上的高温而引燃其他物质。井下电气线路特别是临时线路接触不良和接触电阻过高是造成局部过热引起火灾的常见原因。

白炽灯泡的表面温度40W以下的为70～90℃，60～500W的为80～110℃，1000W以上的为100～130℃。当白炽灯泡打破而灯丝未断时，钨丝最高温度可达2500℃左右。这些都能构成引火源，引起火灾发生。随着矿山机械化、自动化程度不断提高，电器设备、照明和电器线路更趋复杂。电器保护装置选择、使用、维护不当，电器线路敷设混乱往往是引起火灾的重要原因之一。

（二）内因火灾的发生原因

堆积的含硫矿物或碳质页岩与空气接触时，会发生氧化而放出热量。若堆积物氧化生成的热量大于向周围散发的热量时，则该物质能自行增高其温度，这种现象就称为自热。

随着温度的升高，氧化加剧，同时放热能力也因而增高。如果这个关系能形成热平衡状态，则温度停止上升，自热现象中止，并且通常在若干时间后即开始冷却。但有时在一定外界条件下，局部的热量可以积聚，物质便不断加热，直到其着火温度，即引起自燃。

如果物质在氧化过程中所产生的热量低于周围介质所能散发的热量，则无升温自热现象。因此，物质的自热、自燃与否都是由下列3个基本因素决定的：该可燃物质的氧化特性、空气供给的条件和可燃物质在氧化或燃烧过程中与周围介质热交换的条件。第一个因素属于物质发生自燃的内在因素，仅取决于物质的物理化学性质；而后两个因素则是外在因素。

硫化矿物在成矿过程中，由于温度和压力的不同往往在同一矿床中有多种类型的矿物。由于成矿后长期的淋漓、风化等物理化学作用，同一矿物也会随之出现结构构造差异很大的情况。在同一矿床中，各种矿物内在性质不同，因此必须对每一类型的矿石做深入细致的试验研究，从中找出有自燃倾向性的矿石。

矿体顶板岩层为含硫碳质页岩(特别是黄铁矿在碳质页岩中以星点状态存在)时,当顶板岩层被破坏后,黄铁矿和单质碳与空气接触也同样可以产生氧化自热到自燃的现象。

任何一种矿岩自燃的发生,即为矿岩的氧化过程。在整个过程中,由于氧化程度的不同,必然呈现出不同的发展阶段,因此可把矿岩自燃的发生划分为氧化、自热和自燃3个阶段。这3个阶段可用矿岩的温升来表示,根据矿岩从常温到自燃整个温升过程的激化程度,可定为:常温至100℃矿岩水分蒸发界限为低温氧化阶段,100℃至矿岩着火温度为高温氧化阶段,矿岩着火温度以上为燃烧阶段。任何一种矿岩的自燃必须经过上述温升的3个阶段,因而矿岩是否属于自燃矿岩,必根据温升的3个阶段来确定。

必须指出,由于矿岩氧化是随着温度的升高而加剧,因此,如何设法控制矿岩温度不高于100℃是防止矿岩自燃的关键,但要做到这一点,难度也是很大的。

四、矿山火灾预防

(一)外因火灾的预防

矿井每年应编制防火计划。该计划的内容包括防火措施、撤出人员、抢救遇难人员的路线,扑灭火灾的措施,调度风流的措施,各级人员的职责等。防火计划要根据采掘计划、通风系统和安全出口的变动及时修改。矿山应规定专门的火灾信号,当井下发生火灾时,能够迅速通知各工作地点的所有人员及时撤出灾险区。安装在井口及井下人员集中地点的信号,应声光兼备。当井下发生火灾时,风流的调度和主要通风机继续运转或反风应根据防火计划和具体情况做出正确判断,由安全部门和总工程师决定;离城市15km以上的大、中型矿山,应成立专职消防队;小型矿山应有兼职消防队;自燃发火矿山或有瓦斯的矿山应成立专职矿山救护队。救护队必须配备一定数量的救护设备和器材,并定期进行训练和演习。对工人也应定期进行自救教育和自救互救训练。

1. 一般要求

(1)地面火灾。对于矿山地面火灾,应遵照中华人民共和国公安部关于火灾、重大火灾和特大火灾的规定进行统计报告。矿山地面防火,应遵守《中华人民共和国消防条例》和当地消防机关的要求。对于各类建筑物、油库、材料场和炸药库、仓库等建立防火制度,完善防火措施,配备足够的消防器材。各厂房和建筑物之间,要建立消防通道。消防通道上不得堆积各种物料,以利于消防车辆通行。矿山地面必须结合生活供水管道设计地面消防水管系统,井下则结合作业供水管道设计消防水管系统。水池的容积和管道的规格应考虑两者的用水量。

(2)井下火灾。井下火灾的预防应按照中华人民共和国冶金工业部制定的《冶金矿山安全规程》有关条款的要求,由安全部门组织实施。其一般要求是:对于进风井筒、井架和井口建筑物、进风平巷,应采用不燃性材料建筑;对于已有的木支架进风井筒、平巷要求逐步更换；用木支架支护的竖井、斜井井架，井口房、主要运输巷道、井底车场和硐室要设置消防水管；如果用生产供水管兼作消防水管，必须每隔 50~100m 安设支管和供水接头；井口木料厂、有自燃发火的废石堆（或矿石堆）、炉渣场，应布置在距离进风口主要风向的下风侧 80m 以外的地点并采取必要的防火措施；主要扇风机房和压入式辅助扇风机房、风硐及空气预热风道、井下电机车库、井下机修与电机硐室、变压器硐室、变电所、油库等，都必须用不燃性材料建筑，硐室中有醒目的防火标志和防火注意事项，并配备相应的灭火器材；井下应配备一定数量的自救器，集中存放在合适的场所，并应定期检查或更换，在危险区附近作业的人员必须随身携带以便应急；井下各种油类，应分别存放在专用的硐室中，装油的铁桶应有严密的封盖；贮存动力用油的硐室应有独立的风流并将污风汇入排风巷道，储油量一般不超过三昼夜的用量；井下柴油设备或液压设备严禁漏油，出现漏油时要及时修理，每台柴油设备上应配备灭火装置；设置防火门。为防止地面火灾波及井下，井口和平硐口应设置防火金属井盖或铁门。各水平进风巷道，距井筒 50m 处应设置不燃性材料构筑的双重防火门，两道门间距离 5~10m。

2. 几种常见火灾的预防措施

（1）预防明火引起火灾的措施。为防止井口火灾和污染风流，禁止用明火或火炉直接接触的方法加热井内空气，也不准用明火烤热井口冻结的管道；井下使用过的废油、棉纱、布头、油毡、蜡纸等易燃物应放入盖严的铁桶内，并及时运至地面集中处理；在大爆破作业过程中，要加强对电石灯、吸烟等明火的管制，防止明火与炸药及其包装材料接触引起燃烧、爆炸；不得在井下点燃蜡纸作照明用，更不准在井下用木材生火取暖；特别对有民工采矿的矿山，更要加强明火的管理。

（2）预防焊接作业引起火灾的措施。在井口建筑物内或井下从事焊接或切割作业时，严格按照安全规程执行和报总工程师批准，并制定出相应的防火措施；必须在井筒内进行焊接作业时，须派专人监护防火工作，焊接完毕后，应严格检查和清理现场；在木材支护的井筒内进行焊接作业时，必须在作业部位的下面设置接收火星、铁渣的设施，并派专人喷水，及时扑灭火星；在井口或井筒内进行焊接作业时，应停止井筒中的其他作业，必要时设置信号与井口联系，以确保安全。

（3）预防爆破作业引起的火灾。对于有硫化矿尘燃烧、爆炸危险的矿山应限制一次装药量，并填塞好炮泥，以防止矿石过分破碎和爆破时喷出明火，在爆破过程中和爆破后应采取喷雾洒水等降尘措施；对于一般金属矿山，要按《爆破安全规程》要求，严格对炸药库照明和防潮设施的检查，应防止工作面照明线路短路和产生电火花而引燃炸药，造成火灾；进行露天台阶爆破或井下爆破作业时，均不得使用在黄铁矿中钻孔时所产生的粉末作为填塞炮孔的材料；大爆破作业时，应认真检查运药路线，以防止电气短路、顶板冒落、明火等原因引燃炸药，造成火灾、中毒、爆炸事故；爆破后要进行有效的通风，防止可燃性气体局部积聚达到燃烧或爆炸限而引起的烧伤或爆炸事故。

（4）预防电气方面引起的火灾。井下禁止使用电热器和灯泡取暖、防潮和烤物，以防止热量积聚而引燃可燃物造成火灾;正确地选择、装配和使用电气设备及电缆,以防止发生短路和过负荷。注意电路中接触不良、电阻增加发热的现象,正确进行线路连接、插头连接、电缆连接、灯头连接等;井下输电线路和直流回馈线路,通过木质井框、井架和易燃材料的场所时,必须采取有效的防止漏电或短路的措施;变压器、控制器等用油,在倒入前必须干燥,清除杂质,并按有关规程与标准采样,进行物理化学性质试验,以防引起电气火灾;严禁将易燃、易爆器材存放在电缆接头、铁道接头、临时照明线灯头接头或接地极附近,以免因电火花引起火灾。

(二)内因火灾的预防

1. 预防内因火灾的管理原则

对于有自燃可能的矿山,地质部门向设计部门所提交的地质报告中必须要有"矿岩自燃倾向性判定"内容;贯彻以防为主的精神,在采矿设计中必须采取相关的防火措施;各矿山在编制采掘计划的同时,必须编制防灭火计划;自燃矿山尽可能掌握各种矿岩的发火期,采取加快回采速度的强化开采措施,每个采场或盘区争取在发火期前采完。但是,由于发火机理复杂、影响因素多,实际上很难掌握矿岩的发火期。

2. 开采方法方面的防火要求

对开采方法方面的防火要求是使矿岩在空间上和时间上尽可能少受空气氧化作用以及万一出现自热区时易于将其封闭。主要措施有:采用脉外巷道进行开拓和采准,以便易于迅速隔离任何发火采区;制定合理的回采顺序。

矿石有自燃倾向时,必须考虑下述因素:矿石的损失量及其集中程度,遗留在采空区中的木材量及其分布情况,对采空区封闭的可能性及严密性,提高回采强度,严格控制一次崩矿量。其中前两个因素和回采强度以及控制崩矿量尤为重要。在经济合理的前提下,尽量采用充填采矿法。此外,及时从采场清除粉矿堆,加强顶板和采空区的管理工作也是值得注意的。

3. 矿井通风方面的防火要求

实践表明,内因火灾的发生往往在通风系统紊乱、漏风量大的矿井里较为严重。所以有自燃危险的矿井的通风必须符合下列要求:

(1)应采用扇风机通风,不能采用自然通风,而且扇风机风压的大小应保证使不稳定的自然风压不产生不利影响;应使用防腐风机和具有反风装置的主要通风机,并须经常检查和试验反风装置及井下风门对反风的适应性。

(2)结合开拓方法和回采顺序,选择相应的合理的通风网络和通风方式,以减少漏风;各工作采区尽可能采用独立风流的并联通风,以便降低矿井总风压;减少漏风量,便于调节和控制风流。实践证明,矿岩有自燃倾向的矿井采用压抽混合式通风方式较好。

(3) 加强通风系统和通风构筑物的检查和管理,注意降低有漏风地点的巷道风压;严防向采空区漏风;提高各种密闭设施的质量。

(4) 为了调节通风网路而安设风窗、风门、密闭区和辅助通风机时,应将它们安装在地压较小、巷道周壁无裂缝的位置,同时还应密切注意有了这些通风设施以后,是否会使本来稳定且对防火有利的通风网路变为对通风不利。

(5) 采取措施,尽量降低进风风流的温度,其做法有:在总进风道中设置喷雾水幕;利用脉外巷道的吸热作用,降低进风风流的温度。

4. 主要防火措施

(1) 封闭采空区或局部充填隔离防火。这种方法的实质是将可能发生自燃的地区封闭,隔绝空气进入,以防止氧化。对于矿柱的裂缝,一般用泥浆堵塞其入口和出口,而对采空区除堵塞裂缝外,还在通达采空区的巷道口上建立密闭墙。

井下密闭按其作用分为临时的和永久的两种。有用井下片石、块石代替砖的或用砂袋垒砌的加强式密闭墙等。用密闭墙封闭采空区以后,要经常进行检查和观测防火的状况、漏入风量、密闭区内的空气温度与空气成分。由于任何密闭墙都不能绝对严密,因而必须设法降低密闭区的进风侧和回风侧之间的风压差。当发现密闭区内仍有增温现象时,应向其内注入泥浆或其他灭火材料。

(2) 黄泥注浆防灭火。向可能发生和已经发生内因火灾的采空区注入泥浆是一个主要的有效预防和扑灭内因火灾的方法。泥浆中的泥土沉降下来,填充注浆区的空隙,嵌入缝隙中并且包裹矿岩和木料碎块,水过滤出来。这一方法的防火作用在于隔断了矿岩、木料同空气的接触,防止氧化;加强了采空区密闭的严密性,减少漏风;如果矿岩已经自热或自燃,泥浆也起冷却作用,降低密闭区内的温度,阻止自燃过程的继续发展。

(3) 阻化剂防灭火。阻化剂防灭火是采用一种或几种物质的溶液或乳浊液喷洒在矿柱、矿堆上或注入采空区等易于自燃或已经自燃的地点,降低硫化矿石的氧化能力,抑制氧化过程。这种方法对缺土、缺水矿区的防灭火有重要的现实意义。

阻化剂溶液的防灭火作用是阻化剂吸附于硫化矿石的表面形成稳定的抗氧化的保护膜,降低硫化矿石的吸氧能力,溶液蒸发吸热降温,降低硫化矿石的氧化活性。

常用的阻化剂有氯化钙、氯化镁、熟石灰[$Ca(OH)_2$]、卤粉、膨润土及水玻璃(硅酸钠)、磷酸盐等无机物,以及某些有机工业的废液,如碱性纸浆废液、炼镁废液、石油副产品的碱乳浊液等。根据现场试验证明,当矿石温度大于60℃时,用20%的氮化钙溶液处理,技术经济效果较为理想;在局部明火区,则以浓度为50%的氮化钙溶液进行处理,效果较好。

为了提高阻化剂溶液的阻化效果,可加入少量湿润剂。湿润剂最好选用其本身就有阻化作用的表面活性物质,如脂肪族氨基磺酸铵或氯化钙等。

本法与黄泥注浆相比,具有工艺系统简单、投资少、耗水量少等优点。但是某些阻化剂(氯化钙、氯化镁)溶液一旦失去水分,就不能起到阻止氧化的作用,且氯化物溶液对金属有一定的腐蚀作用。

五、矿山火灾救援

(一)外因火灾的扑灭

无论发生在矿山地面还是井下的火灾,都应立即采取一切可能的方法直接扑灭并同时报告消防、救护组织,以减少人员伤亡和财产损失。对于井下外因火灾,要依照矿井防火计划,首先将人员撤离危险区,并组织人员,利用现场的一切工具和器材及时灭火。要有防止风流自然反向和有毒、有害气体蔓延的措施。扑灭井下火灾的方法主要有直接灭火法、隔绝灭火法和联合灭火法。

1. 直接灭火法

用水、化学灭火器、砂子或岩粉、泡沫剂、惰性气体等直接在燃烧区域及其附近灭火,以便在火灾初起时迅速地扑灭。在矿山,可以利用消防水管、橡胶水管、喷雾器和水枪等进行灭火。

2. 隔绝灭火法

当井下火灾不能用直接灭火法扑灭时,必须迅速封闭火区,切断氧气供给。经过一段时间以后,由于火区氧气消耗殆尽,火灾最终熄灭。封闭火区的工作必须由矿山总工程师负责领导。为了有效地切断氧气供给,应在通往火区的所有巷道内构筑防火墙,并且堵住一切可能的漏风通道。封闭火区时,在确保安全的前提下应尽量缩小封闭火区的范围,并必须指定专人检查瓦斯、氧气、一氧化碳、煤尘以及其他有害气体和风流的变化,采取防止瓦斯、煤尘爆炸和人员中毒的安全措施。

3. 联合灭火法

联合灭火法即在封闭火区后再辅以其他灭火措施,如灌浆或灌惰性气体和调节风压法等。火区范围大且火源位置不太确切时,应对整个火区灌注大量泥浆。火区范围小且火源位置已准确掌握时,就可在火源附近打钻注浆。用惰性气体灭火,就是向火区输送二氧化碳、氮气等惰性气体或炉烟,以降低火区内的氧气含量,增加密闭区的气压,减少漏风,从而加速火灾的熄灭。调节风压法灭火,其实质是调节火区进风侧、回风侧密闭之间的风压差,减少向火区的漏风,加速灭火。

(二)内因火灾的扑灭

扑灭矿井内因火灾的方法可分为四大类:直接灭火法、隔绝灭火法、联合灭火法、均压灭火法。

1. 直接灭火法

直接灭火法是指用灭火器材在火源附近直接进行灭火，是一种积极的方法。直接灭火法一般可以采用水或其他化学灭火剂、泡沫剂、惰性气体等，或是挖除火源。

用水灭火时必须注意，保证供给充足的灭火用水，同时还应使水及时排出，勿让高温水流到邻区而促进相邻区的矿岩氧化；保证灭火区的正常通风，将火灾气体和蒸气排到回风道去，同时还应随时检测火区附近的空气成分；火势较猛时，先将水流射往火源外围，逐渐通向火源中心。对于范围较小的火灾也可以采用化学药剂等其他的灭火方法直接灭火。挖除火源是将燃烧物从火源地取出立即浇水冷却爆灭，这是消灭火灾最彻底的方法。但是这种方法只有在火灾刚刚开始尚未出现明火或出现明火的范围较小，人员可以接近时才能使用。

2. 隔绝灭火法

隔绝灭火法是在通往火区的所有巷道内建筑密闭墙，并用黄土、灰浆等材料堵塞巷道壁上的裂缝，填平地面塌陷区的裂隙以阻止空气进入火源，从而使火因缺氧而熄灭。绝对不透风的密闭墙是没有的，因此若单独使用隔绝法，则往往会拖延灭火时间，较难达到彻底灭火的目的。只有在不可能用直接灭火法或者没有联合灭火法所需的设备时，才用密闭墙隔绝火区作为独立的灭火方法。

3. 联合灭火法

当井下发生火灾不能用直接灭火法消灭时，一般均采用联合灭火法。此方法就是先用密闭墙将火区密闭后，再向火区注入泥浆或其他灭火材料。注浆方法在我国使用较多，灭火效果很好。

4. 均压灭火法

均压灭火法的实质是设置调压装置或调整通风系统，以降低漏风通道两端的风压差，减少漏风量，使火区缺氧而达到熄灭火源的目的。用调压装置调节风压的具体做法有风窗调压、局扇调压、风窗-局扇联合调压等。

第二节 地铁建设施工与运营类企业

一、地铁火灾危险性及特点

地铁内电气线路负荷量大，电动机车负荷也很大。电器及线路老化、漏电、短路，是地铁常见的火灾原因之一。

地铁作为重要交通工具，客流量大，旅客身份复杂，人为性火灾难以预防；列车上人员集中，发生火灾时，极易造成群死群伤的严重后果。

地铁列车内的车座、车厢、顶棚及其他装饰，大多是可燃材料，在燃烧时会产生大量烟雾、毒气。由于地下供氧不足，燃烧不完全，烟雾浓，发烟量大，加上地铁的出口少，烟雾只能从一两个通风口向外涌出，与地面空气对流速度缓慢，因此，地铁失火时，列车内和车站内容易聚集大量的浓烟毒气。地铁内空间大，如果火灾自动报警系统、自动喷淋消防设施、自动应急照明设备、排烟设备、自动火灾广播设备等不完善，起火时，地下电源可能会自动中断。此时地铁内浓烟弥漫、毒气扩散，而且漆黑一团，势必给安全疏散和消防救援带来诸多困难。

一些国家的地铁火灾表明，地铁主管部门防御火灾的措施如果不当，火灾中就将造成众多旅客的伤亡。

二、地铁火灾原因

世界上最早发生的地铁火灾是 1903 年 8 月 10 日的巴黎地铁火灾。一组满载旅客的列车在运行中发生火灾时扑救不够得力，疏导不畅，有 84 名旅客不幸在地铁中丧生。当时巴黎地铁车厢是用木质进行装修的，车厢内火灾荷载较大。着火后，燃烧迅猛，持续时间较长，这也是造成众多人员伤亡的重要因素之一。

我国最早发生的地铁火灾是在 1969 年 11 月 11 日，北京地铁万寿路站至五棵松站区间，由于电动机车短路引起火灾，死亡 6 人，中毒 200 多人。当时，在消防救援中，火场照明设备不足，防烟滤毒设备缺乏，大大影响救援活动。火灾使站内、列车内电源中断，电灯失去了光亮，烟雾浓、毒气大，伸手不见五指，消防机关已无力独立实施救援，因此调来京西矿山救护队协助，历经 8h，才完成救援任务。

地铁列车运行时速一般不低于 85km/h，如果联络信号失灵，会发生追尾事故。1971 年 12 月，加拿大蒙特利尔地铁车站，一组列车进站时同正在车站停驶的另一组列车追尾相撞，引起电动机车短路诱发火灾，死亡 1 人。

地铁变电站火灾，也会殃及车站。1983 年 8 月 16 日，日本名古屋地铁站因变电所起火后，在地下街和站台 3000m^2 范围内，浓烟滚滚，消防队调动了 37 辆消防车和 3 辆排烟车，在救火过程中 3 名消防队员死亡，3 名救援队员受伤，大火烧了 3 个多小时。

电动扶梯也能引起火灾。1987 年 11 月 8 日，英国伦敦皇十字街地铁站因自动扶梯下面的机房内产生电火花，引燃自动扶梯的润滑油，浓烟沿着楼梯通道四处蔓延，由于行驶列车带动气流以及圆筒状自动扶梯的通风作用，火势越烧越烈，人们争先恐后地冲向出口处，许多人被烧、压、窒息而死。这次火灾使 32 人丧生（包括 1 名消防员），100 多人受伤，地下二层的两座自动扶梯和地下一层的售票厅被烧毁。

电动机车电气短路是最常见的火灾成因之一。1991 年，瑞士苏黎士地铁总站因地铁机车电线短路，发生火灾，司机紧急刹车停下后，与迎面开来的一列地铁火车相撞起火。在这次灭火中，共有 108 名消防队员、15 辆消防车和多种灭火器材投入灭火战斗，还有十几名医生、30多名救护人员、16辆救护车和2架直升机参加了救援工作。火灾中有58人受重伤。

地铁施工也会引起火灾。1995年4月28日,韩国大邱市地铁施工煤气泄漏发生爆炸火灾,死亡103人,受伤230人。

世界上死亡人数最多的地铁火灾为,1995年10月28日阿塞拜疆巴库地铁因地铁机车电路故障发生火灾,由于司机缺乏经验,把列车停在了隧道里,给乘客逃生和救援工作带来困难,加之20世纪60年代生产的车辆使用的大部分材料都是易燃物,燃烧时产生大量有毒气体。这场火灾造成558人死亡,269人受伤。

高山地铁也会引发火灾。2000年11月11日,奥地利萨尔茨堡州基茨施坦霍恩山,一列满载旅客的高山地铁列车在隧道内运行中发生火灾,死亡155人,受伤18人。由于通信指挥信号失控,正当这列上行线列车燃烧时,一列下行线列车驶来,在此相会,车毁人亡。事后调查认定火灾是由列车上的电暖空调过热保护装置失灵引起的。此外该高山地铁运营长度为3800m,海拔3029m,铁轨坡度为45°,是世界上有名的高山地铁。该地铁内安全标准过低,没有火灾自动报警系统,没有安全疏散指示标志和避难间,这也是造成众多人员伤亡的重要因素之一。

三、地铁火灾预防

为了预防地铁发生火灾,需按照以下规范来设计地下铁道:

(1)地铁车站和隧道,都必须采用非燃结构,不许采用可燃性装修。地铁车站应划分防火分区,每个防火分区的面积不得超过$1500m^2$,每个防火分区的安全出口的数量不应少于2个,当其中一个出口被烟火堵住时,人员可由另一个出口疏散。

(2)地铁车站均应设有火灾自动报警系统、自动灭火系统、应急照明系统、排烟系统、火灾应急广播系统和疏散指示标志等。

(3)地铁的控制中心、车站行车值班室、变电室、配电室、通信及信号机房、通风及空调机房、消防泵房、灭火剂钢瓶室等是保证地下铁道正常运转和防火的关键部位。其隔墙和楼板的耐火极限分别应不低于3h和2h,以便在火灾时发挥应有的作用。

(4)地铁隧道内每隔50m就要安装一座消火栓,并设置相应的水带、水枪等。

(5)应设应急照明诱导标志。根据国内外地铁运营中的火灾案例分析,列车在区间隧道发生火灾而又能牵引到车站时,乘客必须在区间隧道下车。为了保障乘客的安全疏散,两条隧道之间应设联络通道,这样可使乘客通过另一条隧道疏散到安全出口,这样通道也可供消防人员救援之用。美国《有轨交通系统标准》规定,这样联络通道的距离为244m。隧道内的电缆,应采用钢铠绝缘电缆,并涂漆保护,预防鼠害。

(6)隧道内油渍、废弃可燃物应及时清除。

(7)地铁列车的装修应采用非燃材料,车厢、车顶、地板均应采用非燃材料,座椅应用阻燃制品,地板胶垫也应当是阻燃的。

(8)地铁机车和列车内电气系统应当保持良好的绝缘性,如有老化现象,应及时更新。

车上的空调设备有过热保护装置,防止高温起火。

(9)在驾驶头车内设置一个"列车火警"按钮,以便向列车运行控制中心发出明确的信息。这样做是为了能快速安排进行紧急通风和迅速防止其他列车进入该地区。

(10)列车操作员通过无线电向列车运行控制中心用标准的、事先编排好的词组和短语提供即时的、简明的口头报告是极其重要的。

(11)发生火灾时,紧急通风扇应尽快被启动。从列车运行控制中心启动风扇会比车站启动更快些。一旦地域性的事故控制站在车站建立,以后的控制就可转交给车站。

四、地铁火灾救援

地铁火灾通常有4种情况:①在列车驾驶头车内着火;②在列车的乘客区域内着火;③在列车车厢外部着火;④在列车车厢顶部着火。在发生以上情况时,需按以下要求及时进行灭火救援行动:

(1)如果火灾发生在刚离开车站或即将到站的时候,司机应该迅速断电,救援人员应开拖车把列车拖到站台,然后迅速开门营救。另一种情况是列车行驶到隧道中央时,这时司机应该立即降下接触受电弓切断外部高压电源,启动列车应急电源,打开列车疏散车门,引导乘客下车顺着轨道向车站撤出。这时车站的救援人员应该开启通风系统紧急模式,将风往人流疏散的反方向吹送,将可能出现的浓烟吹到远离乘客方向一端,并通过通风井排出。

(2)乘客乘车过程中如发现列车某处着火时,应及时按动列车紧急报警按钮,同时取出车厢座椅下的列车备用灭火器进行灭火。司机将根据列车在区间的位置、火势、烟雾的扩散方向,选择疏散方向迅速打开列车疏散门,广播通知乘客进行疏散。乘客听到列车广播后,应立即往疏散方向靠拢,通过疏散门,进入隧道,下车后步行前往车站。

逃生时,乘客应采取低姿势前进,不要深呼吸。可能的情况下用湿衣服或毛巾捂住口鼻,随后采取自救或互救的手段疏散到安全地区。

一组列车通常有6节车厢,可容纳约2000人。乘车时,最好能记住自己上的是第几节车厢。上车后,请观察一下,车厢里的火灾报警按钮在哪里,万一发生火警时,可及时按钮报警。每一个车厢内都有若干个灭火器,设在座席之下,旅客可以力所能及地投入救火行动。每一组列车,为了便于在紧急情况下能快速撤离,在列车前后两头的厢壁上都设置了宽畅的撤离活动梯。遇有列车失火时,乘客可分流使用撤离活动梯疏散。

当乘客乘车时,遇有精神病患者或有人携带易燃危险品时,在下一站停车时,可下车通知车站工作人员,不要与其同乘。

当乘客乘坐的地铁列车失火时,要听从服务人员的引导,千万不要自行在铁轨上行走,因为地铁通有高压电流,对面随时都有列车驶来。在逃生过程中,绝不能盲目乱窜,已逃离地铁的人员不得再返回。万一疏散通道被大火阻断,应尽量想办法延长生存时间,等待消防队员前来救援。

第三节 石油化工类企业

一、石油化工企业火灾危险性及特点

(一)火灾危险性

据统计,目前我国火灾较多,火灾中人员伤亡最多的工业企业是石油化工企业,是甲类、乙类生产企业。其火灾危险性,除表现在原料、中间产品及产品的易燃易爆性外,生产设备和工艺操作过程中也存在较大的火灾危险性。

1. 生产操作过程的火灾危险性

(1)工艺流程复杂带来的火灾危险性。石油化工生产的工艺流程一般都是很复杂的,是由多种生产设备组成的。易燃易爆物料要在设备中经受物理的、化学的反复变化过程,诸如蒸发、气化、冷凝、冷冻、干燥、分离和各种化学反应等。物质在经历状态或性质变化的过程中,必然会增加新的火灾危险因素。

(2)工艺操作参数带来的火灾危险性。多数石油化工生产工艺操作参数的要求条件都比较严格,诸如高温、高压、深冷、真空、浓度接近爆炸极限或在爆炸极限范围内的操作,温度接近自燃点或自燃点温度之上的操作等。位于爆炸极限范围的操作中,遇有点火源便会立即发生爆炸;处于自燃点之上的操作中,且物料泄漏于空气中会立即发生燃烧。高温高压、深冷和真空操作都潜在着较大的火灾危险性。

(3)工艺操作带来的火灾危险性。工艺操作导致的火灾危险因素很多,涉及人、机等诸方面。例如,人对操作部件出现辨识模糊,产生操作失误;操作中对温度、压力、投料速度、投料配比、投料顺序以及物料纯度等参数控制不严或出现差错;人机配合不当,违反安全操作规程和劳动纪律;人为指挥失误或蛮干;人的精神恍惚;等等。

2. 生产设备存在的火灾危险性

生产设备都是由人设计、制造和安装的,很难避免因差错所遗留的设备缺陷,加之运行中的高温可使设备材料老化,腐蚀可使材质损坏,重复性高压或震动可使设备材料发生疲劳或蠕变损坏,低温可造成脆性破裂,降低设备的抗压和密封等性能,从而增大了火灾或爆炸危险性。另外,生产设备包括控制装置在运行中不可避免地会发生这样或那样的故障,必然会导致生产操作系统的不稳定。危险的异常情况若不能得到及时有效的控制,也可造成火灾或爆炸事故。

设备缺陷带来的火灾危险性还在于:操作造成的超温、超压、超负荷或带病运行;维修养

护不当,设备布置过于密集,防火间距不足或隔离措施不当;设备的安全防护装置短缺或发生故障,如安全泄压装置失灵,冷却降温系统发生故障,火灾监测报警系统或联动自动控制系统动作滞后或失误等。

除此之外,紧急故障处置不当,安全防护措施运用不善,火源管理存在漏洞,安全操作规程和有关规章制度不健全,应急处置措施不完善,消防的组织、宣传、教育、训练、责任不落实等,也都是增加石油化工生产过程中火灾危险性的一些因素。

(二)火灾特点

1. 爆炸性火灾多

爆炸引起火灾是石油化工火灾的显著特点。生产中所采用的原料、生产中的中间产物及最终产品,多数具有易燃、易爆的特性。例如,可燃气体或蒸气扩散到空气中,达到其爆炸极限,遇着火源便会立即发生强烈爆炸。例如,1982年3月9日,某县冰片厂因汽油输送中静电发生火灾,造成死亡65人,受伤315人。压力容器若发生超温或超压,当压力达到其耐压强度时,便会发生容器爆炸。爆炸的突发性强,对人员的威胁很大,而且存在连续性爆炸的危险性。例如,1947年4月16日,美国德克萨斯城码头发生硝酸铵化肥爆炸案,570人葬身火海,5km长的大街上,主要建筑物皆被震塌,损失约5000万美元。

2. 易发生大面积流淌性火灾

各种石油化工设备发生爆炸时,易燃液体便会从中急速涌泄而出,瞬间造成大面积流淌状火场。由于其流动扩散快,极短时间内便会形成数千平方米以至数万平方米面积的大火场,造成严重的破坏。

3. 立体性火灾多

由于气体、液体的流动扩散特性,加之厂房建筑的串通性、设备布局的多层立体性,火灾发生后极易形成立体状火灾,可在较大的空间内形成立体状大火场,给火灾扑救工作带来较大困难。例如,某市染料化工厂三车间厂房是3层钢筋水泥结构,里面设有容器管道,内装物料有氯苯、硝基乙苯等。在生产过程中,蒸馏出来的高温氯苯蒸气未完全冷却而泄漏出来遇电灯火花发生爆燃,使二楼的硝基乙苯罐液面计爆裂,大量物料冲出燃烧。由于装置上下梯子3个楼层是相通的,一方面火势向三楼发展,威胁着该楼层的易燃物料的容器,另一方面大量可燃液体向门口流淌,威胁着南侧的车间,很快形成上下立体火灾。

4. 火势蔓延速度快

石油化工企业的生产车间及原料贮存的库区(罐区)是可燃物极为集中的场所,加之易燃液体、可燃气体的燃烧强度大,火焰温度高,辐射热强,流动性好,所以一旦发生火灾,火势蔓延速度都较快,有时还会瞬间造成多点的火灾。

5. 扑救难度大,耗费消防力量多

大面积火灾、立体火灾、多火点火灾以及爆炸性火灾,都要动用大量的消防力量参与扑救,加之火势发展迅猛,辐射热强,设备密集,爆炸危险性极大,某些物质或燃烧产物具有毒性,这些都给火灾扑救工作带来比较大的难度。特别是有些生产装置火灾,并非仅仅依靠消防设备就能灭火,甚至灭火后会造成更大的爆炸危险。

6. 火灾损失大、影响大

石油化工企业是国民经济的骨干企业,不但生产效益高,而且产品还是动力燃料和许多相关企业的重要生产原料。一旦发生火灾,不但会造成本企业的物质损失、设备破坏及人员伤亡,还会影响到相关企业的停产待料,影响其他企业生产。因此,预防石油化工生产火灾,减少火灾损失是一项十分重要的消防安全工作。

二、石油化工企业火灾原因

1. 可燃物料设备发生泄漏

可燃液体具有流动性,可燃气体和蒸气具有扩散性,可燃粉尘在空气中也易扩散、漂浮和沉浮。如果使用、生产、输送和储存这些可燃物的设备、容器和管道密封不好,就会外逸形成跑、冒、漏、滴现象,以至在空气中形成爆炸性混合物。当使用负压条件操作时,如果密封条件不好,空气还会渗入设备内与可燃气体和蒸气形成爆炸性混合物,遇着火源发生爆炸。

2. 控制投料顺序发生错误

在化工生产中,投料顺序的错误也会发生火灾爆炸事故。在一般情况下,当可燃物料与氧化性物料在同一设备内进行混合反应时,应先投可燃性物料,后投氧化性物料,其顺序不可颠倒。例如,氯化氢的合成应先投氢后投氯;三氯化磷的氧化反应先投磷后投氯,因为氯的氧化性很强,后投了还原性强的氢和磷时,极易形成爆炸介质而发生爆炸。

3. 反应系统中有害杂质滞留积累

在反应系统中,一些有害杂质若未清除干净,也许初始无影响,但在物料循环中,可能越积越多,以致形成爆炸危险,最终导致设备的爆炸。如在高压合成甲醇生产中,若氧气存在太多会导致整个系统的爆炸;空气分馏制氧生产中,乙炔、甲烷、一氧化碳、臭氧、油滴、油雾等一旦进入空分装置,就会在装置内积累,当达到危险浓度时即会导致容器装置的爆炸。

4. 可燃废物料的随意排放

在化工生产中排放的各种废物料内往往含有可燃物,如果不采取任何措施,随便排入下

水道,很容易造成着火和爆炸事故。如将苯、汽油等可燃有机溶剂排入下水道,由于这类有机溶剂在水中的溶解度小,且都比水轻,与空气接触后,其蒸气就会在水中气化出来,在所经过的水面上就会形成一层易燃蒸气,在阳光照射和气压较低时,这种混合蒸气便可能着火和爆炸。

5. 火星及明火的产生

火星主要由铁质工具互相碰撞或与混凝土构件、地坪撞击产生,由铁质导管或铁桶爆裂时迸出,由铁、石等硬性杂质混入粉碎机、研磨机、反应器等设备内撞击产生,如随意抛弃、拖拉、滚动、甩打盛装有易燃易爆危险品的金属容器。明火主要由吸烟不慎、乱丢烟头和未熄灭的火柴余烬棒头、试打火机等产生,如2003年6月11日,沈阳亨瑞溶剂厂的一辆苯槽车在卸苯料时,苯蒸气遇明火发生爆炸。

三、石油化工企业火灾预防

1. 合理选择厂址和布置厂区

由于石油化工企业具有极大的火灾危险性,在进行选址规划时,应同城市居民住宅区保持合理的安全距离。工厂的生活区和生产区、仓储区也要分开。这样做的好处是,万一工厂发生火灾爆炸时,不致殃及居民和员工的生命财产安全,也可预防民宅或员工生活区发生火灾时殃及工厂的安全。

2. 注意建筑物的朝向及体量

在相同距离、相同爆炸冲击波的作用下,承受冲击波的面积愈大,所受到的爆炸冲击波的压力就愈大;在相同建筑结构条件下,所受到的冲击压力愈大,破坏就愈严重。因此,在易燃易爆生产区域内,要考虑建筑物的朝向及体量。为保证发生意外时建筑物不被冲击波冲垮,在满足生产要求的前提下,建筑物宜小不宜大,尤其不宜建造高大建筑物。有爆炸危险的厂房正面不宜朝向人流较多的马路和人员集中场所。

3. 建筑物的耐火等级

甲类、乙类生产厂房建筑的耐火等级应分别为一级、二级,即主体结构均应采用钢筋混凝土结构,而除生产必须采用多层者外,宜采用单层。单层甲类生产厂房防火分区最大允许占地面积不得超过 $4000m^2$,多层厂房防火分区最大允许占地面积不得超过 $300m^2$。厂房附设有化学易燃物品的室外设备时,其室外设备外壁与相邻厂房室外附设设备外壁之间的防火间距不应小于10m。设置防火间距是厂(库)区总平面防火设计的一个重要措施,各建筑物、构筑物间的防火间距可按有关防火规范确定。

4. 厂房要防爆泄压

有爆炸危险的甲类、乙类厂房,宜独立设置,并宜采用敞开式或半敞开式的厂房。

有爆炸危险的甲类、乙类厂房,宜采用钢筋混凝土柱、钢柱承重的框架结构或排架结构,钢柱宜采用防火保护层。

有爆炸危险的甲类、乙类厂房,应设置必要的泄压设施,泄压设施宜采用轻质屋盖作为泄压面,易于泄压的门、窗、轻质墙体也可作为泄压面。作为泄压面的轻质屋盖和轻质墙体的每平方米质量不宜超过120kg。泄压面的设置应避开人员集中的场所和主要交通道路,并宜靠近容易发生爆炸的部位。

散发较空气轻的可燃气体、可燃蒸气的甲类厂房,宜采用全部或局部轻质屋盖作为泄压设施。顶棚应尽量平整,避免死角,厂房上部空间通风良好。

凡能散发较空气重的可燃气体、可燃蒸气的甲类厂房以及有粉尘、纤维爆炸危险的乙类厂房,应采用不发火花的地面。如采用绝缘材料作整体面层时,应采用防静电措施。地面下不宜设地沟,如必须设置时,其盖板应严密,并采用非燃烧材料,紧密填实。与相邻厂房连通处,应采用非燃烧材料密封。

5. 石油化工设备的防爆泄压装置

石油化工生产采用的增压设备,均需安装防爆泄压装置。防爆泄压装置主要有安全阀、防爆片、防爆帽、易熔塞、放空管等。

1)安全阀

安全阀为阀式泄压装置,按其结构和作用原理可分为静重式、杠杆式和弹簧式等。要求下列设备必须安装安全阀:①在生产中有可能因物料的化学反应使其内压增加的容器、设备。②盛装液化气的容器、设备。③压力来源处没有压力泄放和压力表的容器、设备。④最高工作压力小于压力来源处压力的容器、设备。

安全阀的开启压力不得超过容器设计压力,一般按设备操作压力的1.1~1.5倍进行调整。安全阀的排气能力必须大于容器的安全泄放量。

2)防爆片

防爆片也称爆破片。当设备内的工作介质由于黏度大、有腐蚀性、有毒或易结晶、聚合等原因而不适于设置安全阀时,则要以防爆片替代,或采用防爆片与安全阀共享的重叠式结构。操作压力较小的设备,可采用石棉板、塑料板、橡胶板等材料作为防爆片;操作压力较高的设备,应采用铝板、铜板等材料制作的防爆片。防爆片的爆破压力不得超过容器的设计压力,一般按1.25倍操作压力以内考虑。对于易燃或有毒介质的容器,防爆片的排放口应设导爆筒(放空导管),并引至安全地点。防爆片应每年更换一次,超压变形而未爆者应立即更换。

3)防爆帽和易熔塞

防爆帽和易熔塞的安全泄放量都比较小。防爆帽主要安装在各类压缩气体钢瓶上。易熔塞则安装在由于温度升高而发生爆炸危险的小型压力容器上。二者通常为一次性使用组件。

4）防爆门（窗）

防爆门（窗）通常设置在燃油、燃气和燃烧煤粉的燃烧室外壁上，以防燃烧室发生爆燃或爆炸时设备遭到破坏。防爆门（窗）的面积一般不小于 $0.025m^2$。防爆门（窗）宜设置在不易伤人的位置，其高度最好不小于 2m。

5）排气管

一般可燃气体、可燃液体的生产设备、输送管道均应设置排气管；含有可燃气体、可燃液体的下水管道的水封井及最高处的检查井上部也应设置排气管。排气管的管径不宜小于100mm；排气管出口应高出地面2.5m以上，且排气管端3m半径范围内不许存在操作平台、空气冷却器等；距明火、散发火花地点应有15m以上的安全距离；排放后可能立即燃烧的可燃气体，应经冷却后再送入排气管；排放后可能携带液滴的可燃气体，应经分液罐分液后送入放空系统或火炬；安全阀、防爆片等大量泄放可燃气体的排气管，应接至火炬系统或密闭放空系统。

6. 预防石油化工危险品跑、冒、滴、漏的措施

在以往发生的石油化工火灾中，跑料、溢料和冲料引起的居多，主要是操作者责任心不强、出现错误操作或失误操作造成的。因此，严格实施操作、遵守操作规程、提高责任感和安全操作意识，是预防此类火灾的关键。例如，进料前要对相关阀门进行确认检查，防止开错进料阀。进料中要密切注意液位情况，并及时调节和关闭阀门。

在反应中为防止产生泡沫引起的溢料事故，可在搅拌轴上加装打泡器或加入消泡剂加以预防，还要以严格控制投料量和升温速度加以避免。

操作者要加强对设备的保护和维修，在发现设备有严重的缺陷和老化现象已构成火灾隐患时，应及时向厂方领导反映，请求予以更新。必要时，也可向公安消防机关和劳动监督机关举报。

7. 预防粉尘爆炸的措施

当可燃性粉尘或可燃性液体雾滴分散于空气等助燃性气体中，浓度达到爆炸极限范围时，遇火源即会产生爆炸。能够发生粉尘爆炸的金属粉尘有镁粉、铝粉和锌粉等。能发生粉尘爆炸的物质还有煤粉、赤磷粉、硫粉等可燃性粉尘以及各种可燃液体的雾滴。

发生粉尘爆炸的条件，一是粉尘必须悬浮于助燃气体中，而且进入爆炸极限范围；二是必须同时存在能够引燃的点火源。

在生产实践中，人们经过多次粉尘爆炸事故的教训之后，逐渐地摸索出一整套预防粉尘爆炸的措施：一是控制粉尘，防止飞扬；二是控制和消除一切引火源。

（1）控制粉尘。尽可能地减少粉尘的产生量，防止悬浮在空气中的粉尘达到该粉尘的最低爆炸浓度，这是最积极的也是最基本的预防措施。方法是：设备力求具有良好的密闭性能,不让粉尘飞逸出来;安装有效的吸风除尘系统,把粉尘吸到集尘室集中处理;吸风除尘系统必须安装防爆门,确保安全;加强通风排尘,也可以降低粉尘的浓度;加强清扫工作,及时清除墙壁、顶棚等建筑物上和机器设备、照明灯具上的粉尘。

水对粉尘爆炸有多方面的影响,因而可以利用水来控制粉尘飞扬。在某些产生粉尘的地方,可用喷雾的办法将空气的相对湿度提高到65%以上,除可减少粉尘飞扬外,还因为水分子能大量吸收粉尘氧化产生的热量,增加空气和粉尘的导电能力而减少静电。

(2)控制氧气的含量。在研磨机内先充进一定量的惰性气体,如氮气,使氧气的含量减少。如研磨硫磺粉,在设备内先充灌规定比例的氮气,爆炸就根本不可能发生。

(3)控制引燃粉尘的热源。这也是预防粉尘爆炸的一项主要措施。凡是产生可燃粉尘的车间、工作面,应列为禁火区,禁止吸烟,严禁明火作业。有可燃粉尘产生的场所,电机须用封闭式的,其他的电器、仪表和照明灯具均为防尘型;研磨的物质在进入研磨机前,必须经过筛选、去石和吸铁(磁选)处理,不能让石块、金属杂质进入研磨机内,以免撞击产生火花;轴承要经常检查,保持油路畅通,以免过热;还要防止静电放电,机器设备应有良好接地,以导除静电;传动皮带尽量采用导电较好的三角皮带,要松紧适宜,防止打滑;严格控制粉状物质在管道、皮带上的传送速度。

8. 防止产生电气火花

在以往的石油化工企业火灾爆炸案例中,由于电弧、电火花、电热或漏电造成的为数甚多。因此,必须根据火灾和爆炸危险场所的区域等级和爆炸性物质的性质,对厂房或库房内的电气动力设备、仪器仪表、照明装置和电气线路等分别采用防爆封闭、隔离等措施,以使各种电气设备能在有火灾爆炸危险的场所安全地运行。

四、石油化工企业火灾救援

1. 关阀断料,堵导并用

石油化工装置生产的连续性很强,一处着火牵动整个生产系统,火势随着物料的源源补给而旺盛不熄。物料流动的蔓延扩展、燃烧的猛烈程度、火情的发展态势以及火灾的扑救时间都由物料泄漏量或流出量的多少决定。因此,处置石油化工装置火灾,控制火势发展的最基本措施就是关阀断料。在实施关阀断料时,要选择离燃烧点最近的阀门予以关闭。

对于暂时没有起火的气体、液体泄漏要积极进行堵漏及导流措施。根据泄漏点的不同部位、孔洞形状、压力大小选择相应的堵漏器材实施堵漏,同时要用喷雾水驱散和稀释漏出的物质。若无法实施堵漏时,应采取导流措施,将着火或受到火势威胁的储罐内的物料导入安全储罐中。

2. 抢救生命,科学施救

先爆炸后燃烧,燃烧爆炸交融容易造成人员伤亡,这是石油化工装置火灾的一大特点。

装置发生火灾后,很有可能会危及操作人员。因此,救援人员到场后,应把组织强大水流掩护进攻、深入火场内部开辟救人通道、抢救受伤人员和疏散被围困人员作为战斗行动之重点。根据伤亡和受到火势围困人员的数量,组织若干救人小组,明确任务分工和人员分工,按照指定的途径和部位实施救人。由于爆炸会产生巨大的冲击波和瞬间的推吸作用,极易造成设备、建筑倒塌,搜寻遇难人员时,应在爆炸波及范围内及倒塌的设备、建筑下仔细进行,防止遗漏。如广西广维化工股份有限公司有机厂发生生产爆炸火灾事故中,爆炸造成有机厂生产区厂房坍塌,救援人员组成几个救人小组,在第一时间内积极搜救遇险人员,共搜救出 6 名生还者。

3. 积极冷却,保护重点,控而不灭

石油化工装置发生火灾时,冷却控制是防止火情恶化的关键。燃烧区内的设备、管道不断增压,当压力超过设备、管道的耐压极限时,即发生物理性爆炸。与此同时,由于金属设备在火焰直接作用或辐射热作用下,壁温升高,机械强度下降。当机械强度下降到一定程度,设备、管道就会变形破裂发生蒸气爆炸,紧接着发生化学性爆炸,有时还会引起连锁反应,使邻近设备发生爆炸。在石油化工装置火场上,公安消防部队到达后,火场上可能有许多设备受到火势的威胁,到场指挥员应分清轻重缓急,正确确定火场的主要方面和主攻方向。对受火势威胁最严重的设备应采取重点突破,冷却防爆炸措施,以消除影响火场全局的主要威胁。

在对各种设备冷却的过程中,不同状态下的设备可采取不同的处理方法。对受火势威胁的高大的塔、釜、反应器应分层次布置水枪(炮)阵地,充分利用高喷车、移动炮、屏封水枪、无后座力多功能水枪等从上往下均匀冷却,防止上部或中部出现冷却断层。此外,在冷却设备与容器的同时,还应注意对受火势威胁的框架结构、设备装置承重构件的冷却保护,防止变形坍塌。

在不能有效制止易燃易爆气体泄漏的情况下,严禁将正在燃烧的储罐、管线、槽车泄漏处的火势扑灭。如果扑灭,易燃易爆气体将从储罐、管线、槽车等泄漏处继续泄漏,遇到点火源就会发生复燃复爆,造成更为严重的危害,要采取控而不灭的措施控制其稳定燃烧至物料耗尽为止或等待增援彻底扑灭。

4. 筑堤堵截,充分回收,防止污染

在扑救石油化工火灾中,火场会产生混有大量有毒有害物质的灭火流淌水,要组织人员筑堤堵截,防止其任意流淌;可在现场开挖水池,将灭火流淌水引入水池;及时组织着火单位人员首先关闭雨水排放口通向水体的闸阀,未设置闸阀的应用泥沙袋封堵,再将灭火流淌水导流至污水池,由污水处理厂处理;还可使用活性炭等吸附性较强的物质筑成拦污坝,防止随意流淌造成水体和环境污染。如 2005 年 11 月 13 日,吉林双苯厂爆炸造成松花江江面上形成一条长达 80km 的污染带,并导致哈尔滨市停水数天。

第四节　工民建筑与道路桥梁施工类企业

一、工民建筑与道路桥梁施工现场火灾危险性及特点

（一）火灾危险性

1. 可燃性临时建筑多

一般建筑工程、市政工程、铁路工程、水利工程等，工期都不会很长，组织施工者常会因陋就简，支搭可燃性工棚用于施工作业、工人集会和寄宿。因为这些工棚的耐火等级偏低，而工人的受教育程度不高，对可能造成的安全问题不了解、不重视，所以容易发生火灾。

2. 可燃性建筑材料多

除了传统的木材、油毡等可燃性建材之外，还有许多工人不太熟悉的可燃材料，诸如聚苯乙烯泡沫塑料板、聚氨酯软质海绵、玻璃钢等。对于木材一类的建筑材料，工人们都深知其易着火的特性，但对于后者的燃烧性能则了解不多，常常会引起火灾。例如，2000年12月25日，洛阳市东都商厦工程改造施工时，电焊工在作业时，将火花熔渣掉在下方的沙发上引起火灾。沙发中有聚氨酯软质海绵，燃烧时产生大量的浓烟和毒气，致使309人死亡。

3. 临时电气线路多

随着建筑施工手段的现代化、机械化，许多施工作业都离不开电。卷扬机、起重机、搅拌机、对焊机、电焊机、聚光灯塔等都是大功率电气设备，其电源线的敷设大多是临时性的，电气绝缘层容易磨损，电气负荷容易超载。而且这些电气设备多是露天设置的，易使绝缘材料老化漏电或遭受雷击，造成火灾。

4. 涉及工种较多

建筑工程等虽然施工工期较短，但施工过程中往往要涉及许多个工种，工人的流动性也大，有时候不同的工种要在同一时间内进行交叉作业以及轮流作业等，具有极大的火灾隐患。例如电焊作业同时有木工作业，油漆作业同时有用火作业。当火源同可燃物接触时，就会发生火灾。1999年1月20日，某市第二建筑工程公司二分公司承建的天津益商集团储运中心工地是一幢6层的仓储大楼，由于电焊工在楼上作业时引燃下方的可燃物酿成火灾，造成16人死亡。类似这种原因引起的火灾，国内外屡见不鲜。韩国釜山冷库兴建时，在第6层电焊时引燃下方的聚氨酯软质海绵等可燃材料酿成火灾，死亡21人，受伤16人。

5. 装修过程险情多

施工收尾前的装修阶段,或者工程竣工后的维护过程,因为场地狭小,操作不便,建筑物的隐蔽部位较多。如果在用火、用电、喷涂油漆等时不加小心,就会酿成火灾。1972 年 3 月 15 日,某市房修二公司在北京饭店装修时,几名油漆工在客房内进行脱漆作业,用钢丝棉擦拭墙壁时,导致墙壁上电源插座短路失火,造成数人死伤。2000 年 10 月 26 日,某工程队在北京协和医院北楼进行装修时,电焊作业不慎引燃了地下室的聚氨酯海绵物料引起火灾,造成 2 人死亡,6 人受伤。

施工现场火灾危险性最大的作业是电焊、气焊、喷涂油漆、电气安装、化胶、熔铅、熬沥青等。最常见的火灾原因是电气焊工、油漆工、电工违章作业等。不常见的火灾原因是生石灰遇水生热引燃可燃材料起火、锯末及浸油物体自燃、雷击、放火等。

(二) 火灾特点

(1) 火势蔓延迅速。原因是:①由于建筑工地易燃的建筑多,而且往往相互连接,缺乏应有的防火距离,所以一旦起火,尤其遇到大风,蔓延非常迅速。②公共建筑、轻工厂房的室内高级装饰工程,使用的材料大部分都是木材、胶合板、树脂板、绝缘质泡沫等易燃材料,一旦起火,蔓延相当迅速,有的甚至产生有毒气体,使火灾不易扑救。③建筑工程的脚手架的围护物也大多为可燃材料,混凝土浇注也有采用木制模板,尤其是冬季施工采用的保温材料,都是些草袋、草垫、席子、稻壳等易燃材料,一旦起火,蔓延迅速。

(2) 开放孔洞多,易形成立体燃烧。施工现场未封堵的竖向管道易形成"烟囱"效应,加速烟、火蔓延。施工中的建筑内部都未进行内部装修,无消防措施,内部也未进行防火分隔,一旦发生火灾,烟火通过开放的孔、洞、门、窗口上下左右乱窜,可形成立体火灾。另外高层建筑工地受外部风力作用影响大,会加剧火势蔓延。

(3) 疏散困难,易造成人员伤亡。大型建筑工地现场施工人员多,工人素质参差不齐,着火后高温浓烟充满建筑内,能见度低,施工人员产生恐慌心理,增加了安全疏散难度,加上施工现场有大量的未封堵的孔洞,发生火灾后,烟火蔓延迅速,人员疏散逃生途径少,极易造成人员伤亡。施工现场建筑材料乱堆乱放,消防人员稍有不慎极易被扎伤、砸伤和摔伤。

(4) 烟雾浓大,有毒有害气体多。新建建筑特别是即将竣工的高层建筑和公共娱乐场所,隔音、保温材料用量大,多采用聚氯乙烯、聚苯乙烯、聚氨酯泡沫塑料等。此类材料燃点极低、阻燃性差,氧指数一般为 19~30,是易燃可燃材料,遇明火或电气线路短路立即燃烧。燃烧时会产生大量有毒或有刺激性的气体,如氯化氢、光气、氰化氢等。

(5) 缺少消防水源与通道,灭火比较困难。一般工地往往只有临时消防水源,且有时由于工期延误,受季节变化影响,一到冬季结冰,不能保证供水。有的基建工地、施工现场设有围墙、刺网等,甚至有的工地正处在暖气外线施工阶段,现场内挖掘很多基坑和沟道,使消防车难于接近火场,妨碍灭火的展开。

(6) 受灾建筑物破坏快,倒塌迅速。正在施工中的建筑结构强度往往未达到设计要求,完整性差,所以一旦起火,破坏倒塌是很迅速的。

(7)大部分建筑工程施工工地和厂房、民宅互相连接,火灾的因素也相互影响,一旦工地起火,很容易波及到周围的环境。周围建筑起火也会影响到建筑工地。

(8)环境复杂,火灾扑救难度大。冷库或高级、尖端设备的房间设有夹墙,夹墙保温层一般采用稻壳、软木板、油毡、聚苯乙烯泡沫等材料。夹墙内发生火灾,烟雾大,火源不易查找,施救难度大。彩钢板建筑采用可燃夹芯材料,着火后燃烧产生大量浓烟和毒气,影响视线,消防人员不易观察到火点,水枪射流和灭火器药剂难以喷射到着火部位,灭火药剂使用效率差。施工现场未按要求设置临时消防设施和消防用水,初期火灾控制难度大。

二、工民建筑与道路桥梁施工现场火灾原因

(1)建筑工地人员混杂,流动性强,人员安全意识淡薄。大多数建筑工地的人员文化程度低,基本上没有经过消防知识培训,缺乏消防知识,安全意识差,不懂国家法律法规,技术单一,顾此失彼现象严重,这都是导致火灾事故频发的重要因素。

(2)电气线路过负荷、短路和接触电阻过大引起可燃、易燃材料起火。主要是施工人员随意乱拉临时用电线路,电器开关和配电箱电阻过大,电气线路、线径与用电负荷不匹配,用铜丝、铁丝代替保险丝,电线接头处理不当而引发火灾。

(3)建筑工地做饭、冬季取暖、进行电气焊切割、防水烤沥青、明火焰大量存在,加之图方便,临时乱接乱拉电气线路在建筑工地司空见惯,由此产生的线路短路、超负荷现象一旦遇到合适环境就会形成火灾。

(4)电焊违章操作。在建筑工地,许多地方都需要电焊作业,由于大多数电工没有经过专门培训,有的虽然经过培训,但施工中缺乏严格管理,违章作业现象相当普遍,加之建筑工地平面管理混乱,各种可燃物品满地都是,这些可燃物品遇到灼热电焊熔渣极易引起火灾。

(5)生活用火不慎引发火灾。包括食堂做饭时,炉火从烟囱飞出落在可燃棚罩上引发火灾;做饭后炉火未处理好引发火灾;炉火烟囱长期烘烤可燃材料发生火灾。冬季工棚采暖,火炉铁皮烟囱烤燃附近可燃材料发生火灾。

(6)照明用电混乱。施工现场尤其是夜间作业用电照明大多是临时性的,电线布置分散,因此电源线敷设不规范,随意性较大,照明灯具的固定也不稳定,离易燃可燃物较近,极易引起火灾事故。

(7)许多建筑工地由于场地限制,人员住宿、建材存放以及食堂集中在一起,无明显分隔,甚至一些工地存在"三合一",加之管理跟不上,人员素质跟不上,从员工到管理人员大都缺乏最基本的安全知识,这就给火灾的发生提供了条件。

(8)建筑工地大量存放易燃、可燃物质,如各种木料、油漆、油料、沥青、架板,各种装饰材料、复合管材,焊接用的氢气瓶、氧气瓶、乙炔以及生活取暖用的燃料等。这些物质的存在,使建筑工地具备了燃烧产生的一个必备条件——可燃物。

三、工民建筑与道路桥梁施工现场火灾预防

（1）组织好工地的消防安全管理工作。工程开工前，应编制施工组织设计，绘制施工现场平面图，要将施工方法和技术之中的有关消防安全要求考虑进去，开工前15天报当地公安消防机构审核、备案。

总承包单位要对承包的建设工程的消防工作全面负责。按照"谁施工，谁负责"的原则与分包单位逐级签订消防安全责任书，明确其消防责任，并应监督检查分包单位消防安全工作开展落实情况。施工单位要确定一名施工现场防火负责人，全面负责施工现场的消防安全工作，组织制订和审查消防安全方案，落实消防安全管理制度，研究解决火灾隐患，组织宣传教育和防火检查。施工单位的领导人在同施工人员签订劳动合同时，也应对施工人员提出明确的消防安全要求。施工单位应当为施工人员积极创造良好的消防安全环境，以保障施工人员的安全。加强对施工人员的防火宣传教育和培训。建筑工地的施工人员大部分是外来务工人员，防火意识比较淡薄，往往对自己生活、工作环境的安全条件漠不关心。施工单位要针对这些特点，加强管理并进行宣传教育，告知防火安全制度和要求，保证工地和自身的安全。工地主要部位要设警示标志。同时加强对工地管理人员的消防安全培训，提高管理人员消防素质，通过他们来进一步地宣传消防安全知识。施工单位要建立义务消防队，进行教育培训，提高自防自救的能力。

施工现场应根据工程的规模和火灾危险性配备专兼职消防人员，负责日常的消防监督检查工作，协助防火负责人抓好现场防火工作。重点工程和规模较大的工程，要成立施工现场消防保卫组，配备数名专职防火干部，组织培训义务消防组织，制定各个阶段具体的消防安全方案。作业过程中和夜间停工后，应有专人进行防火巡查。施工现场的平面布局应以施工工程为中心，明确划分用火作业区、材料堆放区、仓库区、办公区等区域，各区域之间的防火间距应符合消防技术规范和有关地方法规的要求。

（2）根据实际需要设置消火栓和各种灭火器。各种消防器材应经常保持完好，水枪、水带要经常检查，保持开关灵活、喷嘴畅通，附件齐全无锈蚀；消火栓按室内、室外（地上、地下）的不同要求定期进行检查和及时加注润滑油，冬季采用防冻措施；工地设有火灾探测和自动报警系统时，应由专人管理，保持处于完好状态。高度超过24m的建筑施工项目应设置具有足够扬程的高压水泵和其他消防设施；视需要增设临时水箱，以保证有足够的消防水源。

（3）锅炉房与锻炉房的设置，应同主体工程保持适当的安全距离。烟囱上应安装消烟防尘和火星熄灭装置；禁止在房内堆放其他燃料和燃烧废物；使用可燃液体时，应控制油温，防止液体自燃；锅炉房、锻炉房应用不燃材料修建。

（4）木工作业棚应采用不燃材料搭设。处于刨花、锯末较多部位的电动机应装设防尘罩，电气设备应密封或采用防尘型设备，配电箱下不得堆放物料；防止电线短路、用电设备过载、运行设备漏油和缺油。严禁在作业场所吸烟、生火、烧饭或用明火取暖。

（5）焊割作业点与氧气瓶、电石桶、乙炔发生器的距离不小于10m，与易燃易爆物品的距

离不得小于30m;乙炔发生器与氧气瓶之间距离,在存放时不得小于2m,在使用时不得小于5m;氧气瓶、乙炔发生器等焊割设备上的安全附件应完整有效;作业应有固定地点,如果是临时作业,作业前应办理动火手续,并应备有灭火器,作业后清理作业现场和切断电源、气源。焊割作业"十不烧"是很好的防火经验:①无特种作业人员安全操作证,不得进行焊割作业。②未经办理动火审批手续,不得进行一、二、三级动火范围的焊割作业。③不了解现场周围情况不得进行焊割作业。④不了解焊件内部是否有易燃易爆物时,不得进行焊割作业。⑤装过可燃气体、易燃和有害物质的容器,未经彻底清洗和排除危险之前,不得进行焊割作业。⑥附近有与明火相抵触的工种作业时,不得进行焊割作业。⑦有压力或密闭的管道、容器,不得进行焊割作业。⑧附近的易燃易爆物品未作清理或未采取安全防护措施前,不得进行焊割作业。⑨附近有用可燃材料作保温、隔热、隔音层的设备,在未采取可靠安全措施之前,不得进行焊割作业。⑩与外单位相连的部位,在未弄清有无险情或已知有危险而未采取有效措施之前,不得进行焊割作业。

在冷库或玻璃钢冷却塔或球形贮罐内进行焊割作业时,应当格外小心,因为冷库的四壁几乎都是可燃的保温隔热材料(普通玻璃钢也是可燃性塑料),球形贮罐通常会有残留的可燃气体。在这种情况下,应当严禁携带火种入内,并及时排除库内可燃气体。切割氨冷冻管道前,应清除管内残留物和周围可燃物,再经通氮气清扫后,方可进行切割。玻璃钢冷却塔的安装应在具备不再动火的条件后进行。

(6)油漆喷涂作业现场应通风良好,防止可燃气体同空气混合形成爆炸性混气。作业场所采用防爆型电器设备,严禁火源,禁止与焊割作业同时或同部位上下交叉进行作业。接触涂料、稀释剂的工具应采用防火花型。浸有涂料、稀释剂的破布、棉纱手套和工作服等应及时清除,防止堆放生热自燃。

(7)熬制沥青的锅灶应设置在远离建筑物和易燃材料30m以上的适合地点,禁止设在屋顶、简易工棚内和电气线路下,严禁用汽油或煤油点火,不得用沥青作燃料,需要加煤油稀释沥青时,应待沥青的温度降低以后进行,熬制现场应配置消防器材。

(8)在地下室施工时,应注意保持出入口通畅,在门窗洞口和通气孔处禁放氧气瓶和乙炔瓶,不用作危险品仓库和存放有毒、易燃物品,应有火灾报警装置。

(9)在雷雨季节施工时,高大的脚手架上、工程上、施工机械上应设置避雷装置;工地的电力线最好从地下埋设入户,高压电力用户应安装避雷器;工地的电力线和通信线路应分别架设,不得交织在一起。

(10)施工工地的材料场、易着火的仓库应设在工地下风方向水源充足和消防车能行驶到的地方;易燃露天仓库四周应有6m宽平坦空地的消防通道,禁止堆放障碍物;贮存量大的易燃仓库应设2个以上的大门,并将堆放区与有明火的生活区、生活辅助区分开布置,至少应保持30m防火距离;有飞火的烟囱应布置在仓库的下风方向;易燃仓库或堆料场与其他建筑物、铁路、道路、高架电线应保持适当的防火距离。易燃仓库和堆场应分组设置堆垛,堆垛之间应有3m宽的消防通道,每个堆垛的面积设置如下:木材(板材)不得大于300m^2,稻草不得大于150m^2,锯木不得大于200m^2。易起火的仓库内应按500m^2分区并设置防火墙。

库存物品应分类、分堆贮存、编号,对危险物品应加强入库检验,易燃易爆物品应使用不发火的工具设备搬运和装卸。库房内防火设施齐全,应分组布置种类适合的灭火器,每组不少于4个,组间距不大于30m,重点防火区应每$25m^2$布置1个灭火器。库房不得兼作加工、办公等其他用途。库房内严禁使用碘钨灯,电气线路和照明应符合安全规定。

易燃材料堆垛应保持通风良好,应经常检查其温度、湿度,防止自燃起火。拖拉机不得进入仓库和料场进行装卸作业;其他车辆进入易燃料场仓库时,应安装符合要求的火星熄灭器。在仓库料场进行吊装作业时,机械设备应符合防火要求,严禁产生火花。装过化学危险品的车辆必须清洗干净后,方允许装运易燃物品。露天油桶堆放场应有醒目的禁火标志和防火防爆措施,润滑油桶应双行并列卧放,桶底相对,桶口朝外,出口向上,轻质油桶应与地面成75°鱼鳞相靠式斜放,各堆之间应保持防火安全距离;各种气瓶均应单独设库存放。

(11)工人住宿的工棚,应当单独设置,其耐火等级应为一级或二级。其防火分区、安全出口、疏散通道等应符合《建筑设计防火规范》的规定。

四、工民建筑与道路桥梁施工现场火灾救援

1. 火情侦察应贯穿始终

各级指挥员要认识到火情侦察的重要性。消防力量到达现场后,要借助先进的技术手段和现场可利用的资源组织侦察人员迅速开展火情侦察。侦察人员要根据火情侦察的方法、内容、要点和不同阶段火情侦察的任务,准确迅速查明火灾现场情况,并根据火场变化及时反馈现场情况,为火灾扑救提供全面的数据信息,为指挥员决策提供更详实的依据。

2. 停车位置应合理选择

许多建筑工程施工现场仅配置有少量的灭火剂和施工水源,根本未按要求设置施工工地临时消防用水和消防设施,临时消防车通道和消防救援场地设置不符合要求,消防车道被占用或堵塞的现象也时有发生,发生火灾若报警不及时,火势处于发展阶段就难以遏制。当执勤消防中队到场后,要迅速找到火势蔓延的主要方向和下风方向,正确地选择消防救援场地,合理地停靠消防车,确保消防队到场后能够集中力量于火场,迅速展开扑救。

3. 救人第一应始终坚持

坚持救人第一,必须结合火场实际,正确决策。灭火力量到场后必须通过询问知情人、派消防员侦察、利用仪器检测和观看现场的监控录像积极寻找被困人员。充分利用现场的设施设备,采用科学的救人途径和合理的救人方法积极抢救被困人员。利用缓降器、救人软梯、安全绳施救时,要充分利用消防竖管、疏散楼梯扶手等进行支点固定。

4. 灭火力量应布置合理

到达现场后,应根据现场实际情况和制定的灭火预案合理部署灭火力量,按照准备展

开、预先展开和全面展开的形式迅速进入作战状态。一线作战人员要带足前沿作战的灭火救援装备、作战需要的防护装备和可利用消防设施配套的灭火器具,合理设置水枪阵地,集中优势力量于火场的主要方面,充分发挥灭火力量的作用,确保灭火战斗的胜利。

5. 火场供水应快速不断

水是最常用的灭火剂,建筑工地发生火灾,应采取消防车直接供水、串联供水、吸水供水、运水供水、传递供水等方式就近占据水源,确保重点,兼顾一般,力争快速不间断。要善于利用建筑工地临时消防设施灭火,及时启动临时消防给水系统,做好消防车与临时消防设施结合,保证火场供水不间断。在火场供水过程中要有指挥员组织供水,要正确运用供水方法,服从火场的整体需要,保证灭火供水不间断。

6. 火场破拆应坚决果断

建筑工地施工现场由于受场地限制,往往平面布置不合理,临时用房、临时设施与在建工程的防火间距不足,临时消防车道不符合要求,发生火灾极易蔓延。应根据火场实际需要,选用科学的破拆方法,选择有效的部位和地带果断对建筑物构件或其他物体进行局部破拆和全部破拆行动。火场破拆时应在水枪掩护下进行,破拆过程中要避免相邻建(构)筑物倒塌发生次生灾害。

7. 火场排烟应科学组织

建筑工地的工棚和建材库房发生火灾时,烟雾浓大,有毒有害气体多。现场必须科学组织火场排烟。一般采用打开门窗自然排烟、破拆屋顶、窗户排烟或利用喷洒灭火剂排烟;对地下建筑工地火灾,在利用门窗、孔洞自然排烟的同时,应考虑机械排烟的方法,可利用移动排烟机排烟,排烟的位置应选择在下风适当地方,使空气形成对流,利于火场排烟。

8. 灭火战术应灵活应用

建设工程施工现场火灾由于火势蔓延途径多,易形成大面积、立体式燃烧,具有火灾突发性、环境复杂性、火势多变性和扑救艰难性。因此,必须坚持救人第一和准确、迅速、集中兵力打歼灭战的战术思想,坚持"先控制,后消灭"的战术原则,根据着火目标的特点、火势、消防力量的具体情况和火场的不同情况灵活应用堵截、夹攻、合击、突破、分割、围歼等基本战术方法。建筑工程施工现场火灾扑救是一项系统工程,在分析建筑工程施工现场火灾危险性、火灾特点和制定火灾扑救措施的同时,日常工作中还应做好建筑工地的调查研究,熟悉建筑工地周围交通道路、水源情况、建筑工地内部平面布局、易发生火灾的部位及情况、建筑工程施工现场火灾处置对策及基本程序,充分利用建筑工地设置的临时消防设施和现场可利用的民用机械设备,统筹协调灭火救援中的各个环节,才能有效扑救建筑工程施工现场火灾,最大限度地降低火灾损失。

第五节　机械加工类企业

一、机械加工企业火灾危险性及特点

机械加工过程是一个十分复杂的生产过程,在生产过程中极易发生火灾。对机械加工中使用较多的润滑油、液压油和煤油等可燃液体使用、保管不当时,容易形成着火源;加工时由于刀具和工件相互作用产生的高温和炽热的铁皮,容易引燃周围易燃、可燃物质;在设备的维护和保养中要使用大量的棉纱,棉纱浸油后如处置不当,也容易引发火灾;机械加工设备多以电力为动力,车间里有较多电线和开关,如其绝缘材料损坏、发生短路等也会导致火灾的发生。

此外,机械制造业还普遍存在如下火灾隐患:建筑物耐火性等级低;消防设施无法投入使用,消防器材严重不足;电气设备、供电线路陈旧老化,增加火灾荷载;使用和储存易燃易爆物品较多。

二、机械加工企业火灾原因

机械加工单位对于机械加工的管理工作并不十分完善,导致机械加工过程中存在众多的安全隐患,严重影响了机械加工工作的顺利进行。火灾是机械加工过程中常见的安全事故,严重影响了机械加工工作的进度和机械加工单位的经济效益。当前机械加工过程中出现的火灾隐患主要原因有以下几个方面。

1. 机械加工工作人员缺乏必要的安全意识

由于机械加工工作中缺乏比较全面的安全教育,导致工作人员的安全意识不高,在实际工作中往往做不到应有的预防,导致火灾问题比较严重。由于机械加工工作中存在一些危险因素,如果缺少必要的安全防范意识,将会造成十分严重的安全事故,影响机械加工工作的进行。由于工作人员缺少必要的安全意识,在实际的工作中往往会忽视一些十分重要的安全生产规范,导致安全隐患增加,增加火灾事故的发生概率。

2. 机械加工过程中缺乏必要的安全防范措施

机械加工过程中采取必要的安全防范措施是十分重要的,但是目前大部分机械加工单位都未能采取有效的机械加工措施,一定程度上造成了安全事故。一方面,在实际的工作中未能设置安全防护措施,比如高温防护等,导致一些设备由于温度过高造成一定的火灾;另一方面,在实际的机械加工工作中未能制订相关的应急预案,导致火灾事故损失严重。由于缺少相对完善的应急预案导致一些突发事故难以得到有效的解决,造成十分严重的事故损失,严重影响了机械加工单位的经济效益。

3. 机械加工过程管理工作对安全工作重视不足

机械加工单位在实际的加工工作中忽视了安全教育工作和安全措施,对于安全管理工作重视不足,导致火灾事故增多,损失严重。在实际的管理工作中并没有把安全管理工作放在突出的位置,导致工作人员对于安全工作重视不足,严重影响了机械加工工作的顺利进行。在机械加工安全管理工作中缺少相对完善的工作制度,工作人员之间的分工并不十分明确,在实际的工作中安全工作未能有效落实,安全隐患逐渐增加,对机械加工工作造成了十分不利的影响。

三、机械加工企业火灾预防

(一)厂房防火设计

1. 建筑防火

1)火灾危险性

机械加工厂房主要有锻造、铸造、切割、冲压、焊接等生产工艺。根据《建筑设计防火规范》,火灾危险性定性为丁、戊类,部分厂房建筑内设有喷涂、铝金属抛光等甲、乙类生产工段或者辐射燃气站,锅炉房、配电房、易燃易爆危险品库房等危险性较大的用房。当火灾危险性较大的生产部分占本层或本防火分区建筑面积的比例小于5%或丁、戊类厂房内的油漆工段小于10%,且发生火灾事故时不足以蔓延至其他部位或火灾危险性较大的生产部分采取了有效的防火措施时,当丁、戊类厂房内的油漆工段采用封闭喷漆工艺,封闭喷漆空间内保持负压、油漆工段设置可燃气体探测报警系统或自动抑爆系统,且油漆工段占所在防火分区建筑面积的比例不大于20%时,其火灾危险性可定性为丁、戊类,否则应按照危险性较大确定。

2)耐火等级

有火花、赤热表面、明火的丁类厂房,其耐火等级不应低于二级,当为建筑面积不大于1000m^2的单层丁类厂房时,可采用三级耐火等级的建筑。二级耐火等级单层、多层丁、戊类厂房(仓库),设置自动灭火系统的单层丙类厂房的梁、柱和屋顶承重构件,设置自动灭火系统的多层丙类厂房的屋顶承重构件可采用无防火保护的金属结构,其中能受到甲、乙、丙类液体或可燃气体火焰影响的部位应采取外包覆不燃材料或其他防火保护措施。

3)防火分区

以丙、丁、戊类厂房为例,厂房的层数和每个防火分区的最大允许建筑面积应符合《建筑设计防火规范》的规定。厂房内设置自动灭火系统时,每个防火分区的最大允许建筑面积可增加1倍。当丁、戊类的地上厂房内设置自动灭火系统时,每个防火分区的最大允许建筑面积不限。

4)特殊功能设置

(1)宿舍设置。根据《建筑设计防火规范》规定,员工宿舍严禁设置在厂房内。

(2)办公设置。办公室、休息室设置在丙类厂房内时,应采用耐火极限不低于2.5h的防火隔墙和1h的楼板与其他部位分隔,并应至少设置1个独立的安全出口。如隔墙上需开设相互连通的门时,应采用乙级防火门。

(3)仓库设置。厂房内设置中间仓库时,应符合下列规定:甲、乙类中间仓库应靠外墙布置,其储量不宜超过1昼夜的需要量;甲、乙、丙类中间仓库应采用防火墙和耐火极限不低于1.5h的不燃性楼板与其他部位分隔;丁、戊类中间仓库应采用耐火极限不低于2h的防火隔墙和1h的楼板与其他部位分隔;仓库的耐火等级和面积应符合规范关于仓库的规定。

(4)丙类储罐设置。厂房内的丙类液体中间储罐应设置在单独房间内,其容量不应大于$5m^3$。设置中间储罐的房间,应采用耐火极限不低于3h的防火隔墙和1.5h的楼板与其他部位分隔,房间门应采用甲级防火门。

5)防火间距

以一、二级耐火等级建筑为例,机械加工车间之间的防火间距一般不应小于10m。当火灾危险性均为戊类时,其间距不应小于8m,与甲类车间不应小于12m,与其他车间不应小于10m;当"U"形或"山"形厂房的占地面积小于每个防火分区最大允许建筑面积时,其两翼车间防火间距可为6m。

6)安全疏散

厂房的安全出口应分散布置。每个防火分区或一个防火分区的每个楼层,其相邻2个安全出口最近边缘之间的水平距离不应小于5m。厂房内每个防火分区或一个防火分区内的每个楼层,其安全出口的数量应经计算确定,且不应少于2个,当符合下列条件时,可设置1个安全出口:丙类厂房,每层建筑面积不大于$250m^2$,且同一时间的作业人数不超过20人;丁、戊类厂房,每层建筑面积不大于$400m^2$,且同一时间的作业人数不超过30人。厂房内任一点至最近安全出口的直线距离应符合《建筑设计防火规范》的规定。

2. 灭火救援设施

(1)消防车道。工厂、仓库区内应设置消防车道。高层厂房,占地面积大于$3000m^2$的丙类厂房应设置环形消防车道,确有困难时,应沿建筑物的两个长边设置消防车道。

(2)救援场地。高层建筑应至少沿一个长边或周边长度的1/4且不小于一个长边长度的底边连续布置消防车登高操作场地,该范围内的裙房进深不应大于4m。

(3)消防电梯。除工作平台上的人数不超过2人的高层塔架和每层建筑面积不大于$50m^2$的丁、戊类厂房,其他建筑高度大于32m且设置电梯的高层厂房(仓库),每个防火分区内宜设置1台消防电梯。

3. 消防设施

(1)室内消火栓。建筑占地面积大于 $300m^2$ 的厂房和仓库应设置室内消火栓给水系统。耐火等级为一、二级且可燃物较少的单层、多层丁、戊类厂房(仓库),耐火等级为三、四级且建筑面积不大于 $3000m^2$ 的丁类厂房,耐火等级为三、四级且建筑面积不大于 $5000m^2$ 的戊类厂房,室内无生产、生活给水管道而室外消防用水取自储水池且建筑面积不大于 $5000m^2$ 的其他建筑可不设置室内消火栓系统,但宜设置消防软管卷盘或轻便消防水龙。

(2)自动灭火系统。占地面积大于 $1500m^2$ 或总建筑面积大于 $3000m^2$ 的单层、多层制鞋、制衣、玩具及电子等类似生产的厂房应设置自动灭火系统。

(3)火灾自动报警系统。任一层建筑面积大于 $1500m^2$ 或总建筑面积大于 $3000m^2$ 的制鞋、制衣、玩具、电子等类似用途的厂房应设置火灾自动报警系统。

(4)防烟设施。防烟楼梯间及其前室、消防电梯间前室或合用前室应设置防烟设施;丙类厂房内建筑面积大于 $3000m^2$ 且经常有人停留或可燃物较多的地上房间,人员或可燃物较多的丙类生产场所,建筑面积大于 $5000m^2$ 的丁类生产车间,高度大于 $32m$ 的高层厂房内长度大于 $20m$ 的疏散走道,以及其他厂房(仓库)内长度大于 $40m$ 的疏散走道,应设置排烟设施。

4. 消防电气

(1)消防电源。室外消防用水量大于 $30L/s$ 的厂房应按二级负荷供电。

(2)消防应急照明。封闭楼梯间、防烟楼梯间及其前室、消防电梯间的前室或合用前室、人员密集的厂房内的生产场所及疏散走道应设置疏散照明。

(3)高层厂房和丙类单层、多层机械加工厂房,应设置灯光疏散指示标志。

5. 特殊工段的防火要求

(1)淬火。淬火工艺中火灾危险性主要在于淬火油着火。淬火油放置于油槽之中,油槽中堆积的工件过多、淬火油循环不良、淬火油进水以及油温控制系统故障是导致淬火油火灾的主要原因。除改进工艺和严守操作规程生产外,建筑防火设计需考虑以面三个方面:一是淬火车间建筑耐火等级应按一、二级考虑;二是应根据淬火油的特性配备灭火级别较高的推车式泡沫灭火器;三是根据淬火油起火烟气较大的特点设置消防排烟设施。

(2)喷涂。喷涂车间火灾危险性的确定主要依据涂料本身的火灾危险性。我国现行的《涂装作业安全规程涂漆工艺安全及其通风净化》(GB 6541—2008)直接引用《建筑设计防火规范》的条文,没有就具体的火灾危险性确定进行列举。在上一版《涂装作业安全规程涂漆工艺安全及其通风净化》(GB 6541—1995)中大致将各种有机溶剂涂料分为甲类,粉末涂料为乙类,水性涂料、乳胶涂料为丙类,虽不严谨,但具有一定的参考意义。喷涂车间消防设计的关键是根据涂料以及有机溶剂的火灾危险性来确定厂房的火灾危险性。在生产过程中,如使用或产生易燃物质的量较少,不足以构成爆炸或火灾危险时,可以按实际情况确定其火灾危险性的类别,但是具体的工艺数据需要进行分析计算。从已经发生的喷涂车间火灾来看,火灾主要发生在未按防爆要求设置的喷涂车间内。有些中小型企业的喷涂车间未能按照《涂装作业安全规程　喷漆室安全技术规定》要求设置喷漆室,不按照具体防爆要求设置防爆设施,加之管理混乱、违章操作等原因导致火灾爆炸事故。

(3)焊接。焊接工段的防火主要在于焊接气体的储存和使用。常见的乙炔、氧气均是甲、乙类危险物品。根据《建筑设计防火规范》,动火部位的建筑构建应达到一、二级耐火等级的要求。此类工段的厂房还应该考虑到危险品的临时储存问题。

(4)抛光。机械加工生产中的抛光工艺的防火设计往往被忽视,昆山中荣金属制品有限公司的爆炸事故给我们敲响了警钟。设计中,设计人员对抛光工艺的火灾危险性认识不足。对于铝、镁铝合金等抛光工艺应该按照乙类的火灾危险性进行设计,配置相应的消防设施器材,并重点进行防爆设计。

(5)镁合金铸造及机加工。镁合金铸造生产包括熔化与精炼、浇注、清理和机加工。其中,镁可能有块状、粉末状、屑状或者熔炼渣等不同形态,防火有其特殊要求。随着国内此类企业愈来愈多,镁合金铸造及机加工工艺之中的火灾将会越来越多。

(6)精密机械制造的洁净厂房。精密机械制造的洁净厂房的防火设计主要依据《建筑设计防火规范》《洁净厂房设计规范》和《电子工业洁净厂房设计规范》规定。

(二)电气防火防爆

1. 机械电气火灾事故发生的原因

电气火灾和爆炸事故在火灾和爆炸事故中占有很大的比例,并逐年上升,火灾和爆炸事故往往导致重大的人身事故和设备事故。电气线路、电动机、油浸电力变压器、开关设备、电灯、电热设备等电气设备,由于其结构、运行各有其特点,火灾和爆炸的危险性和原因也各不相同。但总的来看,除设备缺陷、安装不当等设计和施工方面的原因外,在运行中电流的过热和电火花、电弧是引起火灾和爆炸最为常见的原因。

1)电气设备过热

电气设备过热的主要原因有以下几种:

(1)短路。短路时线路中的电流一般增加几倍至几十倍,急剧产生大量热能,这些热量可使导体的绝缘立即烧穿;如果热能传到周围的可燃物,可引起燃烧。发生短路的原因是设备的绝缘老化或受高温、潮湿、腐蚀作用而失去绝缘能力,或者在电气设备的安装中绝缘受到机械损伤。此外,雷击过电压击穿绝缘以及接线错误、碰壳等都可能造成短路故障。

(2)过载。设计时选用导线和设备不合理或载流超过额定值,都会引起设备过载发热。

(3)接触不良。导线接头连接不牢、活动触头接触不良、铜铝接头电解腐蚀都会导致过热。

(4)铁芯发热。变压器和电动机等设备的绝缘损坏或长时间过电压,涡流损耗和磁滞损耗增加,都会引起变压器和电动机的铁芯发热,从而易出现过热现象。

(5)散热不良。各种电气设备一般都有一定的散热或通风措施,若这些措施受到破坏,就可能造成设备过热。

(6)直接利用电流产生的热量工作的电灯和电炉等电器,若安装场所或使用不当,也可能过热。

2)电火花、电弧

电火花是电极间的击穿放电。电弧是大量的火花汇集成的。一般电火花的温度很高,特别是电弧温度可高达3000~6000℃,因此电火花和电弧不仅能引起可燃物燃烧,还可能使金属熔化、飞溅,构成危险的火源。在有爆炸危险的场所,电火花和电弧更是一个十分危险的因素。电火花可分为工作火花和事故火花。工作火花是指电气设备正常工作时或正常操作过程中产生的火花。事故火花是线路或设备发生故障时出现的火花,以及由外来原因产生的火花,如雷电火花、静电火花、高频感应电火花等。

3)其他出现机械电器过载、过热引起火灾的因素

(1)管理不严、乱拉乱接,容易造成线路或设备过载运行。

(2)设备故障运行造成设备和线路过载,如三相电动机缺一相运行或三相变压器下不对称运行均可能造成过载。

(3)设计选用线路或设备不合理,或没有考虑适当的裕量,以至在正常负载下出现过热。

(4)油断路器断流容量不能满足要求,将引起火灾或爆炸事故。

2. 防止机械电气火灾事故的措施

机械电气设备运行中总是要发热的。稳定运行的机械电气设备,发热与散热是平衡的,其最高温度和最高温升都不会超过其允许范围。但当电气设备的正常运行遭到破坏时,发热量增加,温度升高,在一定条件下就可能引起火灾。

1)正确匹配导线的规格是预防电气火灾的前提和基础

选择符合环境条件的导线型号,才能防止此类电气事故的发生。具体地说,就是要按照机械强度、发热条件、安全载流量、导线绝缘保护等综合因素来选择导线的规格和型号,保证其满足安全用电的需求,杜绝电气火灾的发生。

2)合理的配线方式是预防电气火灾的关键

严格按照环境条件、机械伤害等因素,采取合理安全的配线方式,才能有效地杜绝此类电气火灾的发生。

(1)用于没有机械伤害和远离可燃物处,禁止沿未抹灰的木质天棚及木质墙壁敷设。

(2)铜线穿焊接钢管。

(3)用焊接钢管,可用大于 $2.5m^2$ 的铝线,连接及封端应压接、熔焊和钎焊。

3)导线安装时采取必要的防火保护处理措施是预防电气火灾的重要保障

做好导线安装时防火保护处理工作,具体有以下几种情况:

(1)靠近可燃物的防火处理。据电气致灾过程的原理分析,线路故障产生的能量引起可燃物着火的最小距离为50mm(取决于可燃物着火的难易程度)。所以,导线在安装时必须要根据可燃物的性质和着火程度与其保持足够的安全距离,以防止电气起火。

(2)插座安装的高度要适中(一般在1.8m左右),并要求尽可能地采用通用或专用的分

流导线,以避免故障(如短路起火等)时影响其他供电线路的安全。

(3)直埋配线的防火处理。在墙体内的护套直埋深度不应小于50mm,硬塑料管不应小于30mm,并且要求用水泥浆填充,以增强保护强度。穿金属管的导线,其直埋地下的深度不应小于150mm,只有这样才能避免维修或钉铁钉时伤及导线,引起导线短路等电气故障。

4)搞好特殊部位的布线是预防电气火灾的另一重要条件

合理设置一些必需的安全防护装置,如过流、过压、接地等装置,只有这样才能最大限度地防止此类电气短路火灾事故的发生。

四、机械加工企业火灾救援

(一)机械加工厂火灾应采取措施

1. 查明火情

消防队到场后,应重点查明火区是否有爆炸危险,是否有人被围困,贵重设备受火势的威胁程度。

2. 控制火势,阻止蔓延

当喷漆车间发生火灾时,应在通风排风筒、建筑物的吊顶内外等部位控制蔓延;当热处理车间发生火灾,应在建筑物的吊顶内外等部位控制火势蔓延。建筑物起火后,要及时消灭顶部木构件和钢木屋架的火势或进行冷却,防止建筑物倒塌。

3. 几个重点部位的灭火措施

(1)当铸造车间的熔炼部位起火后,首先要切断重油或煤气、氧气的供给,并针对火情采取不同的灭火方法。

(2)当热处理车间的盐浴池着火时,应采用干粉、二氧化碳扑救,禁止使用水和泡沫扑救。

(3)当金属加工车间发生火灾时,应重点扑灭机床上油品的火灾。

(4)当扑救电镀车间吸尘间发生火灾时,应用开花雾状水覆盖抛光灰,防止灰尘飞扬,传播火种,扩大火势。

(二)扑救电器火灾须知

1. 断电灭火

当电器设备发生火灾或引燃附近可燃物时首先要切断电源。室内发生电器火灾应尽快拉脱总开关,并及时用灭火器材进行扑救。室外的高压输电线路起火时,要及时打电话给变电站或供电所联系切断电源。

断电灭火应注意的事项：

(1)切断电源的位置要选择适当,防止切断电源后影响扑救工作的进行。

(2)切断电源的位置应在电源方向有支持物的附近,防止导线剪断后掉在地上造成接地短路,或触电危险。

(3)剪断电源时,火线和零线应在不同部位剪断,防止发生线路短路。

(4)在拉脱闸刀开关切断电源时,应用绝缘操作杆或带绝缘橡皮手套。因配电间电器发生火灾时,由于受到烟熏,闸刀开关的绝缘强度会降低,加上救火时手湿或出汗等因素,徒手操作时容易发生触电危险。

(5)在切断电动机及磁力开关启动等载荷设备时,应先将电动机用按钮停电后,再拉脱闸刀,防止因带负荷拉闸产生电弧伤人。

2. 带电灭火

带电灭火是指在继续供电情况下的火灾扑救工作。这大多数是在危险情况下,如若等待切断电源后再进行扑救,就会失去战机,扩大危险;或者在切断电源后会严重影响生产和安全的情况下,为了争取时间,迅速有效地控制火势,只能带电灭火,但必须要在保证救火人员的安全前提下才可进行。

带电灭火应注意事项：

(1)带电灭火不能直接用导电的灭火机(如喷射水流、泡沫灭火机等)进行喷射,而要使用不导电的灭火机进行灭火,如二氧化碳、1211、干粉和四氯化碳灭火机等,因这些灭火机绝缘性好,一般的电器火灾均可用它们直接进行带电喷射灭火,但其射程不远,用它灭火不能站得太远;消防人员在带电灭火时除穿好消防服外,还要穿戴好橡皮绝缘手套和绝缘鞋,否则会造成触电事故;只有在特殊情况下,由当职消防员采取安全的防护措施后用特种的灭火器材,才准用水扑救。

(2)要注意周围环境,防止身体(手、足)或使用的消防器材(如火钩、火斧等)直接与带电部分接触或与带电体(尤其是高压电)过分接近,造成触电事故。

(3)要防止跨步电压触电。在灭火中电器设备发生故障,如带电导线断落于地,在局部地区会形成跨步电压,进入这些区域扑救,一定要穿好绝缘靴。

(4)扑救有油的带电电气设备的火灾,如变压器、油开关带电的情况下,应采用干燥黄沙盖住火焰,使火焰熄灭;如储油的容器外面着火,设备没有受到损坏,可用二氧化碳、1211、干粉灭火机扑救,人要站在离带电设备 2m 以外的地方;如果火势较大,对附近电气设备有威胁时,应切断电源,用喷雾水枪扑救;如果没被破坏,喷油燃烧火势很大,也应切断电源,用大量泡沫灭火剂扑救;将喷溢出的油流入事故贮油池,或用隔油的设施阻止油料流淌蔓延,要防止着火油料流入电缆沟。

(5)扑救旋转电机设备的火灾。为了防止设备(如轴、轴承)变形,可用喷雾水扑救,使其均匀冷却;也可用二氧化碳、1211 与干粉灭火;但不能用黄沙扑救,因沙子是硬性物质,落入设备内部会损坏机件,造成不良后果。

第八章 应急救援

安全事故发生后,生产经营单位和相关部门对事故的及时上报和正确全面的调查、分析、处理以及事故发生后的应急救援工作十分重要。这些工作也是贯彻落实"安全第一、预防为主、综合治理"方针,提高生产经营单位和相关部门应对风险和防范事故的能力,保证职工安全健康和公众生命安全,最大限度地减少财产损失、环境损害和社会影响的重要措施。学生在生产实习过程中需了解该企业的应急救援。本章对生产实习可能涉及企业的应急救援组织及管理、应急救援保障系统、应急救援的人力资源需求进行介绍。

第一节 矿山开采类企业

一、应急救援组织及管理

我国政府相继颁布的一系列法律法规和文件,对矿山应急救援体系建设做出了明确规定。2003年2月26日,国家安全生产监督管理局组建了矿山救援指挥中心,使全国矿山救援工作有了一个新的指挥中枢;2006年,国务院颁布了《国家安全生产事故灾难应急预案》,为我国应急救援体系建设奠定了重要的制度基础;2010年,《国务院关于进一步加强企业安全生产工作的通知》指出要建设更加高效的应急救援体系,进一步明确了建设我国矿山应急救援体系的途径和思路,为我国矿山救援体系高起点、高标准、高效率建设提供了保障。至此,我国矿山事故应急救援工作在"安全第一、预防为主、综合治理"的安全生产方针指导下,贯彻统一指挥、分级负责、区域为主、矿山企业自救和社会救援相结合的原则,实行"统一指挥、功能齐全、反应灵敏、运转高效"的应急机制,形成了以政府为主导的国家(区域)、地方和矿山企业三级应急救援格局,国家矿山应急救援体系框架雏形初现。

1. 应急机构

在当地政府事故应急办统一领导下,矿山内部按照各自职责和权限,负责矿山突发事故的应急管理和应急处置工作。各部门和各岗位人员要认真履行安全生产责任主体的职责,建立健全安全生产应急预案和应急工作机制。采用先进技术,充分发挥专家作用,实行科学民主决策。采用先进的救援装备和技术,增强应急救援能力,确保应急救援科学、及时、有效。

2. 责权分配

各部门及职工职责如下。

(1)组长职责:负责宣布应急状态的启动和解除,指挥调动应急组织,调配应急资源,按应急程序组织实施应急抢险。

(2)副组长职责:负责应急状态下各部门之间的协调及信息传递;保障物资供应、交通运输、医疗救护、通信等各项应急措施的落实;执行组长的命令。

(3)抢险抢修组职责:应急状态下,组织设备维修、设备复位,制订安全措施,监督检查安全措施的落实情况。

(4)物资供应组职责:负责应急状态下应急物资的供应保障,如设备零配件、工具、铁锹、水泥、防护用品等。

(5)交通运输组职责:负责交通车辆的保障工作。

(6)安全警戒疏散组职责:负责布置安全警戒,保证现场井然有序;实行交通管制,保证现场道路畅通;加强保卫工作,禁止无关人员、车辆通行;紧急情况下的人员疏散。

(7)医疗救护组职责:负责联系医疗机构;组织救护车辆及医务人员、器材进入指定地点;组织现场抢救伤员。

(8)通信联络协调组职责:负责应急抢险过程中的通信联络,保证通信畅通,负责各小组之间的协调以及与外部机构的联系、协调。

3. 决策指挥

井下煤矿作业环境复杂,在生产过程中往往受到瓦斯、矿尘、火、水、顶板等灾害的威胁。当矿井发生事故后,如何安全、迅速、有效地抢救人员,保护设备,控制和缩小事故影响范围及其危害程度,防止事故扩大,将事故造成的人员伤亡和财产损失降低到最低限度,是救灾工作的关健。任何怠慢和失误,都会造成难以弥补的重大损失。因此,掌握事故处理的原则、方法和技术要领是十分必要的。我国煤矿在重大灾害事故的抢险救灾方面,虽然出色地处理了很多复杂的重大灾害事故,积累了非常丰富的成功经验,但也多次出现灾情扩大的情况,增加了灾害损失。

重大灾害事故发生后,矿长必须立即赶到矿调度室,向上级报告和召请矿山救护队,成立抢救指挥部,及时组织抢险救灾工作。需要特别强调的是,矿长是矿井安全生产的第一责任者,是事故指挥工作的全权指挥者,不能自行放弃对救灾工作的领导权。

4. 恢复总结

事故发生后,对此次事故中存在的问题进行分析,把最大程度地预防和减少矿山突发事故造成的作业人员伤亡作为首要任务,切实加强应急救援人员的安全防护。充分发挥从业人员自我防护的主观能动性,充分发挥专业救援力量的骨干作用。抢救受害人员是应急救援的首要任务,营救受害人员是一大重点。应迅速控制事态,并对事态造成的危害进行评估,确定事故的危害区域、性质及程度,根据具体情况组织撤离或者采取其他措施保护受危害区域内的人员。

二、应急救援保障系统

应急救援技术装备包括调度指挥技术装备、监测监控技术装备、抢险救援技术装备、个体防护装备等,涉及面十分广泛。为保证矿山救灾过程中救护指战员的自身安全和对遇险遇难人员施行人工呼吸急救,矿山救护队必须配备一定数量的氧气呼吸器、自动苏生器、氧气充填泵、氧气呼吸器校验仪、通信器材、冰冷防热服和寻人仪等仪器设备。

煤矿救护队技术装备,是处理煤矿井下各种灾害事故必不可少的救灾工具。它既能保证救护队员在危险、复杂、恶劣的环境中安全地从事应急救援工作,又能通过使用这些装备快速地消除事故,抢救遇险者,使灾害下降到最低程度,尤其是高科技的新装备更能在应急救授中起到事半功倍的作用。目前,我国煤矿救护队配备的技术装备,按其作用可分为自身防护装备、救护检测仪器、救护装备和急救装备四大类。

1. 自身防护装备

救护队自身防护装备主要是指氧气呼吸器。氧气呼吸器主要用于煤矿救护队员在从事救护工作时对其呼吸器官的保护,使之免受有毒、有害气体的伤害,也可用于石油、化工、冶金、地下工程等部门受过专门训练的人员在处理事故中使用。目前我国煤矿救护队使用的氧气呼吸器,以大气压力为基准划分,有负压氧气呼吸器和正压氧气呼吸器两大类。按其功能作用又可划分为工作型和逃生型两种。

2. 救护检测仪器

救护检测仪器主要包括环境气体检测仪器和氧气呼吸器检测仪器两大类。

(1)环境气体检测仪器,包括光学瓦斯检定器、多种气体检定器、KCO-1型一氧化碳检测报警仪、BO-2型便携式灾害气体可爆度测定仪(便携式色谱仪)、KCT型手持式温度遥测仪(红外测温仪)等。

(2)氧气呼吸器检测仪器,包括AJH-3型氧气呼吸器校验仪、ORT-1型氧气呼吸器校验仪、JD-9型电动式呼吸器校验仪等。

3. 救护装备

煤矿救护装备主要包括煤矿灭火装备、起重破碎装置、通信装置和其他救护装置。

(1)煤矿灭火装备,包括DQP-100型惰泡发生装置、BGP-400型煤矿用高倍数泡沫灭火装置、DQP-200型惰泡发生装置、MKY-360型煤矿用二氧化碳发生器(组)。

(2)起重破碎装置,包括液压起重器,液压剪刀,CT3120型剪切、扩展两用钳,HLB型高压起重气垫等。

(3)通信装置,包括PXS-1型声能电话机(灾区电话)、JZ1型救灾电话等。

(4)其他救护装置,包括氧气充填泵、生命(心跳)探测仪、潜水泵、矿灯等。

4. 急救装备

急救装备是煤矿救护队员抢救遇险人员时为保证其呼吸系统的正常工作而使用的设备,包括抢救型负压氧气呼吸器(如AGH-1型、AGH-2型)和自动苏生器(如ASZ-30型)。

矿山救护技术装备是完成抢险救灾、避免矿山救护队自身伤亡的物质基础。推广使用救护新装备、新仪器、新技术对提高矿山救护队战斗力和安全顺利完成抢险救灾任务具有重要意义,也是减少救护装备缺陷造成自身伤亡的物质保证。根据科学技术发展现状,当前要积极推广使用正压全面罩式氧气呼吸器、便携式爆炸三角形测定仪、冰冷抗热服、先进的灾区通信设备、远距离灭火装置等。同时,积极开展矿山救护新装备、新仪器、新技术的科研攻关。创造条件努力将计算机技术应用于矿山救护模拟训练、日常管理和救灾方案的制订,提高我国矿山救护技术水平。

三、应急救援的人力资源需求

1. 救援队伍

矿山应急救援队伍主要分为救护队伍和医疗队伍两部分。救护队伍由区域矿山救援基地、重点矿山救护队和矿山救护队组成,负责矿山灾变事故的救护工作。急救医疗队伍包括国家矿山医疗救护中心、省级矿山医疗救护中心以及矿山企业医疗救护站。

矿山救护队是处理矿井火灾、瓦斯、煤尘、水、顶板等灾害的专业性队伍,是职业性、技术性组织,严格实行军事化管理。实践证明,矿山救护队在预防和处理矿山灾害事故中发挥了重要作用。

矿山救护队接到事故召请电话时,应问清事故地点、类别、通知人姓名,立即发出警报迅速集合队员。必须在接到电话1min内出动;不需乘车出动时,不得超过2min出动,赶到事故矿井。矿井发生重大事故后,必须立即成立抢救指挥部,矿长任总指挥,矿山救护队长为指挥部成员。在处理事故时,矿山救护队长对救护队的行动具体负责、全面指挥。如果有外区域矿山救护队联合作战,应成立矿山救护联合作战部,由事故矿所在区域的救护队长担任总指挥,协调各救护队战斗行动。

处理事故时,应在灾区附近的新鲜风流中选择安全地点设立井下基地。基地指挥由指挥部选派人员担任,由矿山救护队指挥员、待机小队和急救员值班,并设有通往地面指挥部和灾区的电话,有必要的备用救护器材和装备,有明显的灯光标志。根据事故处理情况变化,救护基地可向灾区推移,也可撤离灾区。

1)矿山救护队的组织

根据我国煤矿矿山救护队的特点和煤炭行业的管理职能,原煤炭工业部在煤炭系统建立了军事化救护总队-支队-区域大队-中队-辅助队的救护管理体制。跨省(区)调动,由总队统一指挥;省(区)内调动,由支队统一指挥;区域内调动由大队统一指挥。

2)矿山救护队的任务

(1)救护井下遇险遇难人员。

(2)处理井下火、瓦斯、煤尘、水和顶板等灾害事故。

(3)参加危及井下人员安全的地面灭火工作。

(4)参加排放瓦斯、震动性放炮、启封火区、反风演习和其他需要佩戴氧气呼吸器的安全技术工作。

(5)参加审查矿井灾害预防和处理计划,协助矿井搞好安全和消除事故隐患的工作。

(6)负责辅助救护队的培训和业务领导工作。

(7)协助矿山搞好职工救护知识的教育。

3)矿山救护队进行矿井预防性工作的主要内容

(1)经常深入服务矿井熟悉情况,了解各矿采掘布置、通风系统、保安设能、火区管理运输、防水排水、输配电系统、洒水除尘、消防管路系统及其设备的使用情况;各生产区队(组)的分布情况,机电硐室、火药室、安全出口的所在位置,事故隐患及安全生产动态等。

(2)协助矿井搞好探查古窑、恢复旧巷等需要佩戴氧气呼吸器的安全技术工作。

(3)协助矿井训练井下职工、工程技术人员使用和管理自救器。

(4)宣传党的安全生产方针,协助通风安全部门做好煤矿事故的预防工作。

(5)帮助矿长、总工程师掌握救护仪器使用的基本知识。

2. 应急教育和培训

矿山救护队是处理灾害事故的主力军,指挥员素质高低对救灾成败起着重要作用。指挥员素质包括"安全第一"思想,"遵纪守法、按章救灾"的自觉性,抢险救灾知识的多少,救灾现场操作技能,自主保安能力、互助保安能力、身体素质等。

(1)严格选拔救护队指战员。对救护队员的文化程度、年龄、专业知识、身体条件等任职要求在《煤矿安全规程》《煤矿救护规程》中都有明确规定。严格选拔救护队员是搞好抢险救灾工作的基本保证。按照规定及时调整队员,以保证矿山救护队有足够战斗力。

(2)严格教育培训。要做好新队员的基础培训和编队实习,搞好所有指战员的教育培训;学习抢险救灾基本理论和基本技能,搞好"安全第一"思想教育,增强遵纪守法的自觉性,提高救护指战员的整体素质。

(3)从难、从严、从实战出发进行战备训练。搞好救护指战员战备训练,是提高救护队伍战斗力、杜绝救护队自身伤亡的根本措施。战备训练要从难、从严、从实战出发,特别是要坚持高温浓烟演习训练。要通过模拟事故训练,积极改进处理各种事故的战略战术,发现、检查各种违章现象,并予以纠正。通过训练,培养"特别能吃苦、特别能忍耐、特别能战斗"的作风;培养坚韧不拔的意志、勇敢顽强的精神,克服心理恐惧,具备临危不惧、沉着冷静的心理状态;培养高度的自制能力,善于控制、调节自己的情感和情绪,克服悲观失望、盲目蛮干的心态;培养团结协作、战胜困难的精神;保持健康的体质。

(4)完善管理制度,搞好科学管理。加强矿山救护队的日常管理是搞好矿山救护工作的基础。矿山救护队实行军事化管理,全体指战员都必须接受军事训练,严格执行《中国人民解放军内务条例》。矿山救护队要有严密的组织、严明的纪律、严格的要求,平时做到严格管理,确保高度的战备需要,战时做到"召之即来,来之能战,战之能胜",把矿山救护队建设成为一支思想革命化、行动军事化、管理科学化、装备系列化、技术现代化的特别能战斗的专业队伍。

3. 演练和改进

一般矿山突发事故(Ⅳ级)一旦发生,事故责任部门和现场人员必须立即向公司负责人或者事故应急领导小组报告,启动作业现场应急预案,抢救伤员,保护现场,设置警戒标志,同时向当地安监局报告,并按照以下程序处理。如果发生较大矿山突发事故(Ⅲ级),在上级应急预案未启动前,按本公司程序处理;如果上级应急预案启动,则全体人员按照上级预案的统一要求,全力配合,服从上级统一指挥。

(1)事故发生后,警戒疏散组根据事故扩散范围建立警戒区,在通往事故现场的主要干道上实行交通管制。在警戒区的边界设置警示标识。

(2)除消防人员、应急处理人员、岗位人员、应急救援车辆外,其他人员及车辆禁止进入警戒区。

(3)警戒疏散组迅速将警戒区内与事故应急处理无关的人员撤离,以减少不必要的伤亡。

(4)事故无法控制时,所有人员应撤离事故现场。

(5)通信联络协调组向当地安全生产监督管理局报告事故险情状况,必要时,向公安、消防、医疗等部门报告,请求支援。

(6)保护好事故现场,必要时在事故现场周围建立警戒区域,维护现场秩序,防止与救援无关人员进入事故现场,保障救援队伍、人员疏散、物资运输等的交通畅通,避免发生意外事故。同时,协助发出警报、现场紧急疏散、人员清点、传达紧急信息、事故调查等。

(7)对伤员进行现场救护,掌握正确的应急处理办法。

第二节　地铁建设施工与运营类企业

一、应急救援组织及管理

1. 应急响应

Ⅰ级响应行动由领导小组组织实施。当领导小组进入Ⅰ级响应行动时,事发地各级政府应当按照相应的预案全力以赴组织救援,并及时向领导小组报告救援工作进展情况。Ⅱ级以下应急响应行动的组织实施,由省级人民政府决定。市人民政府可根据事故灾难的严重程度启动相应的应急预案,超出本级应急处置能力时,及时报请上一级应急机构启动上一级应急预案实施救援。

1)领导小组的响应

住房和城乡建设部在接到特别重大事故灾难报告2h内,决定是否启动Ⅰ级响应。Ⅰ级响应时,领导小组启动并实施本预案。及时将事故灾难的基本情况、事态发展和救援进展情况报告国务院并抄报国家安全生产监督管理总局;开通与国务院有关部门、军队、武警等有关方面的通信联系;开通与事故灾难发生地的省级应急机构、事发地城市政府应急机构、现场应急机构、相关专业应急机构的通信联系,随时掌握事态进展情况;派出有关人员和专家赶赴现场,参加、指导应急工作;需要其他部门应急力量支援时,向国务院提出请求。

Ⅱ级以下响应时,及时开通与事故灾难发生地的省级应急机构、事发地城市政府应急机构的通信联系,随时掌握事态进展情况;根据有关部门和专家的建议,为地方应急指挥救援工作提供协调和技术支持;必要时,派出有关人员和专家赶赴现场,参加、指导应急工作。

2)国务院有关部门、军队、武警的响应

Ⅰ级响应时,国务院有关部门、军队、武警按照预案规定的职责参与应急工作,启动并实施本部门相关的应急预案。

不同事故灾难的应急响应措施:

(1)火灾应急响应措施。城市地铁企业要制定完善的消防预案,针对不同车站、列车运行的不同状态以及消防重点部位制定具体的火灾应急响应预案;贯彻"救人第一,救人与灭火同步进行"的原则,积极施救;处置火灾事件应坚持快速反应的原则,做到反应快、报告快、处置快,把握起火初期的关键时间,把损失控制在最低程度;火灾发生后,工作人员应立即向"119""110"报告,同时组织做好乘客的疏散、救护工作,积极开展灭火自救工作;地铁企业事故灾难应急机构及市级地铁事故灾难应急机构,接到火灾报告后,应立即组织启动相应应急预案。

(2)地震应急响应措施。地震灾害紧急处理的原则:①实行高度集中,统一指挥。各单位、各部门要听从事发地省、直辖市人民政府指挥,各司其职,各负其责。②抓住主要矛盾,先救人、后救物,先抢救通信、供电等要害部位,后抢救一般设施。市级地铁事故灾难应急机构及地铁企业负责制定地震应急预案,做好应急物资的储备及管理工作。

发布破坏性地震预报后,即进入临震应急状态。省级人民政府建设主管部门采取相应措施:①根据震情发展和工程设施情况,发布避震通知,必要时停止运营和施工,组织避震疏散;②对有关工程和设备采取紧急抗震加固等保护措施;③检查抢险救灾的准备工作;④及时准确通报地震信息,保护正常工作秩序。

地震发生时,省级人民政府建设主管部门及时将灾情报有关部门,同时做好乘客疏散和地铁设备、设施保护工作。地铁企业事故灾难应急机构及市级地铁事故灾难应急机构,接到地震报告后,应立即组织启动相应应急预案。

(3)地铁爆炸应急响应措施。具体措施如下:①迅速反应,及时报告,密切配合,全力以赴疏散乘客、排除险情,尽快恢复运营。②地铁企业应针对地铁列车、地铁车站、地铁主变电站、地铁控制中心以及地铁车辆段等重点防范部位制定防爆措施。③地铁内发现的爆炸物品、可疑物品应由专业人员进行排除,任何非专业人员不得随意触动。④地铁爆炸案件一旦发生,市级建设主管部门应立即报告当地公安部门、消防部门、卫生部门,组织开展调查处理和应急工作。⑤地铁企业事故灾难应急机构及市级地铁事故灾难应急机构,接到爆炸报告后,应立即组织启动相应应急预案。

(4)地铁大面积停电应急响应措施。具体措施如下:①地铁企业应贯彻预防为主、防救结合的原则,重点做好日常安全供电保障工作,准备备用电源,防止停电事件的发生。②停电事件发生后,地铁企业要做好信息发布工作,做好乘客紧急疏散、安抚工作,协助做好地铁的治安防护工作。③供电部门在事故灾难发生后,应根据事故灾难性质、特点,立即实施事故灾难抢修、抢险有关预案,尽快恢复供电。④地铁企业事故灾难应急机构及市级地铁事故灾难应急机构,接到停电报告后,应立即组织启动相应应急预案。

2. 应急机构

现场应急机构负责组织群众的安全防护工作,主要工作内容如下:
(1)根据事故灾难的特点,确定保护群众安全需要采取的防护措施。
(2)决定紧急状态下群众疏散、转移和安置的方式、范围、路线与程序,指定有关部门具体负责实施疏散、转移和安置。
(3)启用应急避难场所。
(4)维护事发现场的治安秩序。

现场应急机构组织调动本行政区域社会力量参与应急工作。超出事发地省级人民政府的处置能力时,省级人民政府向国务院申请本行政区域外的社会力量支援。

3. 决策指挥

施工过程中施工现场或驻地发生无法预料的需要紧急抢救处理的危险时,应迅速逐级上报,次序为现场、办公室、抢险领导小组、上级主管部门。由综合部收集、记录、整理紧急情况信息并向小组及时传递,由小组组长或副组长主持紧急情况处理会议,协调、派遣和统一指挥所有车辆、设备、人员、物资等实施紧急抢救和向上级汇报。事故处理根据事故大小情况来确定,如果事故特别小,根据上级指示可由施工单位自行直接进行处理;如果事故较大或施工单位处理不了则由施工单位向建设单位主管部门进行请示,请求启动建设单位的救援预案,建设单位的救援预案仍不能进行处理,则由建设单位的质安室向建委或政府部门请示启动上一级救援预案。

4. 恢复总结

应急情况报告的基本原则是:快捷、准确、直报、续报。最先接到事故灾难信息的单位应在第一时间报告,最迟不能超过1h;报告内容要真实,不得瞒报、虚报、漏报;发生特别重大事故灾难,要直报领导小组办公室,同时报省、市地铁事故灾难应急机构。紧急情况下,可越级上报国务院,并及时通报有关部门;在事故灾难发生一段时间内,要连续上报事故灾难应急处置的进展情况及有关内容。

特别重大事故灾难快报及续报应当包括以下内容:
(1)事件单位的名称、负责人、联系电话及地址。
(2)事件发生的时间、地点。
(3)事件造成的危害程度、影响范围、伤亡人数、直接经济损失。
(4)事件的简要经过。
(5)其他需上报的有关事项。

二、应急救援保障系统

1. 应急装备和物资

现场处置人员应根据需要佩戴相应的专业防护装备,采取安全防护措施,严格执行应急人员进入和离开事故灾难现场的相关规定。现场应急机构根据需要具体协调、调集相应的安全防护装备。城市人民政府应事先为城市地铁企业配备相应的专业防护装备。应急资源的准备是应急救援工作的重要保障,项目部应根据潜在的事故性质和后果分析,配备应急资源,包括救援机械和设备、交通工具、医疗设备和必备药品、生活保障物资。

2. 应急通讯系统

根据需要,现场应急机构成立事故灾难现场检测与评估小组,负责检测、分析和评估工作,查找事故灾难的原因,评估事态的发展趋势,预测事故灾难的后果,为现场应急决策提供参考。检测与评估报告要及时上报领导小组办公室。

城市地铁事故灾难应急信息的公开发布由各级城市地铁事故灾难应急机构决定。对城市地铁事故灾难和应急响应的信息实行统一、快速、有序、规范管理。信息发布应明确事件的地点、事件的性质、人员伤亡和财产损失情况、救援进展情况、事件区域交通管制情况以及临时交通措施等。

三、应急救援的人力资源需求

1. 救援队伍

各级卫生行政部门要根据《国家突发公共事件医疗卫生救援应急预案》，组织做好应急准备，在应急响应时，组织、协调开展应急医疗卫生救援工作，保护人民群众的健康和生命安全。

2. 应急教育和培训

项目部组建抢险队，发现危险时首先由抢险队进行抢险，需用较多人员时可由各工区及时汇集人员，对抢险队和项目部所有人员均进行针对性的应急知识培训。

3. 演练和改进

为了在出现险情时处理迅速，不至于手忙脚乱，项目部应对预设险情进行实地演练，所有人员均需参与其中，并填写应急演练记录表，记录演练内容、人员分工、方案、处理程序等。根据以下要求来进行演练：

（1）紧急情况发生后，现场要做好警戒和疏散工作，保护现场，及时抢救伤员和财产，并由在现场的项目部最高级别负责人指挥，在3min内电话通报到值班室，主要说明紧急情况性质、地点、发生时间、有无伤亡、是否需要派救护车、消防车或警力支援到现场实施抢救，如需可直接拨打"120""119""110"等求救电话。

（2）值班人员在接到紧急情况报告后必须在2min内将情况报告到紧急情况领导小组组长和副组长。小组组长组织讨论后在最短的时间内发出如何进行现场处置的指令。分派人员车辆等到现场进行抢救、警戒、疏散和保护现场等。由综合部在30min内以小组名义打电话向上一级有关部门报告。

（3）遇到紧急情况，全体职工应特事特办、急事急办，主动积极地投身到紧急情况的处理中去。各种设备、车辆、器材、物资等应统一调遣，各类人员必须坚决无条件服从组长或副组长的命令和安排，不得拖延、推诿、阻碍紧急情况的处理。

第三节　石油化工类企业

一、应急救援组织及管理

1. 应急机构

(1)安全事故应急抢险救灾工作实行公司领导统一组织和部门牵头负责相结合的原则。

(2)公司成立安全事故应急抢险领导小组,总指挥员由公司总经理担任,如总经理无法担任,总指挥员由副总经理代任,各部门负责人协助处理。安全事故发生后,总指挥员、副总指挥员未到现场前,由各部门负责人联合组织、协调抢险救灾工作。

(3)安全事故应急抢险救灾领导小组下设警戒保卫、抢险救灾、医疗救护、环境监测、后勤保障、善后处理6个分组。

2. 责权分配

(1)警戒保卫组:负责事故现场的安全保卫和交通疏导工作,组织疏散、撤离、保护危险区域的其他人员;根据事故现场情况,设置警戒区,严格控制进出人员及车辆。具体实施工作由安保门卫负责。

(2)抢险救灾组:根据事故现场情况由总指挥统一安排,负责事故现场抢险救灾工作,积极协助公安、消防、环保、海事、安监和医疗机构人员的工作。具体实施工作由储运部负责。

(3)医疗救护组:负责组织抢救队伍,组织营救受伤人员,引导救护车辆到达事故现场,配合医疗机构专业救护人员的工作。具体实施工作由栈台操作班负责。

(4)环境监测组:根据事故发生的实际情况,配合环保部门及时针对有毒有害物质对空气、长江水质、人体、土壤造成的现实危害和可能产生的其他危害迅速采取相应的措施,防止事故危害进一步扩大。具体实施工作由大码头操作班负责。

(5)后勤保障组:根据事故类别,协助有关部门做好后勤保障工作,提供各类应急抢救器材和救灾物资,安排好抢险救灾人员的饮用水、膳食,保证抢险救灾资金及时到位,确保抢险救灾工作顺利进行。具体实施工作由财务部、后勤部负责。

(6)善后处理组:根据事故现场实际情况和所造成的损失及后果,协助民政部门、总工会、劳动和社会保障局、保险公司及其他相关部门的工作,落实用于接待伤亡人员家属的车辆和食宿,做好相应的接待和安抚解释工作。具体实施工作由办公室、商务部负责。

3. 决策指挥

石油化工企业必须具有较强的应急指挥能力。石化企业与其他企业不同,该类企业一旦发生事故,往往蔓延发展迅速,甚至失控。这就决定了在应急救援过程中任何时间上的延误都可能加大应急救援工作的难度,以至于使事故的损失扩大,引发更严重的后果。因此,石油化工企业应急救援行动必须迅速、准确、有效。具有建立快速的应急响应机制的能力,能迅速准确地传递事故信息,迅速地调集所需的应急人员、设备和物资等资源,迅速地建立起统一指挥与协调系统,开展救援活动。

要求石油化工企业的应急决策机制,能基于事故的规模、性质、特点、现场环境等信息,正确地预测事故的发展趋势,准确地对应急救援行动和战术进行决策。应急救援行动的有效性,很大程度上取决于应急准备得充分与否,包括应急队伍的建设与训练、应急设备、物资的配备与维护、预案的制定与落实以及有效的外部增援机制等。

4. 恢复总结

安全生产事故发生后,必须做到:

(1)立即将所发生安全事故的情况向"110"或"119"紧急报警,同时向市安全生产监督管理局和主管部门报告。

(2)立即向公司领导报告所发生安全事故的情况。

(3)立即向有关安全生产监督管理部门报告所发生安全事故的情况。

(4)事故报告应包括以下内容:①发生事故的单位及事故发生的时间、地点和联系电话、报告人。②发生事故的简要经过、有无伤亡人员、财产损失的初步估计。③发生事故的原因、性质的初步判断。④事故抢救处理的情况和采取的措施。⑤需要有关部门和单位协助事故抢救和处理的请求。

在第一时间发现事故、到达事故现场的人员必须做到立即报警,并负责事故现场的保护工作。

二、应急救援保障系统

1. 应急救援体系响应

事故应急救援体系应根据事故的性质、严重程度、事态发展趋势实行分级响应机制,对不同的响应级别,相应地明确事故的通报范围,应急中心的启动程度,应急力量的出动、设备、物资的调集规模,疏散的范围和应急总指挥的职责等。典型的响应级别通常可划分以下三级。

(1)一级紧急情况:能被一个部门正常可利用的资源处理的紧急情况。正常可利用的资源是指在该部门权利范围内通常可以利用的应急资源,包括人力和物力等。必要时,该部门可以建立一个现场指挥部,所需的后勤支持人员或其他资源增援由本部门负责解决。

(2)二级紧急情况:需要两个或更多的部门响应的紧急情况。该事故的救援需要有关部门的协作,并且提供人员设备或者其他资源。该响应需要成立现场指挥部来统一指挥现场的应急救援行动。

(3)三级紧急情况:必须利用城市所有部门及一切资源的紧急情况,或者需要城市的各个部门同城市以外的机构联合起来处理各种紧急情况,通常由政府宣布进入紧急状态。在该级别中,做出主要决定的职责通常是由紧急事故管理部门担任的。现场指挥部可在现场作出保护生命和财产以及控制事态所需的各种决定。解决整个紧急事件的决定,应该由紧急事务管理部门负责。

2. 事故应急救援体系的响应程序

事故应急救援系统的应急响应程序按过程可分为接警、响应级别确定、应急启动、救援行动、应急恢复和应急结束等过程。

三、应急救援的人力资源需求

1. 救援队伍

1)人员疏散与安置

火灾、爆炸事故发生后,状态控制小组负责现场非抢险人员的撤离和疏散;医疗救护小组负责应急状态下事故现场撤离和疏散人群的安置问题。

火灾、爆炸事故发生后,状态控制小组疏散人群时应当注意:应根据风向确定人员的疏散路线,使人群往上风向或者侧风向和不拥挤的地方疏散;人员逃出危险区域后及时清点人数,由医疗救护小组安置疏散人群,及时转移受伤人员,现场应急人员和非抢险人员必须听从现场指挥的命令,随时撤离危险区域。

2)医疗与救护

医疗救护小组负责应急状态下的医疗与救护。

火灾、爆炸事故发生后,医疗救护小组接到报警后,立即协助医疗救助队伍准备好相应的应急药品和医疗设施后,迅速赶往现场,佩戴好个体防护用具进行伤员抢救。伤员在现场经过对症处理后,应迅速护送至就近医院进行救治。几种常见伤害的应急救治简略说明如下:

(1)中毒人员的现场救助。将中毒者迅速撤离火灾、爆炸现场,转移到通风较好、上风或者侧上风方向空气无污染区域。呼吸、心跳停止者,立即进行人工呼吸和和心脏挤压,采取心肺复苏措施,并给予吸氧。上述现场救治后,严重者组织送医院进行观察治疗。

(2)灼伤人员的现场救助。将灼伤者迅速撤离现场,转移到避风、空气新鲜的场所,以防感染。若有灼伤药物应立即对患者使用,并进行保温。经上述现场救治后,严重者组织送医院进行观察治疗。

(3)物理伤害人员的现场救助。将患者迅速撤离现场,转移到避风、空气新鲜的场所,以防感染。对受伤部位进行包扎、止血,伤情严重者,立即送往医院救治。在救护车辆未到达现场前,应由应急管理办公室安排救治车辆,及时送往就近医院,保证伤员抢救及时。

3)消防与抢险

火灾、爆炸事故发生后,消防大队接到火灾、爆炸事故现场具体通知后,准备好相应的消防设施和防毒器具后,立即派队伍赶往事故现场,用消防水掩护抢险队伍救治伤员和灭火,防止火灾进一步扩大。若火灾、爆炸现场规模大,消防大队无法完成灭火任务,应立即请求其他消防队和地方人民政府支援。应急队伍应当听从应急领导小组的统一调动,及时进行抢险和撤离。

2. 演习和改进

1)演习目的

为了加强全体员工对应急救援预案的熟悉程度,进一步增强应急反应能力、应急处理能力和协调作战能力,提高应急救援水平,切实保障人民生命和公司财产的安全,应组织应急救援演习。

2)参演人员

按照应急演习过程中扮演的角色和承担的任务,将应急演习参与人员分为演习人员、控制人员、模拟人员、评价人员和观摩人员,这5类人员在演习过程中都有着重要的作用,并且在演练过程中都应佩戴能表明其身份的标识符,其任务分别如下。

(1)演习人员:根据模拟场景和紧急情况作出反应,执行具体应急任务并尽可能按真实事件决策或响应,演习开始前演习人员应熟悉应急响应体系和所承担的任务及行动程序。

(2)控制人员:必须确保演习任务得到充分完成,保证演习活动既具有一定的工作量,又富有一定的挑战性,控制演习的进度,解答演习人员的疑问,解决演习过程中出现的问题,保障演习。

(3)模拟人员:在演习过程中模拟事故的发生过程,如模拟泄漏,模拟伤员、被撤离和疏散的人员以及模拟被安置的群众等。

(4)评价人员:应当观察重点演习要素并收集资料,记录事件、时间、地点及详细演习经过,观察行动人员的表现并记录,在不干扰参演人员工作的情况下,协助控制人员确保演习按计划进行,根据观察,总结演习结果并出具演习报告。

(5)观摩人员:在进行全面演习的时候应当邀请有关部门(市、区安全生产监督管理局、环保局、医院等)及外部机构进行旁观,并且组织附近的居民进行观摩,在观摩的时候向他们进行相关知识宣传,如警报发布、宣传等。

3)演习的准备工作

(1)演习前1~2天,用广播通知职工及周边群众,以免引起不必要的恐慌,最好是能向周边群众发放紧急疏散指南。

(2)演习策划组对评价人员进行培训,让其熟悉应急预案、演习方案和评价标准。

(3)培训所有参演人员,熟悉并遵守演习现场规则。

(4)采供部准备好模拟演习响应效果的物品和器材。

(5)演习前,策划人员将通信录发放给控制人员和评价人员。

(6)评价组准备好摄像器材,以便进行图片拍摄及摄像,做好资料搜集和整理。

4)应急演习总结与追踪

在演习结束2周内,策划组根据评价人员演练过程中收集和整理的资料,以及演习人员和总结会中获得的信息编写演习总结报告。策划组应对演习中发现的问题进行充分研究,确定导致这些问题的根本原因、纠正方法、纠正措施及完成时间,并指定专人负责对演练中的步骤项和整改项的纠正过程实施追踪,监督检查纠正措施的进展情况。

第四节　工民建筑与道路桥梁施工类企业

一、应急救援组织及管理

1. 应急机构

按照"分级处置"的原则,全市各级城市管理部门应根据事件的不同等级,启动相应预案处置相应事件。并通知公安、交通等有关部门,根据现场情况,实行交通管制措施,以便开展现场抢险工作,做出应急响应。对于先期处置未能有效控制事态,或者特别重大、重大和较大突发的安全事件,领导小组办公室应提出处置建议并立即向领导小组副组长、组长报告,必要时报市人民政府分管副市长批准后实施。

若发生特别重大、重大突发安全事件,依靠一般应急处置队伍和事发地区城市管理部门力量无法控制和消除其危害时,需要实施扩大应急行动。领导小组按照有关程序采取有利于控制事态的非常措施向市人民政府报告,请求市人民政府及有关方面增援。实施扩大应急行动应急时,全市各级城市管理部门要及时增加应急处置力量,加大技术、装备、物资、资金等保障力度,加强指挥协调,努力控制事态发展。

2. 责权分配

1)应急救援领导小组与职责

(1)项目经理是应急救援领导小组的第一负责人,担任组长,负责紧急情况处理的指挥工作。成员分别由商务经理、生产经理、项目书记、总工程师、机电经理组成。安监部长是应急救援第一执行人,担任副组长,负责紧急情况处理的具体实施和组织工作。

(2)生产经理是坍塌事故应急小组第二负责人,机电经理是触电事故应急小组第二负责人,现场经理是大型脚手架及高处坠落事故、电焊伤害事故、车辆火灾事故、交通事故、火灾及爆炸事故、机械伤害事故应急第二负责人,分别负责相应事故救援组织工作的配合工作和事故调查的配合工作。

2)应急小组下设机构及职责

(1)抢险组:组长由项目经理担任,成员由安全总监、现场经理、机电经理、项目工程师和项目班子及分包单位负责人组成。主要职责是:组织实施抢险行动方案,协调有关部门的抢险行动;及时向指挥部报告抢险进展情况。

(2)安全保卫组:组长由项目书记担任,成员由项目行政部、经济警察组成。主要职责是:负责事故现场的警戒,阻止非抢险救援人员进入现场;负责现场车辆疏通,维持治安秩序;负责保护抢险人员的人身安全。

(3)后勤保障组:组长由项目书记担任,成员由项目物资部、行政部、合约部、食堂组成。主要职责是:负责调集抢险器材、设备;负责解决全体参加抢险救援工作人员的食宿问题。

(4)医疗救护组:组长由项目卫生所医生组成,成员由卫生所护士、救护车队组成。主要职责是:负责现场伤员的救护等工作。

(5)善后处理组:组长由项目经理担任,成员由项目领导班子组成。主要职责是:负责做好对遇难者家属的安抚工作,协调落实遇难者家属抚恤金和受伤人员住院费问题;做好其他善后事宜。

(6)事故调查组:组长由项目经理、公司责任部门领导担任,成员由项目安全部长、公司相关部门和公司有关技术专家组成。主要职责是:负责对事故现场的保护和图纸的测绘;查明事故原因,确定事件的性质,提出应对措施,如确定为事故,提出对事故责任人的处理意见。

3. 决策指挥

事发地区城市管理部门应立即启动相应预案,采取措施控制事态,并立即向领导小组报告,最迟不得超过1h,不得迟报、谎报、瞒报和漏报。领导小组接到报告后立即启动相应预案,并立即报告市人民政府,报告内容主要包括时间、地点、信息来源、事件性质、影响范围、事件发生趋势和已经采取的措施等,并在应急处置过程中及时续报有关内容。

4. 恢复总结

在特别重大、重大和较大突发城市安全事件应急处置工作结束时,领导小组会同事发地区城市安全管理部门按照有关规定和程序,组织有关人员组成调查组,对事件的起因、性质、影响、责任、经验教训和防止发生类似事件等问题进行调查评估,形成书面报告经领导小组审核同意后报市人民政府。根据调查评估报告和受损情况,要积极制定恢复重建计划,尽快组织实施恢复重建工作。

二、应急救援保障系统

1. 应急装备和物资

(1)救护人员的装备:头盔、防护服、防护靴、防护手套、安全带、呼吸保护器具等。

(2)灭火剂:水、泡沫、二氧化碳、卤代烷、干粉、惰性气体等。

(3)灭火器:干粉、泡沫、"1211"、气体灭火器等。

(4)简易灭火工具:扫帚、铁锹、水桶、脸盆、沙箱、石棉被、湿布、干粉袋等。

(5)消防救护器材:救生网、救生梯、救生袋、救生垫、救生滑杆、缓降器等。

(6)自动苏生器:适用于抢救因中毒窒息、胸外伤、溺水、触电等原因造成的呼吸抑制或窒息处于假死状态的伤员。

(7)通信器材:固定电话一个,原则上每个管理人员一人一个移动电话,对讲机若干。

2. 应急通信系统

领导小组办公室会同全市各级城市安全管理部门要逐步建立城市安全事件应急处置信息综合管理系统,根据城市安全管理系统的特点,结合城市安全信息化建设进程,不断提高城市安全事件应急处置的信息化水平。领导小组办公室负责全市安全事件应急处置信息的综合集成、分析处理。

三、应急救援的人力资源需求

1. 救援人员对事故的应急处置

1)大型脚手架失稳引起倒塌及造成人员伤亡时的应急措施

(1)迅速确定事故发生的准确位置、可能波及的范围、脚手架损坏的程度、人员伤亡情况等,以根据不同情况进行处置。

(2)划出事故特定区域,非救援人员未经允许不得进入特定区域。迅速核实脚手架上作业人数,如有人员被坍塌的脚手架压在下面,要立即采取可靠措施加固四周,然后拆除或切割压住伤者的杆件,将伤员移出。如脚手架太重可用吊车将架体缓缓抬起,以便救人。如无人员伤亡,立即实施脚手架加固或拆除等处理措施。以上行动须由有经验的安全员和架子工长统一安排。

2)发生高处坠落事故的抢救措施

(1)救援人员首先根据伤者受伤部位立即组织抢救,促使伤者快速脱离危险环境,送往医院救治,并保护现场。查看事故现场周围有无其他危险源存在。

(2)在抢救伤员的同时迅速向上级报告事故现场情况。

(3)抢救受伤人员时几种情况的处理如下。

如确认人员已死亡,立即保护现场。

如发生人员昏迷、伤及内脏、骨折及大量失血:①立即联系"120""999"急救车或距现场最近的医院,并说明伤情。为取得最佳抢救效果,还可根据伤情送往专科医院。②外伤大出血时,急救车未到前,现场采取止血措施。③骨折时,注意搬运时的保护,对昏迷、可能伤及脊椎、内脏或伤情不详者一律用担架或平板,禁止用搂、抱、背等方式运输伤员。

3)触电事故应急处置

(1)截断电源,关上插座上的开关或拔除插头。如果够不着插座开关,就关上总开关。切勿试图关上电器用具的开关,因为可能正是该开关漏电。

(2)若无法关上开关,可站在绝缘物上,如一叠厚报纸、塑料布、木板之类,用扫帚或木椅等将伤者拨离电源,或用绳子、裤子或任何干布条绕过伤者腋下或腿部,把伤者拖离电源。切勿用手触及伤者,也不要用潮湿的工具或金属物质把伤者拨开,也不要使用潮湿的物件拖动伤者。

(3)如果患者呼吸心跳停止,开始人工呼吸和胸外心脏按压。切记不能给触电的人注射强心针。若伤者昏迷,则将其身体放置成卧式。

(4)若伤者曾经昏迷、身体遭烧伤,或感到不适,必须打电话叫救护车,或立即送伤者到医院急救。

(5)高空出现触电事故时,应立即截断电源,把伤者抬到附近平坦的地方,立即对伤者进行急救。

(6)现场抢救触电者的经验原则是迅速、就地、准确、坚持。争分夺秒使触电者脱离电源;必须在现场附近就地抢救,病人有意识后再就近送医院抢救。从触电时算起,5min 以内及时抢救,救生率 90% 左右;10min 以内抢救,救生率 6.15%,希望甚微。人工呼吸法的动作必须准确。只要有百万分之一希望就要尽百分之百努力抢救。

4)坍塌事故应急处置

(1)坍塌事故发生时,安排专人及时切断有关闸门,并对现场进行声像资料的收集。发生后立即组织抢险人员在半小时内到达现场。根据具体情况,采取人工和机械相结合的方法,对坍塌现场进行处理。抢救中如遇到坍塌巨物,人工搬运有困难时,可调集大型的吊车进行调运。在接近边坡处时,必须停止机械作业,全部改用人工扒物,防止误伤被埋人员。现场抢救中,还要安排专人对边坡、架料进行监护和清理,防止事故扩大。

(2)事故现场周围应设警戒线。

(3)统一指挥、密切协同的原则。坍塌事故发生后,参战力量多,现场情况复杂,各种力量需在现场总指挥部的统一指挥下,积极配合,密切协同,共同完成。

(4)以快制快、行动果断的原则。鉴于坍塌事故有突发性,在短时间内不易处理,处置行动必须做到接警调度快、到达快、准备快、疏散救人快,达到以快制快的目的。

(5)伤员抢救立即与急救中心和医院联系,请求出动急救车辆并做好急救准备,确保伤员得到及时医治。

5）车辆火灾事故应急处置

（1）车辆火灾事故发生后，项目负责人应立即组织人员灭火，有可能的情况下卸下车上货物。

（2）疏通事发现场道路，保证救援工作顺利进行，疏散人群至安全地带。

（3）在急救过程中，遇有威胁人身安全情况时，应首先确保人身安全，迅速组织脱离危险区域或场所后，再采取急救措施。

（4）为防止车辆爆炸，项目人员除自救外，还应向社会专业救援队伍求援，尽快扑灭火情。

6）重大交通事故应急处置

（1）事故发生后，迅速拨打急救电话，并通知交警。

（2）项目负责人在接到报警后，应立即组织自救队伍，迅速将伤者送往附近医院，并派人保护现场。

（3）协助交警疏通事发现场道路，保证救援工作顺利进行，疏散人群至安全地带。

（4）做好事后人员的安抚、善后工作。

7）火灾、爆炸事故应急处置

（1）紧急事故发生后，发现人应立即报警。一旦启动本预案，相关责任人要以处置重大紧急情况为压倒一切的首要任务，绝不能以任何理由推诿拖延。各部门之间、各单位之间必须服从指挥、协调配和，共同做好工作。因工作不到位或玩忽职守造成严重后果的，要追究有关人员的责任。

（2）项目部在接到报警后，应立即组织自救队伍，按事先制定的应急方案立即进行自救；若事态情况严重，难以控制和处理，应立即在自救的同时向专业队伍救援，并密切配合救援队伍。

（3）疏通事发现场道路，保证救援工作顺利进行；疏散人群至安全地带。

（4）在急救过程中，遇有威胁人身安全情况时，应首先确保人身安全，迅速组织脱离危险区域或场所后，再采取急救措施。

（5）切断电源、可燃气体（液体）的输送，防止事态扩大。

（6）安全总监为紧急事务联络员，负责紧急事物的联络工作。

（7）紧急事故处理结束后，安全总监应填写记录，并召集相关人员研究防止事故再次发生的对策。

8）机械伤害事故应急处置

应急指挥员立即召集应急小组成员，分析现场事故情况，明确救援步骤、所需设备、设施及人员，按照策划、分工，实施救援。需要救援车辆时，应急指挥员应安排专人接车，引领救援车辆迅速施救。

9）小型机械设备事故应急措施

（1）发生各种机械伤害时，应先切断电源，再根据伤害部位和伤害性质进行处理。

（2）根据现场人员被伤害的程度，一边通知急救医院，一边对轻伤人员进行现场救护。

(3)对不明伤害部位和伤害程度的重伤者,不要盲目进行抢救,以免引起更严重的伤害。

10)机械伤害事故引起人员伤亡的处置

(1)迅速确定事故发生的准确位置、可能波及的范围、设备损坏的程度、人员伤亡等情况,以根据不同情况进行处置。

(2)划出事故特定区域,非救援人员、未经允许不得进入特定区域。迅速核实塔式起重机上作业人数,如有人员被压在倒塌的设备下面,要立即采取可靠措施加固四周,然后拆除或切割压住伤者的杆件,将伤员移出。

(3)抢救受伤人员时几种情况的处理如下。

如确认人员已死亡,立即保护现场。

如发生人员昏迷、伤及内脏、骨折及大量失血:①立即联系"120""999"急救车或距现场最近的医院,并说明伤情。为取得最佳抢救效果,还可根据伤情联系专科医院。②外伤大出血时,急救车未到前,现场采取止血措施。③骨折时,注意搬动时的保护,对昏迷、可能伤及脊椎、内脏或伤情不详者一律用担架或平板,不得一人抬肩、一人抬腿。

一般性外伤:①视伤情情况送往医院,防止破伤风;②轻微内伤,送医院检查。

制定救援措施时一定要考虑所采取措施的安全性和风险,经评价确认安全无误后再实施救援,避免因采取措施不当而引发新的伤害或损失。

2. 应急教育和培训

(1)根据受训人员和工作岗位的不同,选择培训内容,制订培训计划。

(2)培训内容:鉴别异常情况并及时上报的能力与意识;如何正确处理各种事故;自救与互救能力;各种救援器材和工具使用知识;与上下级联系的方法和各种信号的含义;工作岗位存在哪些危险隐患;防护用具的使用和自制简单防护用具;紧急状态下如何行动。

3. 演练和改进

项目部按照假设的事故情景,每季度至少组织一次现场实际演练,将演练方案及经过记录在案。

第五节 机械加工类企业

一、应急救援组织及管理

1. 责权分配

(1)应急指挥中心是企业安全生产事故应急管理的最高指挥机构,负责本企业安全生产事故应急指挥工作,职责如下:①接受上级主管部门的领导,请示并落实指令。②审定并签发企业安全生产事故应急预案。③下达预警和预警解除指令,下达应急预案启动和终止指令。④审定本企业安全生产事故应急处置的指导方案。⑤确定现场指挥部人员名单和专家组名单并下达派出指令,统一协调应急资源。

(2)现场应急指挥部在应急指挥中心领导下开展应急工作,职责如下:①按照应急指挥中心指令,负责现场应急指挥工作。②收集现场信息,核实现场情况,针对事态发展情况制定和调整现场应急抢险方案;负责整合调配现场应急资源。③及时向应急指挥中心和地方人民政府汇报应急处置情况;协调地方政府应急救援工作。④按照应急指挥中心指令,负责现场新闻发布工作;收集、整理应急处置过程有关资料。⑤核实应急终止条件并向应急指挥中心请示应急终止;负责现场应急工作总结。

(3)专家组在企业应急指挥中心领导下开展应急工作,职责如下:①为现场应急工作提出应急救援方案、建议和技术支持。②参与制定应急救援方案。

(4)保卫科的应急职责如下:①负责各类安全生产事故的现场指挥和救援人员调配。②在工厂发生安全生产事故时及时向厂应急指挥中心总指挥员及厂安委会领导报告。③指挥各部门救援人员紧急救护受伤人员;负责事故现场的警戒和保护。④负责与上级公安机关、消防部门、急救机关联系;必要时,对处于危险区域的员工进行疏散。⑤加强全厂范围(含家属区和外租的临街门面房)用电、用火安全的检查。⑥负责定期对全厂各单位、各库房、各办公场所配备的消防设备进行逐一检查和测试,定期更换失效的灭火器。

(5)医务室的应急职责如下:①在厂应急指挥部的统一指挥下负责对安全生产事故中伤病人员实施紧急救护。②与当地"120"急救站和附近医院保持密切联系,保证以最快的速度把伤病人员送到医院救治;负责组织员工参加自救、互救的培训。③医务室应购置和储备应急救护需要的医疗器材和药品。

(6)应急救援小组的职责如下:①由厂内经过培训的兼职抢险人员组成,负责在紧急状态下的从事工厂发生的各类安全生产事故现场抢险作业,力争在第一时间控制或消除危险或事故。如果事故情况严重,则须立即请求当地专业救援队伍支援。②负责现场灭火、设备容器的冷却、喷水隔爆、抢救伤员等项工作。

(7)紧急疏散小组的职责如下:①负责对事故现场及周围人员进行防护指导和紧急疏散人员;及时将危险区域内聚集的人群疏散到紧急避难所或安全区域;疏散引导工作应按照本预案规定的疏散路线和相关要求进行。②负责对事故现场周围重要物资的迅速转移;根据现场应急救援指挥部的命令负责将工厂贵重物资转移到安全地带。

2. 决策指挥

(1)项目负责人、安全质量管理人员接到预警信息后,立即组织现场作业人员避险,在条件允许的情况下,尽量采取办法切断事故危险源,密切关注事态发展状态和趋势,同时由项目负责人上报公司应急救援指挥部,启动公司应急救援预案,并按照预案做好应急准备工作。

(2)在公司应急救援指挥部的统一领导下,根据事故险情,编制事故灾害防治方案,明确防范的对象、范围,提出防治措施,确定防治责任人。

(3)事故险情有可能涉及伤害到周边群众和社区时,经公司或上一级应急救援指挥机构核实后,由项目部派专人分头立即向周边群众和社区通告,并向当地政府以电话方式报警,以便做好人员疏散避险。

(4)对可能引起重大、特大安全事故的险情,经公司应急救援指挥部核实后,应当在发现险情后 2h 内报告集团公司应急救援指挥部和工程所在地人民政府。

3. 恢复总结

在应急救援行动结束后,现场应急指挥部编写的应急总结应至少包括以下内容:事故情况,包括事故发生时间、地点、波及范围、损失、人员伤亡情况、事故发生初步原因;应急处置过程;处置过程中动用的应急资源;处置过程遇到的问题、取得的经验和吸取的教训;对预案的修改意见。

二、应急救援保障系统

1. 应急装备和物资

企业各职能部门应按照应急预案体系建立、健全应急指挥、通信系统和应急工作责任制,形成简明有效的指挥和工作协调机制;成员单位要按"平战结合"要求组织、训练好专、兼职应急队伍。各职能部门和生产车间应根据应急预案,配置并完备应急抢险所需的通信工具、设施器材、物料、急救设备等应急资源,并定期检查维护,确保应急行动需要。

2. 应急通信系统

建立企业安全生产事故应急工作通信录,明确企业应急工作上下通信方式、联系部门和联系人;应急通信以电话联系为主,书面报告用传真或电子邮件形式传递,并用电话确认对方接收情况;现场应急通信方式由成员单位在其应急预案中明确。

3. 应急处置

1)物体打击、高处坠落、机械伤害事故处置措施

(1)迅速将伤员脱离危险地带,移至安全地带。

(2)有关负责人立即拨打"120"向当地急救中心取得联系(医院在附近的直接送往医院),应详细说明事故地点、严重程度、本部门的联系电话,并派人到路口接应,同时立即向应急救援指挥部报告。

(3)技术组相关负责人立即到达现场,首先查明险情,确定是否还有危险源。与应急救援相关人员商定初步救援方案,并向应急总指挥员、副总指挥员汇报,经总指挥员汇报批准后,现场组织实施。

(4)现场救援。

(5)记录伤情,现场救护人员应边抢救边记录伤员的受伤机制、受伤部位、受伤程度等第一手资料。

2)触电事故处置措施

(1)迅速将伤员脱离危险地带,移至安全地带。对于低压触电事故,如果触电地点附近有电源开关或插销,可立即拉开电源开关或拔下电源插头,以切断电源。如无法立即切断电源可用有绝缘手柄的电工钳、干燥木柄的斧头、干燥木把的铁锹等切断电源线,也可采用干燥木板等绝缘物插入触电者身下,以隔离电源。当电线搭在触电者身上或被压在身下时,也可用干燥的衣服、手套、绳索、木板、木棒等绝缘物为工具,拉开提高电线或挑开电线,使触电者脱离电源。严禁直接去拉触电者。

对于高压触电事故,应立即通知有关部门停电。有条件的现场可用高压绝缘杆挑开触电者身上的电线。严禁现场任何人员靠近或使用非专用工具接触触电者。

触电者如果在高空作业时触电,断开电源时,要防止触电者摔下来造成二次伤害。

(2)有关负责人立即拨打"120"向当地急救中心取得联系(医院在附近的直接送往医院),应详细说明事故地点、严重程度、本部门的联系电话,并派人到路口接应。同时立即向应急救援指挥部报告。

(3)技术组相关负责人立即到达现场,首先查明险情,确定是否还有危险源。与应急救援相关人员商定初步救援方案,并向应急总指挥员、副总指挥员汇报,经总指挥员汇报批准后,现场组织实施。

(4)现场救援。

(5)记录伤情,现场救护人员应边抢救边记录伤员的受伤机制、受伤部位、受伤程度等第一手资料。

3)起重伤害(塔吊)事故处置措施

(1)技术组起重伤害(塔吊)负责人立即到达现场,首先查明险情,确定是否还有危险源。如碰断的高压、低压电线是否带电;塔吊构件和其他构件是否有继续倒塌的危险;人员伤亡情况等。与应急救援相关人员商定初步救援方案,并向应急总指挥员、副总指挥员汇报,经总指挥员汇报批准后,现场组织实施。

(2)现场保卫组负责把出事地点附近的作业人员疏散到安全地带,并进行警戒,不准闲人靠近,对外注意礼貌用语。

(3)工地值班电工负责检查电路,确定已切断有危险的低压电气线路的电源。如果在夜间,接通必要的照明灯光。

(4)现场抢救组在排除继续倒塌或触电危险的情况下,迅速将伤员脱离危险地带,移至安全地带。

(5)应急副总指挥立即拨打"120"向当地急救中心取得联系(医院在附近的直接送往医院),应详细说明事故地点、严重程度、本部门的联系电话,并派人到路口接应。

(6)现场简单急救。

(7)记录伤情,现场救护人员应边抢救边记录伤员的受伤机制、受伤部位、受伤程度等第一手资料。

(8)对倾翻变形塔吊的拆卸、修复工作应请塔吊厂家专业人员指导下进行。

4)火灾事故处置措施

(1)迅速将伤员脱离危险地带,移至安全地带。伤员身上燃烧的衣物一时难以脱下时,可让伤员躺在底上滚动,或用水洒扑灭火焰。

(2)有关负责人立即拨打"119"火警电话和"120"急救电话,并立即向应急救援指挥部报告,以便领导了解和指挥扑救火灾事故。

(3)技术组相关负责人立即到达现场,首先查明险情,与应急救援相关人员商定初步救援方案,并向应急总指挥员、副总指挥员汇报,经总指挥员汇报批准后,组织扑救火灾。要充分利用施工现场中的消防设施器材,按照"先控制、后灭火,救人重于救火,先重点后一般"的灭火战术原则进行扑救。要首先派人及时切断电源,接通消防水泵电源,组织抢救伤亡人员,隔离火灾危险和重要物资。

(4)协助消防员灭火。当专业消防队到达火灾现场后,在自救的基础上,火灾事故应急指挥小组要简要地向消防队负责人说明火灾情况,并全力支持消防队员灭火,要听从消防队的指挥,齐心协力,共同灭火。

(5)记录伤情,现场救护人员应边抢救边记录伤员的受伤机制、受伤部位、受伤程度等第一手资料。

(6)保护现场。当火灾发生时到扑救完毕后,应急指挥部要派人保护好现场,维护好现场秩序,等待对事故原因及责任的调查。同时应立即采取善后工作,及时清理,将火灾造成的垃圾分类处理并采取其他有效措施,从而将火灾事故对环境造成的污染降到最低限度。

三、应急救援人力资源需求

1. 救援队伍

在企业应急指挥部之下组织应急救援、紧急疏散、警戒治安、物资保障、医疗救护和善后处置6个应急工作小组,由保卫科、动力科、生产车间、技术科、供应科、后勤科、检验科、医务所、工会、劳动人事科、财务科等部门人员参加应急救援。

2. 应急教育和培训

劳动人事科负责制定企业应急培训计划,内容应包括培训时间、培训内容、培训人员、培训方式等。

3. 演练和改进

企业应急指挥中心每两年组织一次安全生产事故的综合应急演练。

应急响应中心应做好演练方案的策划,演练结束后做好总结。总结内容包括参加演练的单位、部门、人员和演练的地点,起止时间,演练项目和内容,演练过程中的环境条件,演练动用设备、物资,演练效果,持续改进的建议,演练过程记录的文字、影像资料等。

主要参考文献

陈宝义.施工质量与安全管理[M].北京:地质出版社,2002.
陈宝智.矿山安全工程[M].北京:冶金工业出版社,2009.
陈国芳,刘艳,李海港.矿山安全工程[M].北京:化学工业出版社,2014.
陈亚军.矿山爆破与安全技术[M].北京:气象出版社,2011.
程远平,李增华.消防工程学[M].徐州:中国矿业大学出版社,2002.
崔克清,陶刚.化工工艺及安全[M].北京:化学工业出版社,2004.
崔政斌,王明明.机械安全技术[M].北京:化学工业出版社,2009.
杜荣军.建设工程安全管理10讲[M].北京:机械工业出版社,2005.
龚延风,张九根.建筑消防技术[M].北京:科学出版社,2009.
谷春瑞.机械制造工程实践[M].天津:天津大学出版社,2004.
郭国政.煤矿安全技术与管理[M].北京:冶金工业出版社,2006.
韩洪涛.机械加工设备与工装[M].北京:高等教育出版社,2009.
韩文祥.工程材料及机械制造基础[M].天津:天津教育出版社,2002.
韩秀琴.机械加工工艺基础[M].哈尔滨:哈尔滨工业大学出版社,2005.
虎维岳.矿山水害防治理论与方法[M].北京:煤炭工业出版社,2005.
匡永泰,高维民.石油化工安全评价技术[M].北京:中国石化出版社,2005.
李德海,景国勋.中国煤矿安全生产技术与管理[M].徐州:中国矿业大学出版社,2010.
李俊,顾正军.机械加工厂房消防安全探讨[J].建设科技,2015(16):96-99.
李引擎.建筑防火工程[M].北京:化学工业出版社,2004.
梁青槐.地铁工程施工安全管理与技术[M].北京:中国建筑工业出版社,2012.
廖国礼,关清安,荆宁川.矿山安全管理核心框架结构研究[J].中国安全生产科学技术,2010,6(1):173-177.
刘舜尧.制造工程工艺基础[M].长沙:中南大学出版社,2002.
陆愈实,陈宝智.现代安全管理实务[M].北京:中国工人出版社,2003.
梅甫定,李向阳.矿山安全工程学[M].武汉:中国地质大学出版社,2013.
邵辉,王凯全.危险化学品生产安全[M].北京:中国石化出版社,2005.
沈其明,刘燕.公路工程施工安全管理手册[M].北京:人民交通出版社,2008.
宋光积.消防安全知识[M].北京:中国劳动社会保障出版社,2004.
宋元文.煤矿灾害防治技术[M].甘肃:甘肃科学技术出版社,2007.

汪跃龙,薛朝姝.石油安全工程[M].西安:西北工业大学出版社,2015.
王凯全.石油化工概论[M].北京:中国石化出版社,2011.
王瑞芳.金工实习[M].北京:机械工业出版社,2001.
王新颖,王凯全.危险化学品设备安全[M].北京:中国石化出版社,2005.
吴月浩.机械加工企业的设备安全管理[J].现代职业安全,2015(9):36-37.
徐志嫱,李梅.建筑消防工程[M].北京:中国建筑工业出版社,2009.
杨浩.石油化工企业的消防安全管理研究[J].化工管理,2014(12):43.
杨启明,马延霞,王维斌.石油化工安全设备管理[M].北京:化学工业出版社,2007.
杨胜强,唐敏康.矿山安全技术及管理[M].徐州:中国矿业大学出版社,2012.
杨泗霖.防火防爆技术[M].北京:中国劳动社会保障出版社,2007.
杨志鸣.市政工程施工安全技术操作手册[M].上海:同济大学出版社,2006.
尹志华,曲宝章.机械加工技术基础[M].北京:机械工业出版社,2013.
张长喜.矿山安全技术[M].北京:煤炭工业出版社,2005.
张广华.危险化学品生产安全技术与管理[M].北京:中国石化出版社,2005.
张可.矿山采矿技术的安全管理措施探究[J].价值工程,2016,35(34):39-40.
张培红,王增欣.建筑消防[M].北京:机械工业出版社,2008.
张树平.建筑防火设计[M].北京:中国建筑工业出版社,2009.
张太成.石油化工企业的消防安全管理分析[J].化学工程与装备,2015(1):207-209.
张学魁,景绒.建筑灭火设施[M].西安:陕西旅游出版社,2000.
张志春.油气田企业消防安全[M].北京:中国石化出版社,2008.
郑端文,刘振东.消防安全技术[M].北京:化学工业出版社,2011.
郑军.石油化工企业安全技术[M].北京:石油工业出版社,2009.
郑瑞文.企业职工消防安全必读[M].北京:化学工业出版社,2009.
郑瑞文.危险品防火[M].北京:化学工业出版社,2003.
郑瑞文.消防安全管理[M].北京:化学工业出版社,2009.
周江涛.建筑施工安全技术[M].太原:山西科学技术出版社,2009.
周训兵,尹智雄.矿山安全形势和安全管理方法分析[J].黄金,2013,34(5):61-64.
朱以刚.石油化工厂消防安全管理必读[M].北京:中国石化出版社,2009.
朱祖武,赖武军,沈艳军.机械加工技术[M].长春:吉林大学出版社,2017.

附 录

附录一 相关法律、法规、部门规章及规范性文件

一、矿山开采类企业相关法律、法规、部门规章及规范性文件

《中华人民共和国安全生产法》
《中华人民共和国矿山安全法》
《中华人民共和国矿产资源法》
《中华人民共和国环境保护法》
《中华人民共和国职业病防治法》
《中华人民共和国消防法》
《中华人民共和国消防条例》
《生产安全事故报告和调查处理条例》
《安全生产许可证条例》
《特种设备安全监察条例》
《工伤保险条例》
《生产经营单位安全生产事故应急预案编制导则》
《非煤矿矿山企业安全生产许可证实施办法》
《非煤矿矿山建设项目安全设施设计审查与竣工验收办法》
《安全生产事故隐患排查治理暂行规定》
《生产安全事故应急预案管理办法》
《金属非金属露天矿山安全规程》
《爆破安全规程》
《企业职工伤亡事故分类标准》
《生产过程危险和有害因素分类与代码》
《金属非金属矿山安全标准化规范导则》
《金属非金属矿山安全标准化规范 露天矿山实施指南》
《矿山救护规程》

二、地铁建设施工与运营类企业相关法律、法规、部门规章及规范性文件

《中华人民共和国建筑法》
《中华人民共和国安全生产法》
《中华人民共和国消防法》
《突发公共卫生事件应急条例》
《国务院关于特大安全事故行政责任追究的规定》
《国家突发公共事件总体应急预案》
《城市轨道交通安全运营管理办法》
《地铁运营安全评价标准》
《地铁工程施工安全评价标准》
《城市轨道交通安全防范技术要求》
《城市轨道交通运营技术规范》
《中华人民共和国职业病防治法》
《安全生产许可证条例》

三、石油化工类企业相关法律、法规、部门规章及规范性文件

《中华人民共和国安全生产法》
《中华人民共和国城乡规划法》
《中华人民共和国消防法》
《中华人民共和国环境保护法》
《中华人民共和国职业病防治法》
《中华人民共和国特种设备安全法》
《危险化学品安全管理条例》
《易制毒化学品管理条例》
《危险化学品重大危险源监督管理暂行规定》
《危险化学品建设项目安全监督管理办法》
《中华人民共和国突发事件应对法》
《国家突发环境事件应急预案》

四、道路桥梁施工类企业相关法律、法规、部门规章及规范性文件

《城市桥梁设计规范》
《城市桥梁桥面防水工程技术规程》

《预应力混凝土桥梁预制节段逐跨拼装施工技术规程》
《城市桥梁工程施工与质量验收规范》
《城市桥梁检测与评定技术规范》
《城市桥梁工程施工质量检验标准》

五、工民建筑施工类企业相关法律、法规、部门规章及规范性文件

《建筑施工高处作业安全技术规范》
《施工现场临时用电安全技术规范》
《建筑机械使用安全技术规程》
《中华人民共和国安全生产法》
《中华人民共和国安全建筑法》
《建设工程安全生产管理条例》

六、机械加工类企业相关法律、法规、部门规章及规范性文件

《职业健康安全管理体系规范》
《塔式起重机安全规程》
《起重机械钢丝绳检验和报废实用规范》
《安全生产事故隐患排查治理暂行规定》
《生产安全事故应急预案管理办法》
《农业机械实地安全检验办法》
《农业机械事故处理办法》
《生产过程危险和有害因素分类与代码》
《大型超重机械安全管理规定》
《机械工业标准实施与监督管理办法》
《农机安全监理人员管理规范》
《机械工业标准化管理办法》
《建筑起重机械安全监督管理规定》

附录二 实习日志表

实习日志					
学号		姓名		日期	
指导教师		天气			
实习内容：					

附录三　生产实习报告封面

中国地质大学
安全工程系

本科生生产实习报告

实习名称：____本科生生产实习____

学生姓名：_____

学生学号：_____

所在班级：_____

所在院系：____工程学院____

实习单位：_____

实习时间：_____

校内导师：_____

校外导师：_____

日　　期：_____

评 语

对实习报告的评语：

实习报告成绩：	评阅人签名：

注：1. 无评阅人签名成绩无效；
  2. 必须用钢笔或圆珠笔批阅，用铅笔阅卷无效。

附录四 生产实习报告格式要求

一、文字、标点符号和数字

生产实习报告应用汉字书写,报告主体正文部分应使用宋体小四号字。汉字的使用应严格执行国家的有关规定,除特殊需要外,不得使用已废除的繁体字、异体字等不规范汉字。标点符号的用法应该以《标点符号用法》(GB/T 15834—1995)为准。数字用法应该以《出版物上数字用法的规定》(GB/T 15835—1995)为准。

二、章、节(层次标题)

正文可以根据实际需要划分为不同数量的章、节,章、节标题要简短、明确,同一层次的标题应尽可能"排比",即词(或词组)类型相同(或相近),意义相关,语气一致。多层次标题用阿拉伯数字连续编号,章、节标题格式如下所示:

1. ××××(各章标题,居中,宋体三号,加粗)
1.1 ××××(一级节标题,左对齐,宋体小三,加粗)
1.1.1 ××××(二级节标题,左对齐,宋体四号,加粗)

三、页眉和页码

页眉从第一章开始到生产实习报告最后一页均需设置。正文页眉内容:印制的生产实习报告,居中对齐为"安全工程系生产实习报告"。页码在外侧,页码从第一章(引言)开始按阿拉伯数字连续编排。字的格式为五号宋体,页眉之下有一下划线。

四、有关图、表、表达式

生产实习报告中图、表、表达式应注明出处(如有),自制的图、表应说明资料、数据来源。

1. 图

图包括曲线图、构造图、示意图、框图、流程图、记录图、地图、照片等。

图要精选,应具有自明性,切忌与表及文字表述重复。

图要清楚,但坐标比例不要过分放大,同一图上不同曲线的点要分别用不同形状的标识符标出。图中的术语、符号、单位等应与正文表述中所用一致。图在文中的布局要合理,一般随文编排,先见文字后见图。

图序号与图题目:图序号即图的编号,由"图"和从"1"开始的阿拉伯数字组成,图较多时,可分章编号,如第三章第 2 个图的图序号为"图 3.2";图题目即图的名称,应简明,置于图序号之后,图序号和图题目之间空 1 个字距,居中置于图的下方。

2. 表

表应有自明性。表中参数应标明量和单位的符号。表一般随文排,先见相应文字,后见表。

表序号与表题目:表序号即表的编号,由"表"和从"1"开始的阿拉伯数字组成,表较多时,可分章编号,如第三章第 1 个表的表序号为"表 3.1";表题目即表的名称,应简明,置于表序号之后,表序号和表题目之间空 1 个字距,居中置于表的上方。

表的编排,一般是内容和测试项目由左至右横读,数据依序竖读。

表的编排建议采用国际通用的三线表。

如某表需要转页接排时,在随后的各页上应重复表序号。表序号后跟表题目(可省略)和"(续)",居中置于表上方,续表均应重复表头。

3. 表达式

表达式主要指数字表达式,也包括文字表达式。表达式需另行起排,并缩格书写,与周围文字留足够的空间区分开。如有两个以上的表达式,应用从"1"开始的阿拉伯数字进行编号,并将编号置于圆括号内。表达式的编号右端对齐,表达式与编号之间可用"⋯"连接。表达式较多时,可分章编号。

较长的表达式需要转行时,应尽可能在"="处回行,或者在"＋""－""×""/"等符号处回行。公式中分数线的横线,其长度应等于或略大于分子和分母中较长的一方。如正文中书写分数,应尽量将其高度降低为一行,如将分数线书写为"/",将根号改为负指数。

附录五　学生实习情况反馈表

实习情况反馈表（学生版）

姓名		班级		学号	
实习开始时间		实习岗位		实习工资	
实习单位					
单位联系人		联系方式		职务	
对企业的满意程度					
对老师的满意程度					
对企业、老师或者本次实习的建议					

附录六 企业对学生实习情况反馈表

实习情况反馈表 （企业版）

姓名		班级		学号	
实习单位		企业导师		实习时间	
评定项目	1. 是否穿戴个人防护用品、衣着等,是否遵守单位规章制度			A( ) B( ) C( )	
	2. 遵守纪律,不迟到早退,无脱岗现象(迟到早退一次扣5分,无故旷工一次扣10分)			A( ) B( ) C( )	
	3. 积极工作,认真完成实习任务			A( ) B( ) C( )	
	4. 勤学好问,能妥善解决问题			A( ) B( ) C( )	
	5. 具备实习岗位所需要的其他知识和技能			A( ) B( ) C( )	
平时成绩					
实习单位鉴定意见					

实习单位(盖章)
年　月　日

附录七 请假表

中国地质大学本科生生产实习请假表

姓名		班级		学号	
请假时间		校内实习指导教师		电话	
实习单位					
父(母)姓名		联系方式			
单位联系人		联系方式			
请假原因： 申请人签名： 年　月　日					
企业及校内实习指导教师意见	校内生产实习指导教师签字： 年　月　日				
	校外生产实习指导教师签字： 年　月　日				

附录八　安全责任书

本人因生产实习，申请离校到×××实习，离校时间为　　　　　　。并承诺如下：

1. 学生离开学校参加实习前应向甲方的指导教师领取实习任务，并留下可联系通信方式，在指导教师的允许下，方能离开学校。

2. 本人在校外实习期间，应遵守国家各项法律、法规，遵守实习单位的各项规章制度，努力完成实习任务。

3. 指导教师定期与学生沟通，及时了解学生教学实习期间的思想、行为动态；学生在实习期间，定期向指导教师汇报实习情况。

4. 学生在实习中遇到困难应及时向实习单位和指导教师反映，通过合理、合法的途径解决问题，不得吵架，消极怠工和私自离岗。

5. 学生在实习期间，要注意交通安全，遵守交通规则；注意饮食卫生；严格执行作息时间。

6. 学生实习中如发生重大事故，要及时处理，并立即向所在单位、学校和家长报告。

7. 本人在校外实习途中出现意外，如果由于本人自身原因，由本人自己负责，学校可以配合本人进行意外事故处理；如果不属于本人自身原因，由相关管理部门追究事故原因并处理解决。

8. 实习期间，严格执行操作规程，严禁偷盗、破坏、损坏企业财物，否则应承担全部责任。本人实习期间如发生违纪违法事件，按学校管理规定和有关法律、法规接受相应的处罚。

9. 严格遵守考勤管理制度，外出时保证出行安全；保管好个人财物，避免发生失窃案件。

10. 一旦出现身体不适或意外情况，及时与企业相关负责人和带队老师联系，不得隐瞒事实。

本人已认真阅读"中国地质大学工程学院生产实习责任书"，已领会其精神，并自愿签订本责任书。本责任书由工程学院与实习学生盖章、签字生效，一式两份，学院与实习生各执一份。

实习学生(签字)：
学生监护人(签字)：
工程学院(盖章)

附录九 危险有害因素辨识中应用的系统安全分析方法表

系统安全分析方法	简述
安全检查表法 (safety check list, SCL)	安全检查表法是依据有关标准、规范、法律条款和专家的经验,在对系统进行充分分析的基础上,将系统分成若干个单元或层次,列出所有的危险因素,确定检查项目,然后编制成表,按此表对已知的危险类别、设计缺陷以及与一般工艺设备、操作、管理有关的潜在危险性和有害性进行判别检查
预先危险性分析 (preliminary hazard analysis, PHA)	预先危险性分析是在一项工程活动(设计、施工、运行、维护等)之前,首先对系统可能存在的主要危险因素及其出现条件和导致事故的后果所作的宏观、概略分析。其目的是尽量防止采取不安全的技术路线,避免使用危险物质、工艺和设备。它的特点是做在行动之前,避免由于考虑不周而造成损失
故障模式和影响分析 (failure mode and effect analysis, FMEA)	故障模式和影响分析是安全系统工程中重要的分析方法之一,主要用于系统的安全设计。它是按故障模式分析对系统产生影响的所有子系统(或元素)的故障,并且研究这些故障的影响,进而指明每种故障发生的模式及其对系统运行所产生的影响程度,最终提出减少或避免这些影响的措施
危险与可操作性分析 (hazard and operability study, HOS)	危险与可操作性分析是一种形式结构化的方法,该方法全面、系统地研究系统中每一个元件,其中重要的参数偏离了指定的设计条件所导致的危险和可操作性问题。主要通过研究工艺管线和仪表图、带控制点的工艺流程图或工厂的仿真模型来确定,重点分析由管路和每一个设备操作所引发潜在事故的影响,选择相关的参数,然后检查每一个参数偏离设计条件的影响。最终应识别出所有的故障原因,得出当前的安全保护装置和安全措施

续表

系统安全分析方法	简述
事件树分析 (event tree analysis, ETA)	事件树分析法是一种时序逻辑的事故分析方法,它是按照事故的发展顺序,分成阶段,一步一步地进行分析,每一步都从成功和失败两种可能后果考虑,直到最终结果为止,所分析的情况用水平树枝状图表示,故叫事件树
事故树分析 (fault tree analysis, FTA)	事故树分析是从一个可能的事故开始,一层一层地逐步寻找引起事故的触发事件、直接原因和间接原因,直到基本事件,并分析这些事故原因之间的相互逻辑关系,用逻辑树图把这些原因以及它们的逻辑关系表示出来。该方法实质上是一个布尔逻辑模型,这个模型描绘了系统中事件之间的关系
因果分析 (cause-consequence analysis, CCA)	因果分析是为了确定引起某一现象变化原因的分析,主要解决"为什么"的问题。因果分析就是在研究对象的先行情况中,把作为它的原因的现象与其他非原因的现象区别开来,或者是在研究对象的后行情况中,把作为它的结果的现象与其他的现象区别开来